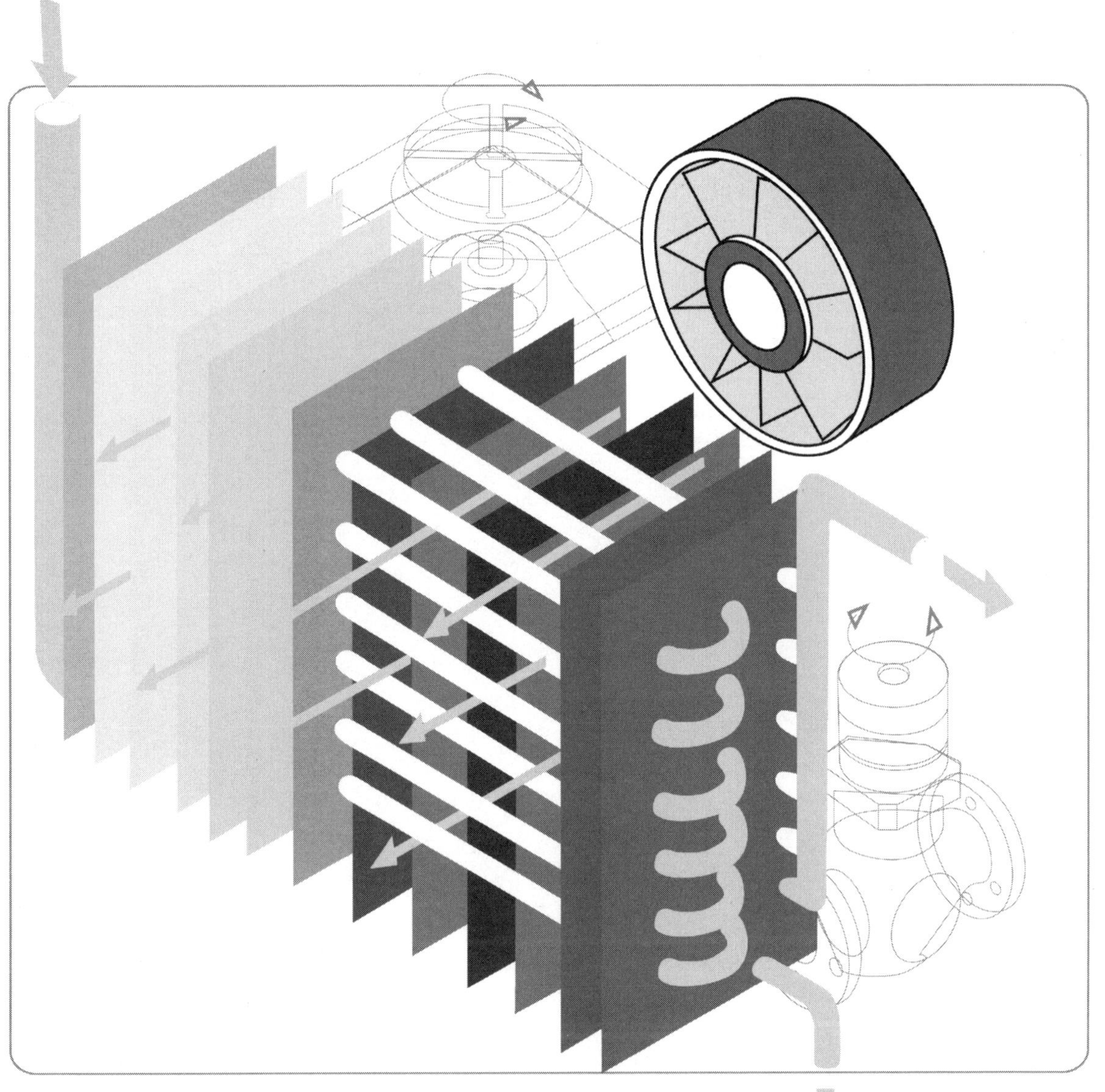

기초공압기술

윤상현 · 김광태 · 김외조 · 김성회 · 정인홍 지음

공압의 생성에서 응용이 완료되는 시점까지의 전 과정에서 필요한 부품의 특징과 원리를 이해하고 이들 부품을 논리적으로 제어하는 기술에 대해 정리하였다. 제1편에서는 공압 기술에 대해서 서술하였고 제2편에서는 공압 실험에 대한 서술을 하였다. 제1편의 주요 내용은 공기압 이론, 공압 생성용 장치, 공압 밸브, 공압 배관, 공압 액츄에이터, 공압 제어 회로, 전기 공압 회로 등이며, 제2편에는 공압 회로실험, 전기 시퀀스 기초 실험, 전기 시퀀스 응용 실험의 순서로 모두 일목요연하게 서술하였다.

내하출판사

Preface

우리나라에서의 산업화는 1950년대부터 점차 시작되어 자동차, 선박, 중장비, 로봇 및 자동화 장치 등을 포함한 산업의 전 분야에 걸쳐 고른 성장을 하여 지금은 거의 전 산업분야에서 비약적인 발전을 이루었다. 이에 발맞추어 공장 자동화 기술도 날로 발전하여 선진국 수준을 따라가고 있다. 공장 자동화는 자동제어를 응용한 대량 생산시스템 구축, 생산 공정의 자동화에 활용되어 생산되는 제품의 질을 향상시키고 인건비를 절감시키는 효과를 얻고 있다. 이 공장 자동화에서 중요한 역할을 맡고 있는 분야가 공압 기술이다.

공압 기술은 공기를 압축시켜 에너지로 만들어 필요한 곳으로 운반하고 일을 하게 한다. 따라서 이를 사용 시 안전상의 문제가 거의 없고 아주 싼 가격으로 이용할 수 있는 장점이 있다. 이러한 기술은 전기 전자 제어 기술과 결합되어 공장 자동화나 기계에 지능을 부여하여 관련기계를 고부가 가치화하는 역할을 한다. 최근에는 가전 제품의 조립 자동화, 물류 자동화, 가공식품의 자동화 외에도 반도체 제조 장비, 디스플레이 제조장비 등의 첨단 장치에도 널리 활용되고 있는 이 기술은 공압만이 지닌 단점을 보완할 수 있는 공압 및 제어용 부품 외 여러 기술의 개발로 사용범위가 날로 증대되고 있다.

이와 같은 추세에 맞춰 공압 기술의 기초 이론과 응용 기술을 보다 쉽게 이해하는 교재가 필요하다. 즉, 본 교재의 특징은 기본 원리 이해 및 실무에 중점을 두고 서술하였으며 그림 하나하나에도 독자의 이해에 도움이 되도록 작성을 하였고 중간 중간에 용어해설문을 달아서 초보자들의 이해를 돕고자 하였다. 교재의 내용을 보면 공압의 생성에서 응용이 완료되는 시점까지의 전 과정에서 필요한 부품의 특징과 원리를 이해하고 이들 부품을 논리적으로 제어하는 기술에 대해 정리하였다. 즉, 제1편에서는 공압 기술에 대해서 서술하였고 제2편에서는 공압 실험에 대한 서술을 하였다. 제1편의 주요 내용은 공기압 이론, 공압 생성용 장치, 공압 밸브, 공압 배관, 공압 액츄에이터, 공압 제어 회로, 전기 공압 회로 등이며, 제2편에는 공압 회로실험, 전기 시퀀스 기초 실험, 전기 시퀀스 응용 실험의 순서로 모두 일목요연하게 서술하였다.

본 교재는 공압 기술을 처음 접하는 회사원이나 전기・전자 제어나 자동화 시스템을 전공하는 대학생들의 1학기용 교재로서 활용하면 많은 도움이 되리라 판단된다. 끝으로 이 책의 출판을 위해 많은 지원과 충고를 주신 내하출판사 모흥숙 사장님과 직원 여러 분께 감사의 인사를 전한다.

2013년 1월

멀리 삼각산을 바라보며 저자 씀

contents

Part 01
공압 이론

01 Part
공압 이론

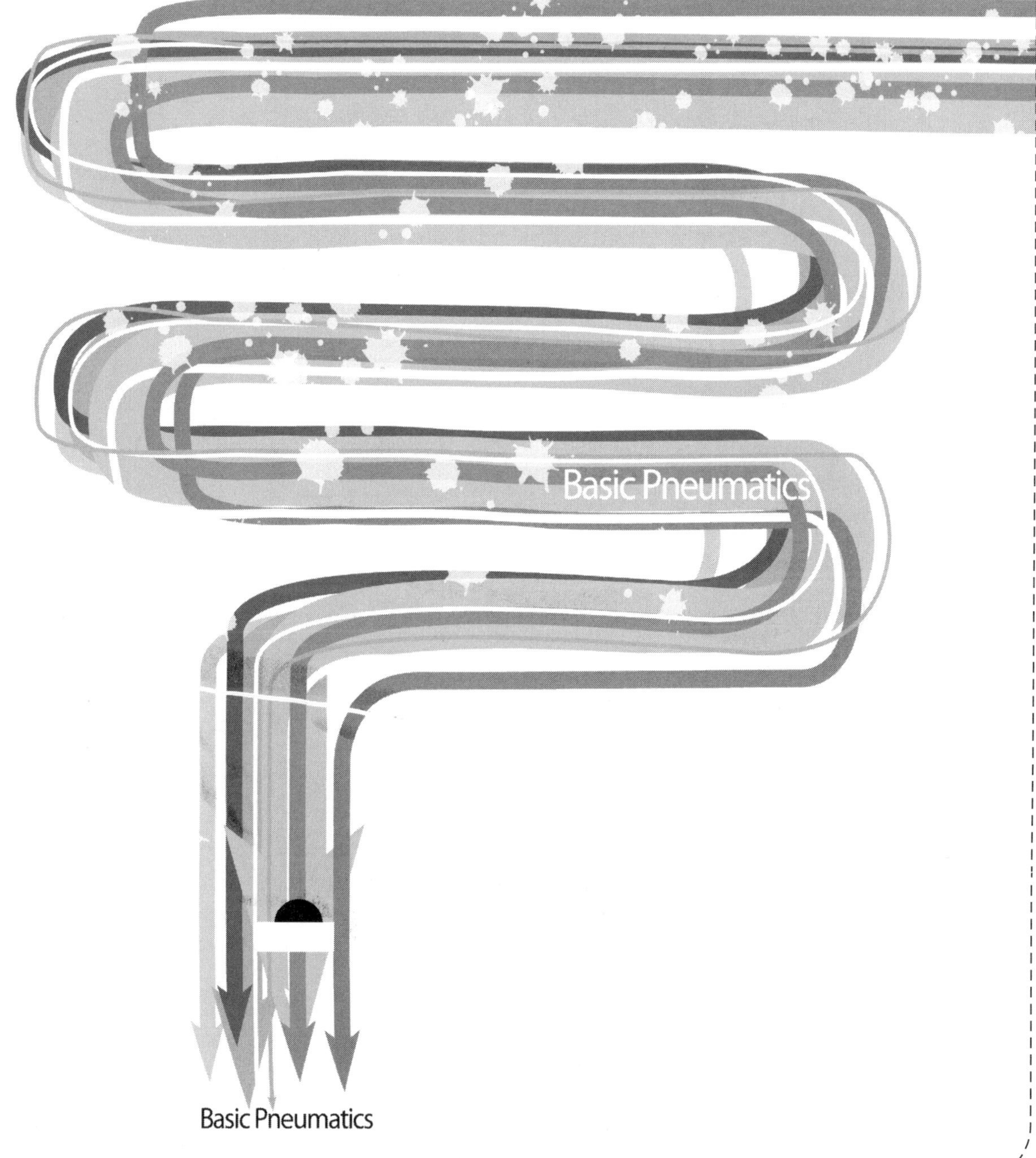

Basic Pneumatics

Chapter 01

공압에 필요한 지식

이 단원을 공부하고 나면 나도 이 정도는 알 수 있습니다!

1. 공압 기술은 공기를 압축시켜 이것으로 실린더를 움직여 일을 하는 것이 그 목적이다.
2. 공압의 제조를 위해서는 먼저 컴프레서를 이용해 공기를 기계적으로 압축하며 그리고 압축된 공기의 먼지를 제거하고, 온도를 낮추고 압력을 조절하는 단계를 거친다.
3. 압력은 단위 면적당의 힘으로 정의되며 표준대기압은 약 0.1013MPa이다.
4. 유압 크레인은 파스칼의 압력 전달 원리를 활용해서 적은 힘으로 큰 일을 하는 장치이다.

1.1 공압 기술의 특성

우리 가까이서 볼 수 있는 공압 기술은 버스나 지하철의 출입문, 냉장 시스템에서의 에어 커튼, 차량 정비소에서의 에어 공구 등에서 이용되며 우리 생활과 밀접한 관계에 있는 기술이다. 이것은 공기를 기계적으로 압축하여 압축공기를 얻고 이 압축공기의 에너지를 이용하여 우리가 원하는 대상물이 일을 하게 하는 것이 그 특징이다. 그리고 이것은 산업 현장에서 각종 기계장치, 예를 들면 반도체, LCD 등 제조 장비 내에서 로봇 시스템을 움직이거나 각종 생산 라인 내에서 각 장비 간에 제품을 이송시키는 일도 한다. 이러한 공압 기술은 공기 압축기를 구동하여 압축 공기 에너지를 생성하고 이 압력 에너지를 적절한 크기와 속도와 방향으로 제어하여 엑츄에이터(actuator)로 보내면 유용한 기계적인 에너지로 변환되어 작업자가 원하는 일을 할 수 있는 것이다.

1.1.1 공압 기술의 역사

공기의 이용은 태고로 거슬러 올라가 인류가 불을 발생시킬 때부터 시작하여 지금의 풀무에 해당하는 기구를 이용한 것 등의 예를 들 수 있을 것이다. 1762년에는 John Smealton이 수차구동에 의한 실린더 방식의 불로워가 발명되었고, 1776년에는 John Wilkinson이 $0.1MPa$의 압력을 발생시키는 압축기를 발명하면서 공압 기술 발전의 서막을 알렸다. 1848년에는 증기 기관차의 브레이크에 압축공기를 사용하는 공기 브레이크가 발명되었고, 1880년에는 Westingous사는 공기압 실린더를 이용한 공기 브레이크를 개발하여 실용화 하였다. 1888년 파리에서는 압축공기를 이용한 재봉시스템이 설치되었고 또한 이것은 산업용 공작기계, 직기 및 프레스 등의 에너지원으로서 점차 이용되게 되었다. 그 후 1959년 미국에서 발명된 유체 동특성을 이용한 유체 제어 소자의 발명은 공기압 기술이 단지 힘의 이용뿐만 아니라 제어분야에서도 이용될 수 있다는 것을 입증하였다. 이후 전자 기술의 발전에 부응하여 공기압 기술은 비약적으로 발전하여 유압, 전기 제어, 산업 기계, 의료기, 수송 기계 등의 광범위한 분야에서 응용되고 있다.

1.1.2 공압 기술의 개요

그림 1-1은 공압 시스템의 간략화 된 구조를 나타내고 있다. 대기 중의 공기가 공기 압축기에 흡입이 되어 압축이 되며 토출관로를 거치고 나서 이물질과 수분 등을 제거하고 적절한 압력과 온도로 변화시켜 저장탱크에 저장된다. 이렇게 제조된 공압은 주관로에 공급되어 밸브를 거쳐서 공기압 실린더에 공급된다.

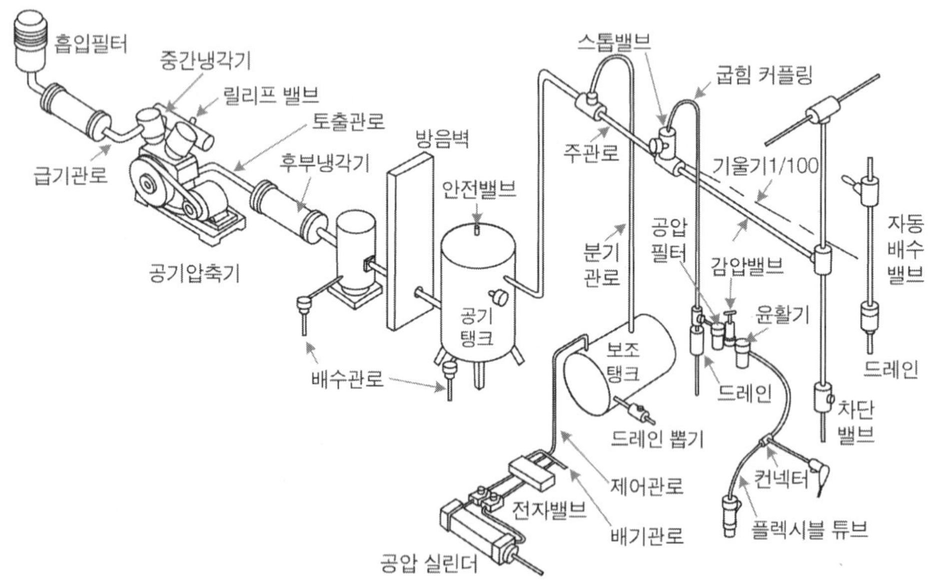

그림 1-1 **공압 시스템의 기본 구성**

그림 1-1의 공기압 시스템에서 왼쪽부터 오른쪽으로 가면서 필요한 구성 요소를 간략히 정리해 보면 다음과 같다.

1) 공기 중의 이물질을 정화해 주는 장치

여기서는 공압을 만드는 첫 번째 과정으로 외부에서 공기가 압축기로 흡입되기 전에 공기 중의 먼지 등의 이물질을 일차적으로 걸러주는 필터를 설치해야 하고, 동시에 공기가 빠른 속도로 압축기에 유입됨에 따라 소음이 발생하게 되는데 이 소음을 줄여 주는 소음기를 설치할 수도 있다. 그림 1-2는 소음기의 한 종류를 나타내고 있다.

그림 1-2 **소음기**

2) 공기를 압축시켜 고압으로 만드는 압축기

공기를 강제로 흡입하여 압력을 높이는 역할을 한다. 그림 1-3은 전동기의 회전운동으로 피스톤의 왕복운동이 이루어지고 이 운동으로 공기의 흡입과 배출이 반복되어 공기가 압축된다.

그림 1-3 **공기 압축기(컴프레서)**

3) 공압을 수송해 주는 배관

압축기에서 압축된 공압을 실제 작업을 하는 장소까지 안전하게 수송해 주는 역할을 한다. 그림 1-4는 압축된 공압을 필요한 장소까지 수송하기 위해서 배관이 필요한데 여기에 사용되는 다양한 부품들을 나타낸다. 공기압 호스는 솔레노이드 밸브 또는 공압 액츄에이터에 접속이 가능한 원터치식 엘보 등에 연결되어 압축공기를 공급한다. 원터치식 엘보는 공압 배관을 용이하게 할 수 있는 구조를 가진다.

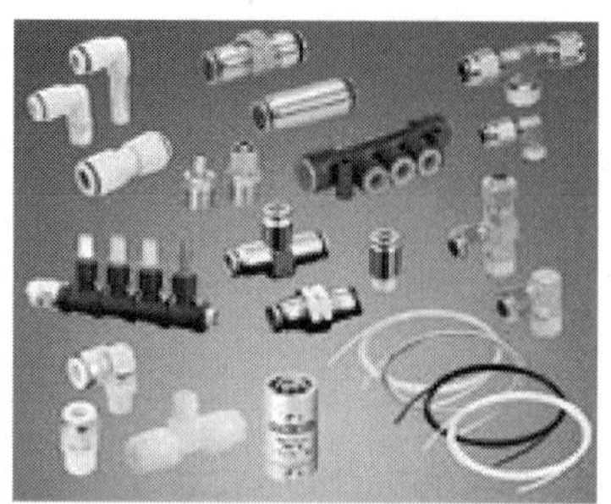
그림 1-4 **공압 배관용 부품**

4) 압축 공기를 정화하고 압력을 조절하는 장치

압축 과정에서 공기의 온도가 상승하므로 이를 식혀주고 습기도 제거하는 냉동식 공기 건조기가 필요하고, 공기에 포함된 먼지, 이물질을 제거(필터)하고 압력을 조절하며 윤활유를 주입(공압 조정 유닛)하여 실린더가 원활하게 동작하게 한다. 이러한 역할을 하는 부품들이 그림 1-5에 나타나있다.

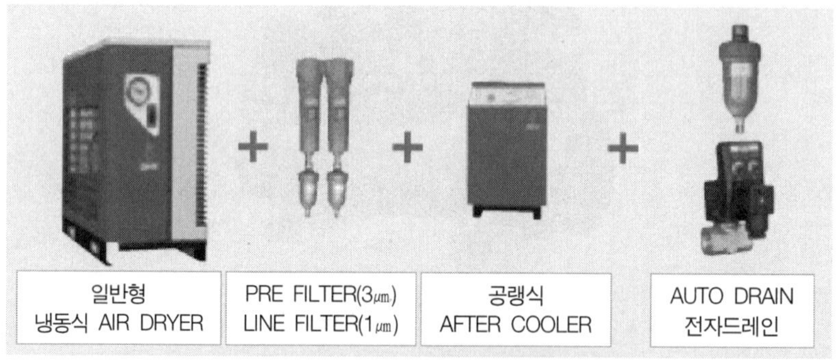

(a) 건조기, 필터, 냉각기 및 드레인

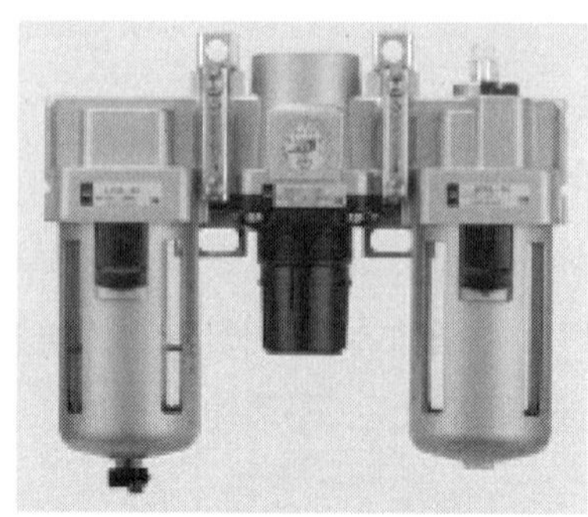
(b) 공압 조정 유닛(FRL)

그림 1-5 **건조기, 필터, 냉각기, 드레인 및 공압 조정 유닛(FRL)**

5) 공압의 흐름을 제어하는 밸브

실제 작업을 할 수 있도록 공압의 흐름을 제어하며, 공압을 최종단에 논리적으로 공급 또는 차단하는 역할을 한다. 그림 1-6의 솔레노이드 밸브는 전기 신호에 의해 밸브가 개방 혹은 차단되며, (a)는 밸브가 1개인 것이고 (b)는 밸브가 여러 개 조합된 매니폴드형이다.

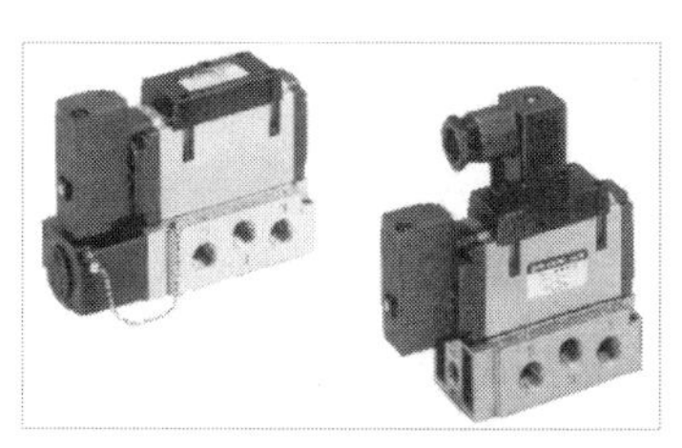

(a) 솔레노이드 밸브

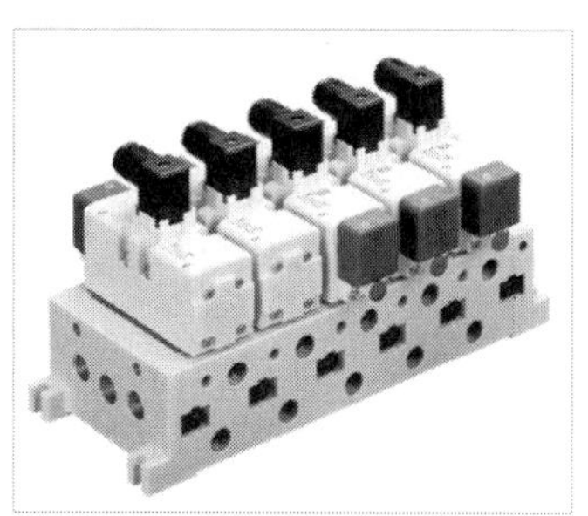

(b) 매니폴드형 솔레노이드 밸브

그림 1-6 **솔레노이드 밸브**

6) 최종단에서 우리가 필요로 하는 일을 해 주는 공기압 엑츄에이터

엑츄에이터는 공압의 힘을 받아 왕복 또는 회전운동을 한다. 그림 1-7은 공기압 실린더의 예로서 로드형 실린더를 나타내고 있는데 로드가 한쪽으로만 나와 있는 편로드이다. 여기서 만약 로드가 양쪽으로 나와 있으면 양로드라고 하고 로드가 없는 것은 로드리스 실린더라고 부른다.

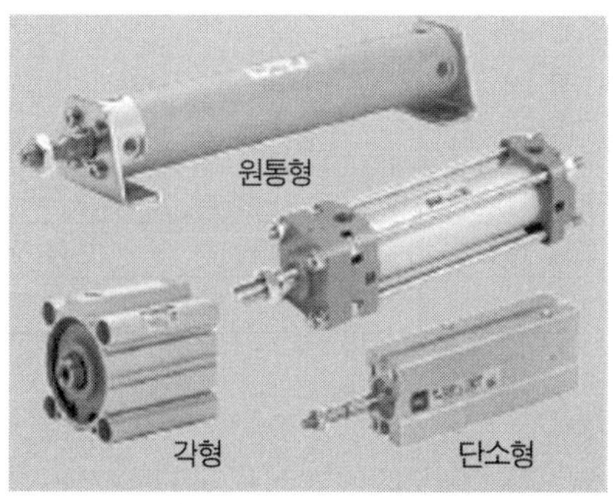

그림 1-7 **공기압 실린더**

1.1.3 공압 기술의 특징

자동화 장치에 대한 구동 및 제어 방법을 분류해 보면 유체제어방식, 기체제어방식, 전기제어방식 및 기계방식으로 나눌 수 있다. 표 1-1은 동력의 전달원이 공기압, 유압, 전기 및 기계일 때의 차이점을 비교한 것이다.

표 1-1 **공압과 다른 동력전달 방식과의 장단점 비교**

특징 \ 전달 방식		공 압	유 압	전 기	기 계
장점	에너지 축적	공기탱크	어큐뮬레이터	직류는 축전지	스프링, 추
	동력원의 집중	쉬움	어려움	쉬움	조금 어려움
	동력원의 발생	비교적 쉬움	조금 어려움	쉬움	어려움
	인화, 폭발	압축성에 의한 폭발	작동유 인화	누전에 의한 인화	없음
	외부 누설	없음	환경 오염, 인화	감전, 인화	없음
	허용온도범위	5 ~ 60℃ (-40 ~ 200℃)	50 ~ 60℃	40℃, 좁은 범위	넓음
	과부화, 안전대책	압력조절밸브	릴리프밸브	복잡	복잡
	출력유지	쉬움	조금 어려움	어려움	어려움
	작동속도	중간 (10m/s 가능)	느림 (1m/s 가능)	빠름	매우 느림
	유지보수	쉬움	조금 어려움	조금 어려움	쉬움
단점	에너지 변환효율	나쁘다	중간	좋다	중간
	출 력	중(1ton 정도)	대(10ton 정도)	중	소
	윤활대책	필요	불필요	조금 필요	필요
	배수대책	필요	조금 필요	조금 필요	불필요
	속도제어	조금 나쁨	우수	우수	나쁨
	중간정지	어려움	쉬움	쉬움	조금 어려움
	응답성	나쁨	좋음	매우 좋음	좋음
	신호전달	조금 어려움	조금 어려움	쉬움	조금 어려움
	부하특성	변동 큼	변동 적음	변동 미미	변동 미미
	소 음	큼	보통	적음	적음

1) 공압 기술의 장단점

공압 시스템은 안전하고 저가의 장치로 구성할 수 있고 현재 사용하고 있는 장치나 기계를 쉽게 자동화 또는 부분 자동화 할 수 있어 생산 효율을 높일 수 있다. 최근 들어서는 생산 장비의 로봇화나 공장 자동화가 활발히 추진되므로 공압 시스템의 활용도가 증가하고 있다. 공압은 동력전달과 제어성 면에서 유압과 비교되며 다음과 같은 장단점이 있다.

◎ 공압 기술의 장점

- 동력원인 압축 공기를 쉽게 얻을 수 있다.
- 힘의 전달이 쉽고 어떤 형태로든 전달 가능하다.
- 힘의 증폭이 쉽다.
- 속도 변경이 가능하다.
- 제어가 쉽다.
- 취급이 간단하다.
- 인화의 위험이 없다.
- 탄력이 있다.
- 에너지 축적이 가능하다.
- 안전하다.

◎ 공압 기술의 단점

- 큰 힘을 얻을 수 없다.
- 정밀한 속도 제어가 곤란하고 효율이 나쁘다.
- 공압은 압축성 유체이므로 액츄에이터의 위치 제어가 곤란하고 부하의 변동 시 작동 속도에 변화가 있으므로 정밀한 속도나 위치 제어가 어렵다.

2) 공압 기술의 응용 분야

공압 기술은 쉽게 얻을 수 있고 싼 가격으로 사용가능하고 안전하기 때문에 실생활 가까이서 다양하게 응용되고 있다. 실제 공압 기술을 이용해서 사용하고 있는 사용처의 일부 예를 들면 다음과 같다.

- 공기, 물, 약품용 밸브의 조작
- 부품 자재의 운반
- 치과용 드릴
- 무겁거나 뜨거운 문의 개폐 조작
- 페인트 분무
- 콘크리트와 아스팔트 도로 지반 다지기
- 납땜과 용접용 파지 작업

- 플라스틱 제품의 접착 작업, 가열 실링 작업 및 용접작업용 파지장치
- 시추용 굴착기
- 종자나 곡물 살포용 장비 조작
- 공작기계, 기계가공 또는 공구의 이송
- 조립 장비와 공작기계용 지그와 고정구의 파지장치
- 목공 및 가구 제조용 고정 및 이송 장치
- 스폿트 용접기 등

1.1.4 공압 시스템 용어에 대한 정리

공압 시스템은 질 좋은 공압 에너지를 생산하는 생산 시스템과 이것을 소비 시장에 보내서 일을 하게 하는 소비 시스템의 둘로 나눌 수 있다. 그림 1-1에서 흡입 밸브에서 보조 탱크까지는 공압 생산 시스템이라고 할 수 있고 그 이후 단 즉, 전자밸브이후부터는 공압 소비 시스템이라고 할 수 있다. 공압 생산 시스템과 공압 소비 시스템에서 사용되는 부품을 간략히 요약하면 다음과 같다.

1) 공압 생산 시스템

공압 생산 시스템에는 공기를 압축하여 고압으로 변환 시에 필요한 부품들로 구성되고 적절한 압력과 습도를 유지하게 하며 공압 중의 먼지를 제거하여 탱크 속에 저장하는 장치를 말한다. 여기에는 다음과 같은 주요 기기와 기능이 있다.

◎ 컴프레서

대기 중의 공기를 빨아들여 고압으로 압축해서 공기압 장치에 공급한다. 이렇게 하여 압축기는 기계적 에너지를 공압 에너지로 변환한다.

◎ 모터

컴프레서에 전기적인 에너지를 기계적 에너지로 변환하여 공급한다.

◎ 압력 스위치

탱크내의 압력을 감지하여 전기 모터를 ON/OFF 시킨다. 최고압력일 때 정지하고 최저 압력일 때 재가동하도록 설정한다.

○ 압력계

압축공기 탱크의 압력을 나타낸다.

○ 압축 공기 탱크

압축공기를 저장하며 탱크의 크기는 컴프레서의 용량에 의해 결정된다.

○ 오토 드레인

탱크내의 응축수를 자동적으로 외부로 드레인 시킨다.

○ 체크 밸브

컴프레서에서 토출된 압축공기가 이 밸브를 통해 압축공기 탱크로 유입되며 컴프레서가 정지하였을 때 공기가 역 방향으로 흐르는 것을 방지한다.

○ 안전 밸브

탱크 내의 압력이 허용압력 이상으로 상승하면 압축 공기를 대기로 방출한다.

○ 냉각식 에어 드라이어

빙점보다 몇도 높은 온도까지 압축공기를 냉각하여 공기 중의 수분을 거의 전부 응축한다. 이렇게 함으로써 이어지는 시스템 내의 수분이 존재하지 않게 한다.

○ 라인 필터

이 필터는 메인 배관에 장착되어 있기 때문에 필터에서의 압력 강하 값이 최소가 되어야 하며 오일 미스트를 제거할 수 있어야 하고 배관 내의 먼지나 수분 오일이 없게 해준다.

2) 공압 소비 시스템

공기압 생산 시스템에서 만든 공기압을 사용하는 시스템이다.

○ 공기 분기

공압을 사용하는 부속장치에 공기를 공급하기 위하여 공압 배관을 메인 배관 상부에서 분기하여 공기를 취입한다. 이렇게 함으로써 응축수는 메인배관 속에 그대로 남게 되고 낮은 곳으로 흘러가서 오토 드레인에 유입되어 밖으로 배출된다.

◎ 오토 드레인

경사진 배관은 모두 낮은 쪽의 관 끝에 드레인이 있다. 이곳에 모인 응축수는 오토 드레인에 유입되고 모두 밖으로 자동 배출된다.

◎ 에어 서비스 유닛

압축공기는 이곳을 통과하면 깨끗한 공기로 바뀌고 동시에 윤활에 필요한 윤활유를 공압에 조금씩 첨가하여 보낸다.

◎ 방향 전환 밸브

실린더 연결부 두 곳에서 가압과 배기를 교차적으로 행하여 동작 방향을 제어한다.

◎ 스피드 콘트롤러

액츄에이터가 부드럽게 동작하도록 속도를 조절한다.

◎ 액츄에이터

액츄에이터는 공압 에너지를 기계적인 일로 변환하는 장치다.

1.2 공압의 기초 이론

1.2.1 공기의 성질

우리가 살고 있는 지구의 표면은 기체로 둘러싸여 있고 이 기체의 농도는 지구 표면에서 멀어질수록 점차 엷어지며, 그리고 이것은 지구상공 약 1,000km까지 펼쳐져 있다. 지구를 둘러싸고 있는 기체를 대기라 하며 지구표면으로부터 약 15km까지 존재하는 기체를 공기라고 한다. 대기의 성분은 표 1-2에서와 같이 질소와 산소가 대부분을 차지하고 있고 그 외 소량의 가스가 함유되어 있다. 실제 공기는 수분과 먼지를 포함한 습공기이며 이 수분은 공기 압축에 의한 공압 에너지 생성 시에 물방울이 되어 흘러내리므로 녹이 슬거나 결빙하여 공압 시스템의 작동에 지장을 주는 원인이 된다.

표 1-2 **대기의 성분**

성분	질소(N_2)	산소(O_2)	아르곤(Ar)	이산화탄소(CO_2)	수소(H_2)	네온(Ne)	헬 륨(He)	기타
체적[%]	78.03	20.99	0.933	0.03	0.01	0.0018	0.0005	나머지

1.2.2 공기압의 단위

표 1-2에서 보았듯이 대기 중의 물질들은 여러 가지 분자들로 구성되고 이 분자들은 각기 질량을 가지며 동시에 지구의 인력을 받고 있기 때문에 지표 $1cm^2$당 $1{,}033kgf$ (또는 kg 중)의 공기의 중량(또는 힘)이 가하여지게 되는데 이를 대기압(atmospheric pressure)이라고 한다. 즉, 대기압에서는 $1cm^2$면적에 $1{,}033\ kgf$ 의 힘이 가해짐을 알 수 있다. 여기서 힘과 압력과의 관계를 다음과 같은 식으로 나타낼 수 있다.

$$P = \frac{F}{A} \qquad (1\text{-}1)$$

여기서, P = 압력
F = 힘
A = 면적이다.

공기압을 나타내는 방법으로는 기준 설정에 따라서 계기 압력(gauge pressure)과 절대 압력(absolute pressure)으로 구분한다. 그림 1-8을 보면 계기압력은 대기압을 기준 기압(0기압)으로 하여 측정한 값을 나타내며 1기압보다 높은 기압은 (+), 낮은 기압은 (-)값으로 측정된다. 절대압력은 완전 진공을 기준으로 하여 측정한 값을 말하며 절대 압력은 대기압과 계기압력을 합한 값이다. 진공을 표시할 때는 절대 압력과 계기 압력이 모두 사용되며 다음 식과 같다.

절대 압력 = 대기압 + 계기 압력

공기 압력을 표시하는 단위로서는 표 1-3과 같이 정리할 수 있다. 압력은 한 대상 물체에 가해지는 단위 면적당의 힘으로 $[kgf/cm^2]$으로 나타내는 공학단위가 있고, $[N/m^2]$ 또는 $[Pa]$(파스칼 : pascal)로 나타내는 SI 단위계가 있다.

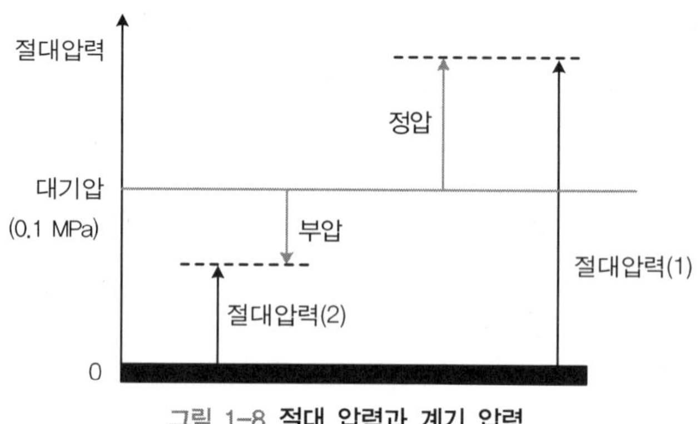

그림 1-8 절대 압력과 계기 압력

표 1-3 압력단위 비교표

Pa(파스칼)	bar	kgf/cm^2	atm	$mmHg$, $Torr$	psi
1	1×10^{-5}	1.01972×10^{-5}	9.86923×10^{-6}	7.50062×10^{-3}	1.45038×10^{-4}
1×10^{5}	1	1.01972	9.86923×10^{-1}	7.50062×10^{2}	1.45038×10
9.80665×10^{4}	9.80665×10^{-1}	1	9.67841×10^{-1}	7.35559×10^{2}	1.42234×10
1.01325×10^{5}	1.01325	1.03323	1	7.60×10^{2}	1.46960×10
1.33322×10^{2}	1.33322×10^{-3}	1.35951×10^{-3}	1.31579×10^{-3}	1	1.93368×10^{-2}
6.89473×10^{3}	6.89473×10^{-2}	7.03065×10^{-2}	6.80457×10^{-2}	5.17147×10	1

1) SI 기본단위

압력의 단위는 $kg\cdot m/s^2\cdot cm^2$인데 여기서 kg, m, s는 기본 단위이고 m/s^2와 cm^2는 유도 단위이다. 이와 같이 지구상의 모든 물리량은 SI 기본단위를 기초로 단위가 만들어져 있다. 이러한 단위와 관련하여 세계의 과학자들과 기술자들로 구성된 국제위원회가 있으며 여기서 국제단위(International system of units, [SI])의 표준을 만들어 사용하고 있다. 여기서 제정한 SI 기본단위는 다음과 같다.

- 길이 : meter, $[m]$
- 질량 : kilogram, $[kg]$
- 시간 : second, $[s]$
- 온도 : kelvin, $[K]$ 혹은 celcius [℃]
- 암페어 : ampere, $[A]$
- 몰 : mole, $[mol]$
- 칸델라 : candela, $[cd]$

공압에 중요한 물리량인 힘, 면적, 유량, 속도, 압력 등은 위의 기본단위에서 유도할 수 있으며 SI 단위는 kg을 질량의 단위로 사용한다.

2) 뉴우톤(Newton)의 법칙

질량과 가속도와 힘의 관계를 설명하는 법칙으로서 힘은 가속도에 비례한다. 즉, 다음과 같은 식으로 표현할 수 있다.

$$F = ma \quad [N] \tag{1-2}$$

여기서, F = 힘$[N]$
m = 질량$[kg]$
a = 가속도$[m/s^2]$이다.

여기서 주의해야 할 사항은 일상생활에서 철수의 몸무게를 $60kg$이라고 말하는 것은 엄격히 말하면 잘못된 표현이고 그 대신 철수의 질량이 $60kg$이라고 표현하는 것이 옳다. 예를 들어 소고기 $1kg$이 있다고 했을 경우 이것의 질량이 $1kg$이고 무게는 $1kg$중($1kg \cdot 9.8m/s^2 = 9.8N$)이 된다.

3) 공기 중의 습도

우리가 호흡하고 있는 공기는 수분의 함량에 따라 건조한 공기와 습한 공기로 나눌 수 있다. 이러한 공기 중의 수분의 함량은 압력과 온도에 따라서 결정된다. 최대한도의 수분을 포함한 공기를 포화공기라고하며 최대한도에 도달하지 않은 것을 불포화공기라고 한다. 한도 이상의 수증기가 포함된 공기를 과포화공기라고 하고 이 상태에서는 조그만 자극을 주더라도 물이 생성된다.

공기가 어느 정도 수증기를 포함하고 있는가를 표현하는 방법으로 상대습도와 절대습도가 있다.

◎ 상대습도

상대습도, ϕ는 습공기 중에 포함되어 있는 수증기의 량이나 수증기의 압력이 포화상태에 대한 비를 나타낸다.

$$\phi = \frac{\text{현재 온도에서 존재하는 수증기량}[g/m^3]}{\text{현재 온도에서의 포화 수증기량}[g/m^3]}$$

$$= \frac{\text{현재 온도에서 존재하는 수증기 분압}[kgf/m^2]}{\text{현재 온도에서의 포화 수증기 압력}[kgf/m^2]} \tag{1-3}$$

절대습도

절대습도, χ는 습공기 $1m^3$당 건조공기의 중량, W_a에 대한 수증기의 중량, W_v의 비를 말하며, 이 값은 습공기 중의 수증기량은 증감시키지 않고 오직 온도만 변화시킬지라도 변하지 않는다.

$$\chi = \frac{W_v}{W_a} \tag{1-4}$$

그리고 높은 온도의 공기를 점차 낮추면 포화 압력이나 포화 수증기량이 낮아지므로 상대 습도가 높게 되고 결국 포화 상태가 되어 이슬이 맺힌다. 이 이슬이 맺힐 때의 온도를 그 습공기의 노점(dew point)이라고 한다.

1.2.3 보일 · 샤를의 법칙

기체에서의 온도, 압력, 체적의 상관관계를 설명해 주는 보일의 법칙, 샤를의 법칙 및 보일 · 샤를의 법칙을 알아본다.

1) 보일의 법칙

'기체의 온도가 일정할 때 압력과 체적의 곱은 일정하다.' 이것이 보일의 법칙이다. 즉, 기체의 압력과 체적이 변화되기 전의 값과 후의 값을 각각 P_1, V_1 및 P_2, V_2이라고 하면, 다음과 같은 식으로 표현된다.

$$P_1 V_1 = P_2 V_2 = 일정 \tag{1-5}$$

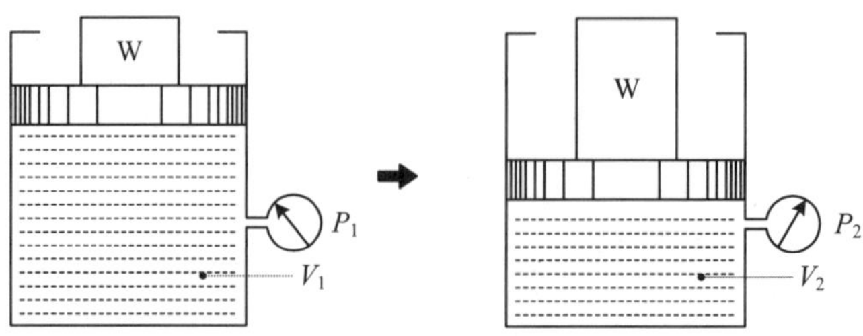

$P_1V_1=P_2V_2=$일정

그림 1-9 보일의 법칙

2) 샤를의 법칙

'기체의 압력이 일정할 때 그 체적과 온도는 서로 비례한다.' 이것이 샤를의 법칙이다. 즉, 기체의 체적과 온도가 변화되기 전의 값과 후의 값을 각각 V_1, T_1 및 V_2, T_2라고 하면, 다음과 같은 식으로 표현된다.

$$\frac{V_1}{V_2} = \frac{T_1}{T_2} = \text{일정} \tag{1-6}$$

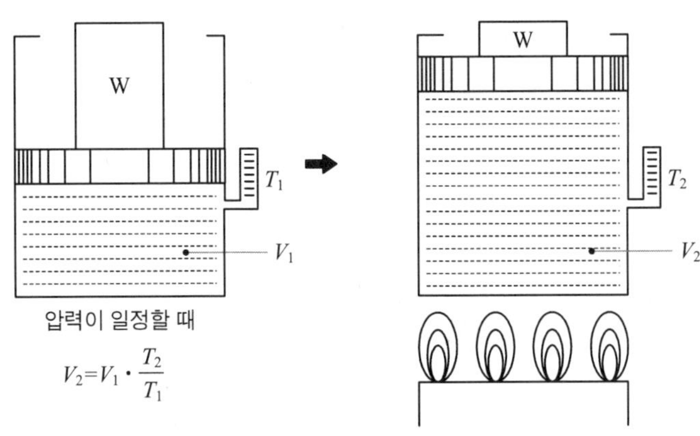

그림 1-10 **샤를의 법칙**

3) 보일 · 샤를의 법칙

기체의 압력, 온도 및 체적간의 관련성을 나타내는 법칙이다. '압력과 체적을 곱한 값에 온도를 나눈 값은 일정하다.' 즉, 기체의 압력, 온도 및 체적이 변화되기 전의 값과 후의 값을 각각 P_1, T_1, V_1 및 P_2, T_2, V_2이라고 하면, 다음과 같은 식으로 표현된다.

$$\frac{P_1 V_1}{T_1} = \frac{P_2 V_2}{T_2} = \text{일정} \tag{1-7}$$

1.2.4 파스칼의 원리

파스칼의 원리는 유체동력을 이해하는 데 가장 기본적인 원리이다. 이 법칙은 압력을 받고 있는 밀폐된 유체에서의 힘의 전달에 대해서 설명하고 있으며, 이것은 유체 정역학의 한 분야이다. 파스칼의 법칙은 다음과 같다.

- 경계를 이루고 있는 유체가 정지하고 있을 때 유체의 압력은 그 표면에 수직으로 작용한다.
- 정지된 유체내의 한 점에 작용하는 압력의 크기는 모든 방향에서 같다.
- 정지하고 있는 유체중의 압력은 그 무게가 무시될 수 있으면 그 유체 내의 어디서나 같다.

그림 1-11을 보면 피스톤에 가해지는 힘은 용기에 의해 밀폐된 유체에 압력으로 전달된다. 이 압력의 세기는 용기내부의 모든 위치에서 같고 용기의 면에 수직으로 작용한다. 그림에서 화살표는 유체의 압력을 나타내고 있다.

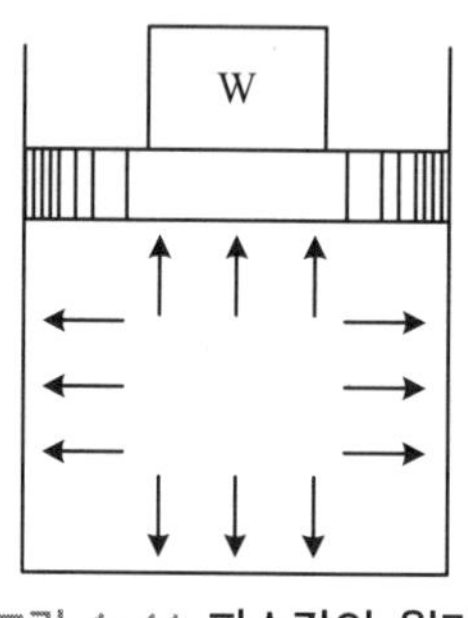

그림 1-11 파스칼의 원리

파스칼의 원리를 활용하기 위해서는 먼저 압력에 대하여 알아야 한다. 즉, 힘과 압력의 관계는 어떤 특정한 넓이에 분포되어 있는 힘으로서 수식적으로는 다음과 같이 표현된다.

$$P = \frac{F}{A} \tag{1-8}$$

여기서, P = 압력[Pa]
F = 힘[N]
A = 면적[m^2]이다.

앞서 표 1-3에서도 나타났듯이 압력을 나타내는 단위가 여러 가지 있으나 상대적으로 많이 사용되는 단위가 미국상용단위계와 국제단위계(SI 단위계)이며, 이를 참고로 표 1-4에 나타내었다.

표 1-4 힘과 압력의 단위

단위	미국 상용 단위	국제 단위
힘(F)	파운드(lbs)	뉴턴(N)
면적(A)	제곱인치(in^2)	제곱미터(m^2)
압력(P)	파운드/제곱인치(lbs/in^2, psi)	뉴턴/제곱미터(N/m^2, Pa)

lbs/in^2는 미국상용단위로서 약어는 psi로 표현된다. N/m^2는 국제단위로서 pascal로서 알려져 있으며 그 약어는 Pa이다. 유럽에서 가끔씩 사용하는 압력의 단위는 bar가 있고 이는 100,000Pa과 같다.

그러면 아래의 예제에서 피스톤의 단면에 작용하는 압력을 계산하기에 앞서 피스톤의 단면적을 계산하는 식을 알아보고자 한다. 유체와 접촉하는 피스톤의 단면적은 원이므로, 피스톤의 단면적을 계산하기 위해서는 원의 면적을 계산하는 식을 사용하여 다음과 같이 나타낼 수 있다.

$$A = \frac{\pi \cdot D^2}{4} \qquad (1\text{-}9)$$

여기서, D = 피스톤의 직경
π = 3.14

예제 1-1

피스톤의 직경이 0.05m이며, 1000N의 힘이 가해지고 있다 실린더 내부의 압력은 얼마인가?

[풀이]

01 피스톤의 면적 계산

$$A = \frac{\pi \cdot D^2}{4} = \frac{3.14 \cdot (0.05m)^2}{4} \cong 0.00196\,m^2$$

02 압력 계산

$$P = \frac{F}{A} = \frac{1000\,N}{0.00196\,m^2} \cong 5.1 \times 10^5\,N/m^2$$

예제 1-2

피스톤의 직경이 0.2m이고, 실린더 내의 압력이 500kPa을 초과해서는 안 된다면, 이 시스템이 견딜 수 있는 최대의 힘은 얼마인가?

[풀이]

01 피스톤의 면적 계산

$$A = \frac{\pi \cdot D^2}{4} = \frac{3.14 \cdot (0.2m)^2}{4} = 0.0314\,m^2$$

02 $[kPa]$ 단위를 $[N/m^2]$으로 환산

$500\,[kPa] = 5\times10^5\,Pa = 5\times10^5\,N/m^2$

03 힘을 계산

$F = p \cdot A = 5\times10^5\,N/m^2 \cdot 0.0314\,m^2 = 15700N$

지금까지는 공압이나 유압 시스템에서의 압력과 힘과 단면적간의 연관성에 대해서 알아보았다. 여기서는 적은 힘을 확대하여 큰 힘으로 바꿔서 사용하는 방법에 대해서 정리해 보도록 한다. 즉, 유압 시스템에서 힘을 효율적으로 사용하기 위해서 입력 쪽의 압력이 출력 쪽으로 잘 전달되어야 한다. 그림 1-12와 같은 시스템은 이러한 용도로 사용할 수 있는 시스템이다. 왼쪽은 입력 실린더, 오른쪽은 출력 실린더이며 이 두 개의 실린더 사이의 유체는 갇혀 있다. 입력단과 출력단의 실린더에 가해지는 힘과 단면적이 각각 A_1, A_2 및 F_1, F_2 라고 하면 파스칼의 법칙에 의해 공유된 유체의 압력은 어느 지점이나 동일하므로 다음과 같은 식을 얻을 수 있다.

$$P = \frac{F_1}{A_1} = \frac{F_2}{A_2} \tag{1-10}$$

이 식을 변형하면 다음식이 되는데, A_2 값이 A_1에 비해서 크다면 큰 출력을 얻을 수 있으며 이를 이용한 장치로서 유압크레인을 예로 들 수 있다.

$$F_2 = F_1 \cdot \frac{A_2}{A_1} \tag{1-11}$$

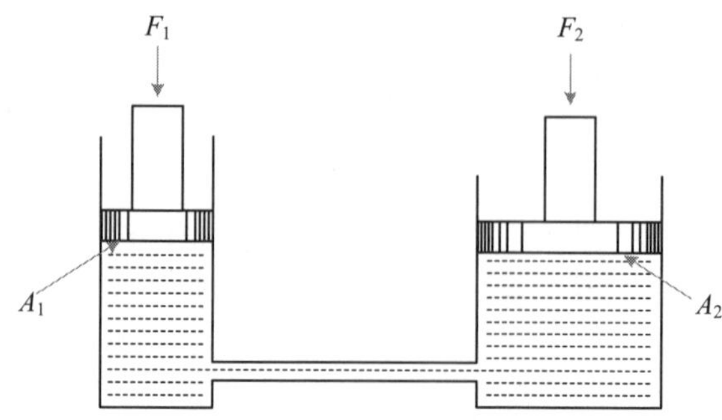

그림 1-12 압력 전달 설명도

연습 문제

exercise

01. 이 장에서 배운 원리를 이용해서 산업 현장에서 활용하고 있는 장치의 한 예를 들어 설명하라.

02. 상대습도란 무엇인가?

03. 계기 압력이 0.3MPa일 때 절대압력은 얼마인가?

04. 압력을 정의하라.

05. 샤를의 법칙을 설명하라.

06. 파스칼의 원리를 설명하라.

02 Chapter 공압 발생 장치

이 단원을 공부하고 나면 나도 이 정도는 알 수 있습니다!

1. 최종단인 엑츄에이터에 사용할 수 있는 깨끗한 압축 공기를 만드는 과정을 알 수 있다.
2. 공기 압축기의 종류별 구조를 이해한다.
3. 공기 정화 장치의 종류와 그 구조를 이해한다.
4. 목적에 맞게 공기 압축기를 선정할 수 있다.
5. 공기 압축기 설치 및 사용 시 주의사항을 알 수 있다.

2.1 압축 공기의 생성

현장에 적합한 공압을 얻으려면 먼저 공기를 압축하는 일을 해야 하고, 이를 탱크에 저장하고 적절한 온도로 냉각시켜야 하며 압축공기에 포함된 습도도 줄여야 한다.

⇒ 공기압축기, 저장탱크, 후부 냉각기, 에어 드라이어

그리고 공압을 필요한 위치까지 이송하는 배관 시스템이 있어야 하고, 공기 중의 먼지를 제거하고 압력을 조정하며 마모방지를 위해서 기름을 뿌려주는 장치가 필요하다.

⇒ 배관 시스템, 공기압 조정 유닛

일반적으로 공기압축기라고 하면 컴프레서를 말하며 이때 생산할 수 있는 공기의 압력은 대략 1 ~ 30kgf/cm^2범위가 된다. 한편, 송풍기나 팬은 이들을 구동 시에 압력이 1kgf/cm^2 이하로 떨어지므로 엄밀한 의미에서 압축기라고 할 수는 없을 것이다.

- 컴프레서 : 1kgf/cm^2이상(통상 사용 범위 : 4 ~ 6kgf/cm^2)
- 송풍기 : 1kgf/cm^2이하
  - 블로워(blower) : 0.1 ~ 1kgf/cm^2
  - 팬(fan) : 0.1kgf/cm^2 이하

2.1.1 공기 압축기의 종류

그림 2-1과 같이 압축기의 형식은 주로 이들의 동작원리에 따라서 터보형과 용적형으로 나눈다. 터보형은 날개차를 고속으로 회전시키면 그 운동에 의해서 기체의 가속도에 변화가 일어나고, 이것으로 에너지가 증가되어 이를 압력으로 변환시키는 것으로서 축류식과 원심식이 있다. 용적형은 실린더와 같은 밀폐된 용기속으로 공기를 흡입하여 이를 회전자(rotor)운동 또는 피스톤 왕복 운동으로 공기의 부피를 축소시켜서 압축시키는 것으로 회전식과 용적식이 있다.

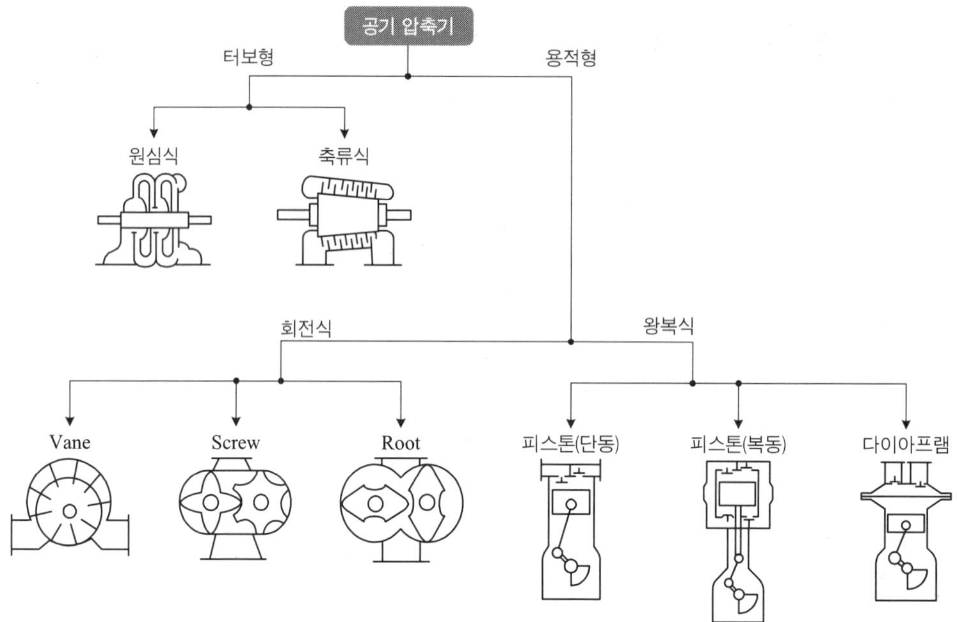

그림 2-1 **공기 압축기의 작동원리에 따른 분류**

2.1.2 공기 압축기의 구조와 원리

1) 터보형 압축기

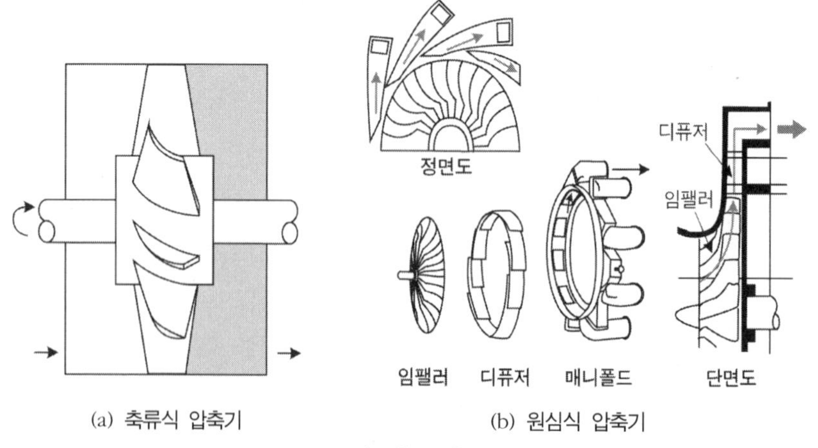

(a) 축류식 압축기 (b) 원심식 압축기

그림 2-2 **터보형 압축기의 구조**

이것은 공기의 역학적인 유동원리를 이용하여 익차를 고속으로 회전시키면 이 과정에서 여기에 와 부딪히는 원자들이 여러 차례 운동 에너지를 얻게 되고 나중에는 큰 에너지로 되며 압력이 높아진다. 이러한 터보 압축기에는 축류식과 원심식이 있다. 그림 2-2(a)는 축류식 압축기이다. 그림처럼 축에 수직으로 달린 회전 날개가 여러 단 있어서 이것에 의해 축 방향으로 공기가 가속되고 캐이싱에 설치된 고정 날개를 지날 때 압력이 상승된다. 그림 2-2(b)에서와 같이 원심식은 날개에 의해 공기가 반경 방향으로 압축되어 이것이 이어지는 날개의 축 방향으로 투입되어 다시 가속되며 압축되는 형식이다.

2) 용적형 압축기

◎ 왕복식 압축기

왕복운동을 하는 피스톤이나 다이어프램을 이용해서 실린더 내용적을 증가시키는 행정에서는 흡입 밸브를 열어 공기를 흡입하고, 실린더 내용적이 줄어드는 행정에서는 흡입공기를 압축한 후 토출밸브를 열어 토출하는 과정을 반복하면서 공기를 압축한다.

❶ 피스톤 압축기

피스톤 왕복식 압축기는 낮은 압력에서부터 높은 압력까지 사용할 수 있어 오늘날 가장 널리 사용하고 있는 압축기이다. 그림 2-3은 1단 피스톤 압축기로서 (a)는 초기상태를 나타내고 (b)는 흡입과정을 나타내는데 크랭크가 반시계방향으로 회전하면서 흡입 밸브로 공기가 흡입되고 있으며, (c)는 어느 정도 압축되면 배기 밸브가 열려 배기되는 과정을 나타내고 있다. 이때 얻을 수 있는 압력은 최대 $10kgf/cm^2$ 정도이다.

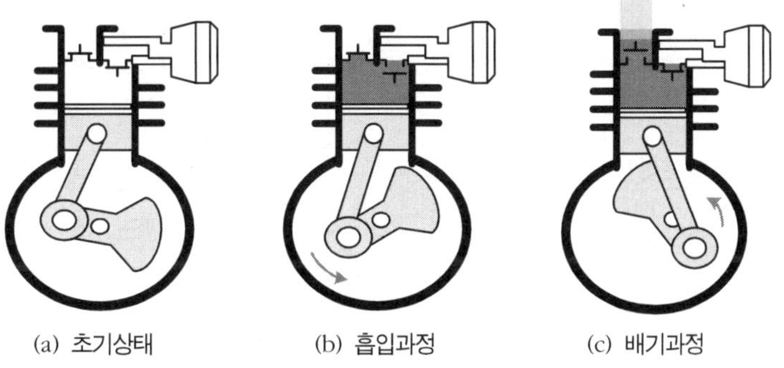

그림 2-3 **1단 피스톤 압축기**

그림 2-4는 2단 피스톤 압축기로서 (a)는 초기상태를 나타내고 (b)는 흡입과정을 나타내는데 크랭크가 반시계방향으로 회전하면서 1, 2단 흡입 밸브가 각각 열려 1단에서는

외부 공기가 들어오고, 2단에는 전 단계에서 압축해 둔 압축공기가 들어와 2단계 압축을 하며 1단 피스톤 압축기보다 더 높은 압력을 얻을 수 있다. 이 과정에서 얻을 수 있는 압력은 최대 $30kgf/cm^2$ 정도이다. 그리고 이보다 더 높은 압력을 얻기 위해서는 3단 왕복 피스톤 압축기를 사용해야 한다.

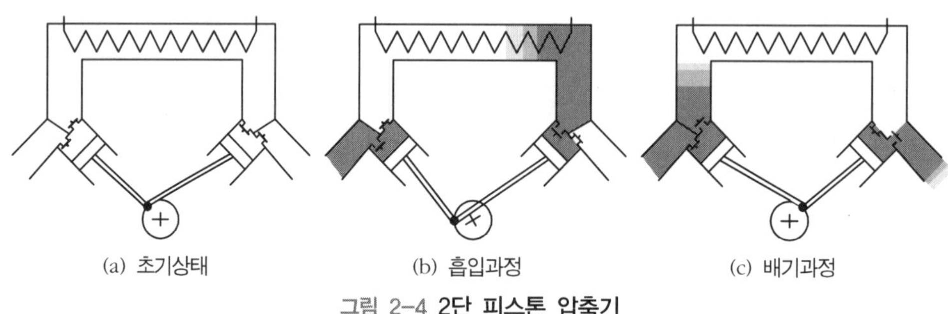

그림 2-4 **2단 피스톤 압축기**

❷ 다이아프램 압축기

그림 2-5는 다이어프램(격판)식 공기 압축기로서 다이어프램은 커넥팅로드에 연결되어 있고 흡입밸브와 배기밸브는 챔버의 상단에 설치되어 있다. 만약 커넥팅 로드가 반시계 방향으로 하강하면 흡입밸브는 열려 공기가 들어오고 배기밸브는 닫혀 있다. 그리고 커넥팅 로드가 상승하면 흡입밸브는 닫혀 있고 배기밸브는 공기가 어느 정도 이상의 압력이 되면 열려 압축공기가 탱크 속에 저장된다.

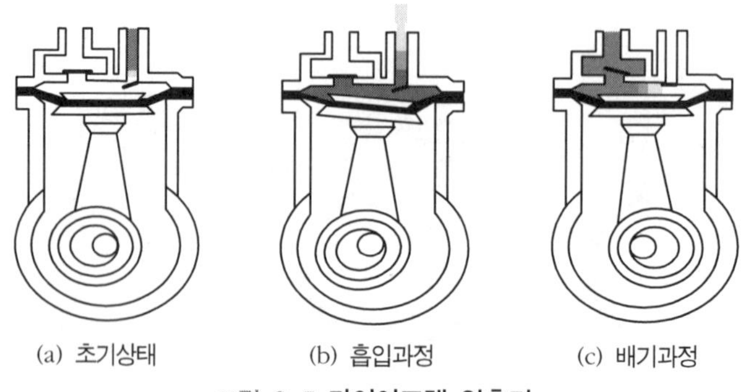

그림 2-5 **다이어프램 압축기**

◎ 회전식 압축기

회전식 압축기는 일정한 용적 내부로 들어온 기체를 회전자의 회전으로 압송하는 압축기로서 나사형 압축기와, 베인형 압축기, 루트 블로어 압축기 등으로 나눈다.

❶ 나사형 압축기

그림 2-6과 같이 스크루(screw) 압축기는 암, 수 한 쌍의 나사형 회전자를 서로 맞물려 반대 방향으로 회전하여 챔버 내에 유입된 공기는 축방향으로 압축되고 토출된다. 여기서는 흡입, 압축, 토출의 각 행정이 회전자의 회전과 함께 연속적으로 이루어지므로 왕복식 압축기의 경우보다 압축공기의 맥동이 적다.

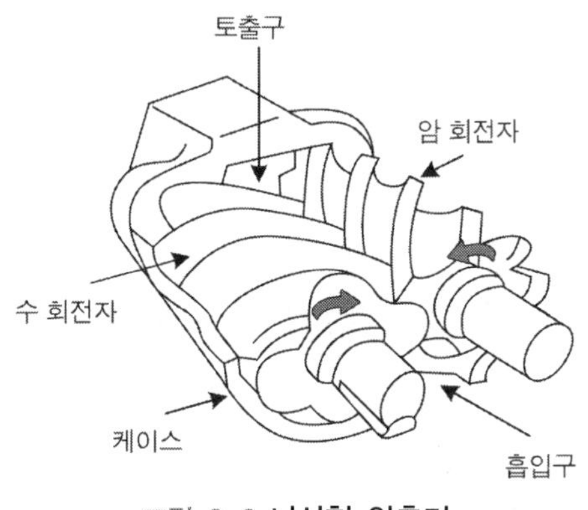

그림 2-6 **나사형 압축기**

❷ 베인형 압축기

그림 2-7은 가동형(可動形) 날개(vane) 압축기라고도 불리는 베인형 압축기로서 챔버 내에 축과 편심된 회전자(rotor)가 있고, 이 회전자의 방사상 홈에 베인이 삽입되어 있으며 이들은 모두 챔버 속에 있다. 만약 챔버와 베인에 둘러쌓인 공간에 공기가 흡입되면 이것은 회전자의 회전에 의해 압축되고 토출된다. 회전자가 회전함에 따라 용적이 변하고 토출구에 가까워짐에 따라 공간이 점점 좁아지므로 압력이 상승하게 되고 압축공기가 배출된다. 베인 압축기의 특징은 압축공기의 공급이 연속적이고 부드러워서 맥동과 소음이 작고 크기가 작아서 공압 모터 등의 공압원으로 이용된다.

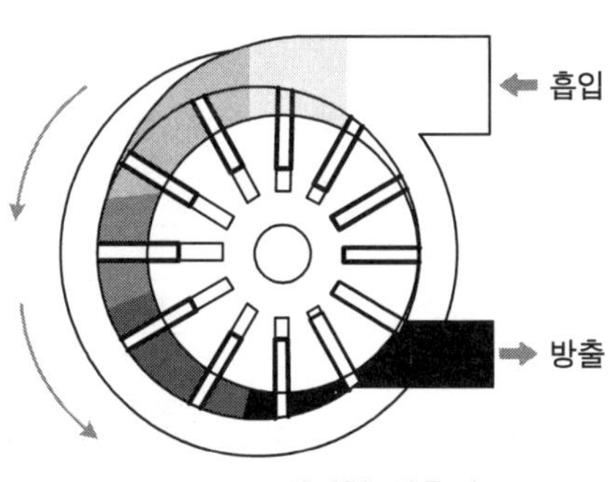

그림 2-7 **베인형 압축기**

❸ 루트 블로어 압축기

그림 2-8은 루트 블로어(root blower) 압축기로서 2개의 회전자를 90°각도로 서로 반대 방향으로 설치하여 이들이 맞물려 돌아가게 한다. 흡입구에 흡입된 공기는 회전자와 챔버 사이에서 갇혀서 체적의 변화 없이 토출구 쪽으로 이동되어 토출된다. 이 압축기는 비접촉형으로 급유를 할 필요가 없고 소형, 고압이 가능하지만 토크의 변동이 크고 소음이 크므로 특수 형태의 회전자를 사용하기도 한다.

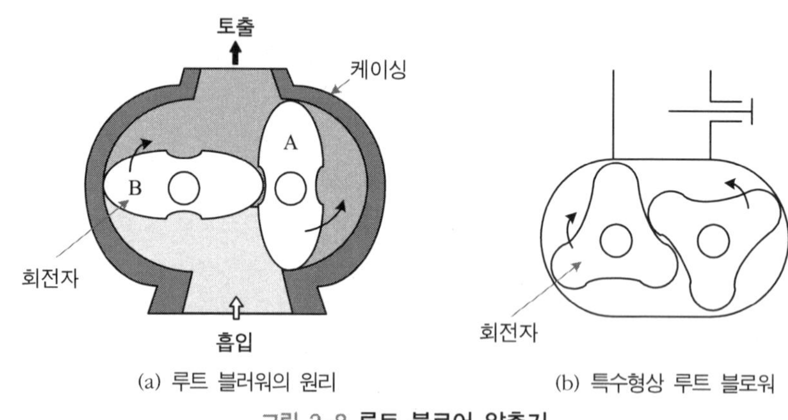

(a) 루트 블러워의 원리　　(b) 특수형상 루트 블로워

그림 2-8 **루트 블로어 압축기**

표 2-1은 공기 압축기의 종류와 차이점을 나타낸 것이다. 터보식 압축기는 진동이 적고 수리 주기가 길어서 좋은 반면 가격, 소음, 구조 측면에서는 불리하다. 왕복식 압축기는 진동, 소음 및 수리주기 측면에서는 불리하지만 가격, 압력, 구조 측면에서 유리하므로 가장 많이 사용되는 형식이다. 그리고 회전식의 특성 중에는 이들의 중간적인 특징을 갖는 것이 일부 있음을 알 수 있다.

표 2-1 **공기 압축기의 차이점**

구분 \ 압축기의 종류	터보식	왕복식	회전식
가격	대	소	중
압력	저~고압	중~고압	저~중압
진동	소	대	소
소음	대	대	소
정기 수리 주기	대	소	중
구조	복잡	간단	간단

2.1.3 공기 압축기의 선정

공기 압축기가 공급해야 할 공압의 조건을 결정하기 위해서는 최종단인 엑츄에이터나 공기압 기기에서의 사용 조건을 알면 된다.

1) 선정 기준

압축기의 선정기준은 아래의 항목별로 선정 기준을 설정하면 된다.

- 압력은 최종단의 사용압력 대비 20%이상의 여유를 두고 선정한다.
- 사용될 공기량이 얼마인지 계산해 본다.
- 부하 가동률(%)을 산정한다.
- 공기의 청정도를 정한다.

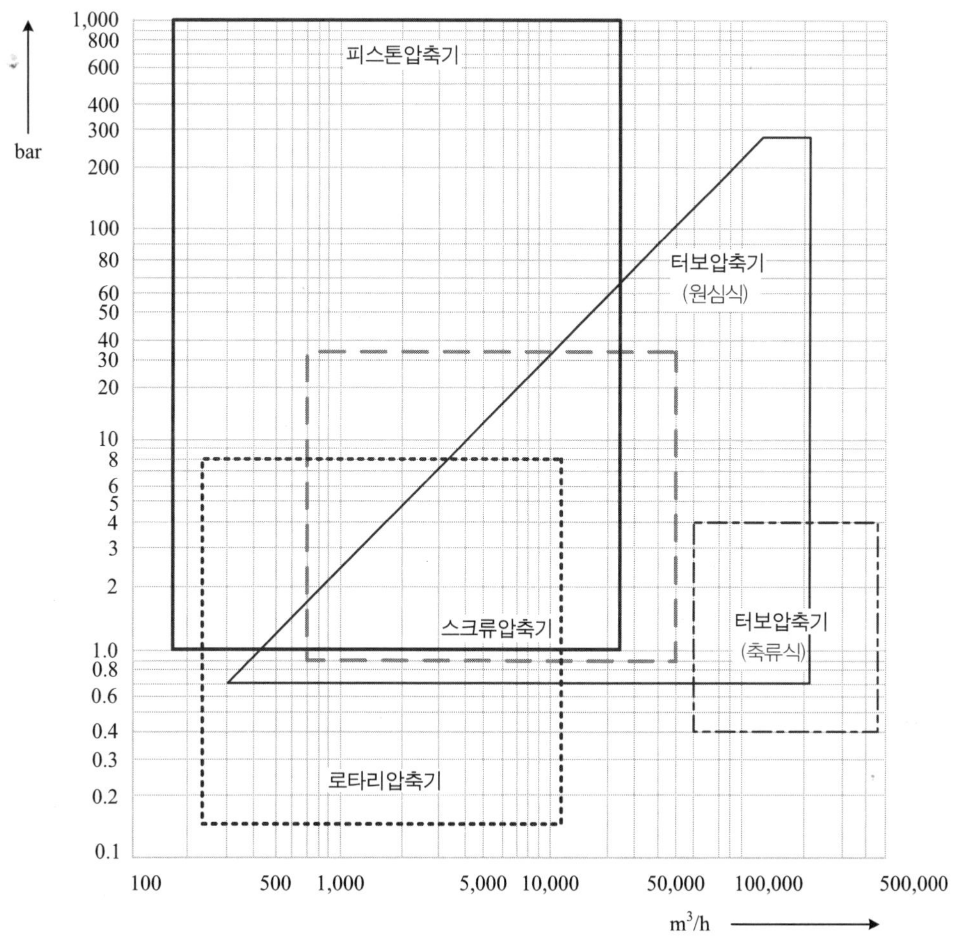

그림 2-9 **압축기의 공급체적과 압축범위**

공압 시스템에서 컴프레서의 출구에서의 압력은 공압이 수송되면서 점차 압력이 떨어져 최종단에 이르면 상당한 압력강하가 있으므로 이것을 감안하여 약 20%정도 높은 압력을 낼 수 있는 압축기를 선택해야 한다. 예를 들어 만약 최종단에서의 작동압력이 일반적으로 많이 사용하는 $4 \sim 6kgf/cm^2$이라면 $7 \sim 9kgf/cm^2$ 정도의 압력을 낼 수 있는 압축기를 선택해야 할 것이다. 그리고 공기의 사용량을 계산하여야 하고 부하 가동률도 감안해야 한다. 이러한 결정을 하기 위해서 그림 2-9와 표 2-1을 참조할 수 있다.

결국 압축기의 선정 시에는 설치 위치, 소음 대책, 유지 보수성 등을 고려해야 하며 용량 계산시의 오차, 부하 가동률, 공기청정기기 및 배관에서의 압력 강하분, 배관 접속부에서의 누설량, 압축기의 유지 보수를 위한 시간 등을 고려하여 계산용량의 1.5배 이상의 용량을 선정한다.

2) 왕복식 압축기의 공급유량 계산

자유 공기량(free air)으로 환산된 필요 공기량, Q_a은 다음의 식으로 주어진다.

$$Q_a = \frac{Q(P+P_a)}{P_a \alpha} \tag{2-1}$$

여기서, $Q[m^3/\min]$은 공압 에츄에이터의 작동압력 $P[kgf/cm^2]$에서의 공급 공기량이고, $P_a[kgf/cm^2]$는 대기압으로 $1.0332[kgf/cm^2]$이며, α는 체적 효율 계수를 의미한다.

3) 압축기의 수량 결정

대용량의 공기 압축기는 소용량 압축기를 여러 대 사용 시보다 투자액 대비 압축 공기 생산 효율은 좋으나 1대이기 때문에 사용 시에 갑작스런 문제가 발생하면 이것은 전체 시스템의 가동 중지를 초래하므로 바람직하지 못하다. 따라서 대용량 공기압축기를 2대 확보하는 것이 바람직하다.

4) 공압 저장 탱크의 크기 결정

공기 저장 탱크는 압축기에서 생산된 공기를 일시적으로 저장했다가 필요시 최종단으로 제공하는 역할을 한다. 따라서 이것은 시스템의 안정성에 기여한다. 즉, 공기 소모량의 변동이 심할 때 압축공기의 압력저하를 최소화 해주고, 맥동 현상을 줄여주는 역할을 하며 지속적인 공급이 가능하게 한다. 압축기 토출용량에 여유가 있을 경우 공기 압축기의 운전 간격을 조절할 수 있게 한다. 또한 압축기의 갑작스런 가동 중단이 되더라도 탱크에 저장된 유량으로 짧은 시간 동안 운전이 가능하다.

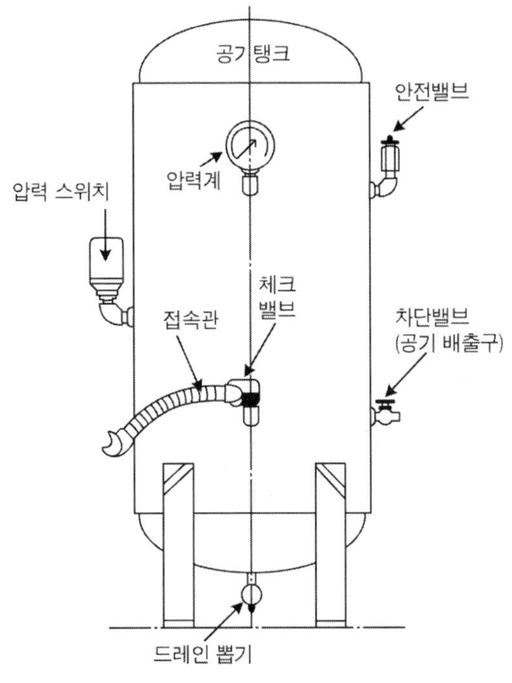

그림 2-10 **압축공기 저장탱크**

저장 탱크의 구조가 그림 2-10에 나타나 있다. 저장 탱크는 압력용기이므로 법적인 규정을 따라야 하므로 압력계, 안전밸브 및 압력 스위치 등을 부착해야 한다. 이 탱크가 규정 이상의 압축 공기를 저장해야 한다면, 공기압력을 내려주는 안전밸브, 압력을 표시하는 압력계, 압력스위치, 드레인 밸브 및 접속관 등이 부착된다. 공기 저장 탱크의 용적과 공기압력은 용기 안전규칙 또는 고압가스 안전관리법에 해당하므로 법 규정을 준수해야한다.

저장탱크의 용량을 결정하기 위해서는 계산식을 이용할 수 있다. 이것은 압축기의 공급체적, 공기소비량, 공기분배량, 압축공기의 조절방법 및 허용 가능한 압력강하 등을 고려하여 결정한다. 공기 저장탱크의 적정용량 계산식은 다음과 같다.

$$U = \frac{0.25\,Q_n P_a}{Z \cdot \Delta P} \qquad (2\text{-}2)$$

여기서, $U[m^3]$는 공기 저장탱크의 용량이고, $Q_n[m^3/\mathrm{min}]$는 공기 압축기의 공급유량이며, $P_a[kgf/cm^2]$는 흡입시의 공기압력, Z는 시간당 스위칭 수, $\Delta P[kgf/cm^2]$는 스위치 ON과 OFF사이에 발생하는 압력의 차이를 의미한다.

표 2-2 **저장탱크 크기와 전동기 출력과의 관계**

전동기의 정격출력[kW]	공기탱크의 용적[l]
0.2	15 이상
0.4	25 이상
0.75	35 이상
1.5	60 이상
2.2	80 이상
3.7	100 이상
5.5	100 이상

예제 2-1

공기 압축기의 토출 공기량, $Q_n = 1.5m^3/\mathrm{min}$이고 공기 압축기의 흡입시 공기압력, $P_a = 1.0332\,kgf/cm^2$이며 시간당 스위칭 횟수, $Z = 30$회$/h$이며 스위치의 ON/OFF시 압력 차이, $\Delta P = 0.4\,kgf/cm^2$일 때 공기저장 탱크의 용적을 계산하라.

[풀이]

$$U = \frac{0.25 Q_n P_a}{Z \cdot \Delta P} = \frac{0.25 \times 1.5 \times 60 \times 1.0332}{30 \times 0.4} \cong 1.94 m^3$$

2.1.4 공기 압축기의 압력 제어

공기 압축기 출구의 압력값을 읽고 이를 관리해야만 공기 압축기에는 무리한 부하가 걸리지 않게 하고, 엑츄에이터에는 지나치게 낮은 압력이 공급되어 작업에 지장을 주는 것을 방지할 수 있다. 공기 압축기의 압력제어 방법은 다음과 같다.

1) 배기 조절

그림 2-11에서와 같이 탱크 입구의 압력이 설정된 압력(스프링의 힘)에 도달하면 안전 밸브가 전환되어 압축공기를 대기 중으로 방출시켜 설정 압력으로 조절하는 방법이다. 이 방식은 도장용 스프레이건, 공기압 구동공구, 샌드블라스트 등 많은 공기량이 필요한 장치에서 사용된다.

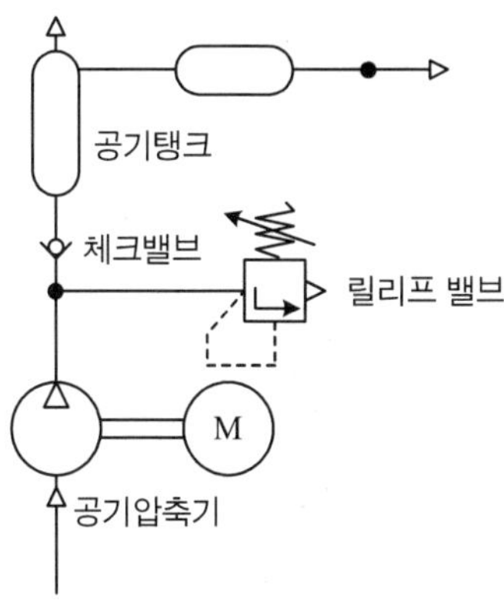

그림 2-11 **배기 조절**

2) 차단 조절

그림 2-12에서와 같이 탱크의 압력이 압축기 전단에 설치된 차단 밸브의 설정 압력(스프링의 힘)에 도달하면 차단 밸브가 전환되어 압축기 입구로 공기가 흡입되지 못하도록 차단하여 압력을 떨어뜨린다. 이러한 방식을 주로 적용하는 압축기는 회전 피스톤 압축기와 왕복 피스톤 압축기가 있다.

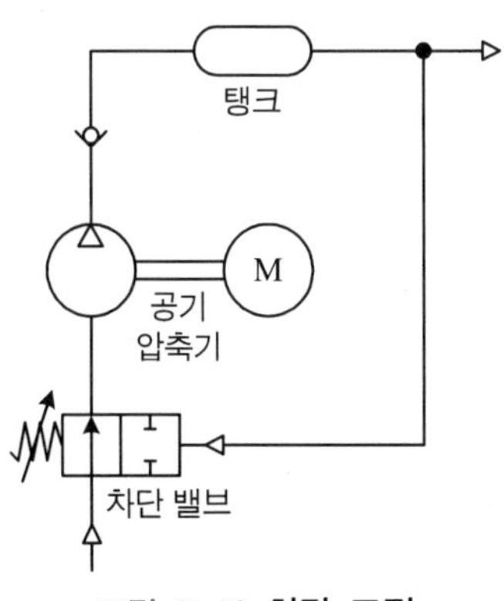

그림 2-12 **차단 조절**

3) 그립 암(Grip Arm) 조절

그림 2-13에서와 같이 이 장치는 압축기 내부에 부착되어 있다. 출구 쪽에 배관이 차단 밸브와 연결이 되어 있고 이것은 다시 흡입 밸브에 부착되어 이것을 열 수 있는 파일럿 밸브에 연결되어 있다. 만약 출구의 압력이 차단 밸브의 설정된 압력(스프링의 힘)에 도달하면 이 밸브가 전환되어 이것을 통해 압축공기가 파일럿 밸브에 전달되어 흡입 밸브를 연다. 이것이 열린 상태에서는 피스톤 왕복 운동을 하여도 공기 흡입은 되지만 압축을 할 수 없으므로 압력은 떨어지게 된다.

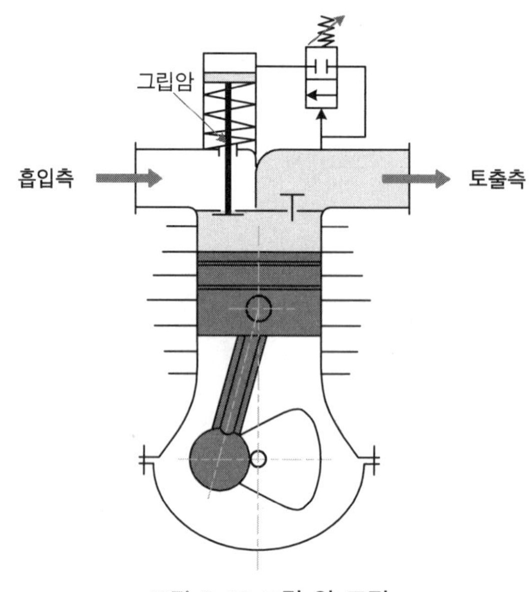

그림 2-13 **그립 암 조절**

4) ON/OFF 제어

이 방식은 출구의 압력이 설정된 압력에 도달하여 압력 스위치가 감지되면 압축기의 전원을 OFF시켜 압축기 가동을 중지시킨다. 그리고 설정 압력의 최소치에 이르면 전원이 ON되어 압축기가 가동되는 방식이다.

2.1.5 공기 압축기 사용 시 주의할 점

압축된 공기는 상당한 에너지를 가지고 일을 하므로 부주의하면 손상을 입을 수 있다.

1) 압축기 설치 위치

- 가능한 온도와 습도가 낮은 곳에 설치하여 수분발생을 줄인다.
- 유해가스나 유해물질이 흡입되지 않는 곳에 설치한다.
- 직사광선과 비를 피할 수 있는 곳에 설치한다.
- 소음 차단이 될 수 있는 곳에 한다.
- 압축기에 냉각 장치를 설치하여 압축기에 적정 온도를 유지한다.

2) 압축기의 예방 정비

- 그림 2-14에서와 같이 압축기에 외부 공기를 흡입할 때 많은 이물질이 들어와 흡입필터가 막힐 수 있으므로 정기적으로 교환하여야 한다.
- 후부 냉각기를 설치하여 압축공기의 온도를 낮추고 수분은 드레인으로 빠지게 한다.
- 압축기의 윤활유와 냉각수 등을 점검하여 정상적인 동작이 되게 한다.

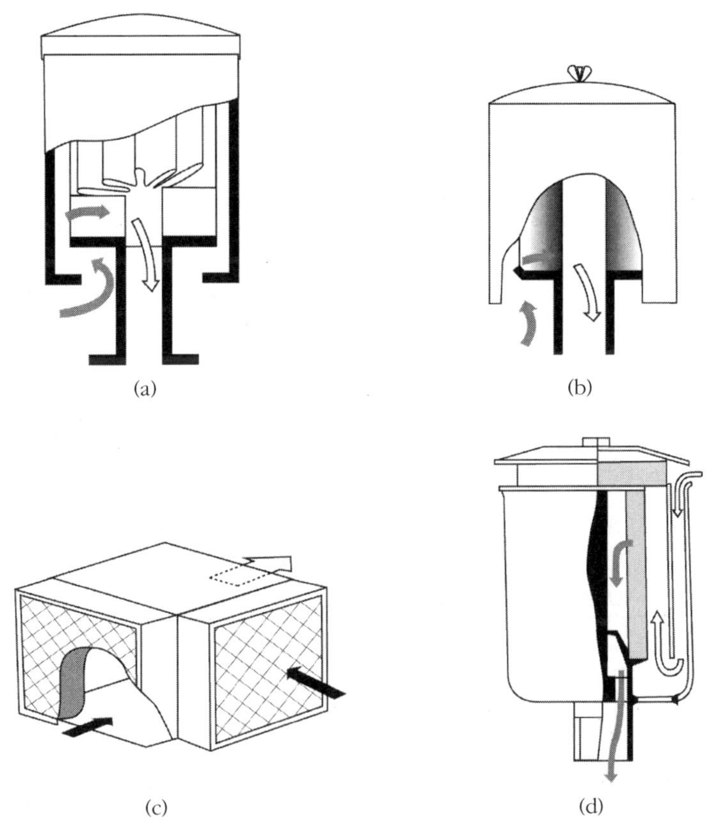

그림 2-14 흡입필터의 종류

3) 압축기 주변의 배관

- 배관을 공기 압축기 토출관로에서 바로 수직으로 세우면 내부 윤활유가 고여 고온 토출 공기에 의해 폭발하므로 이는 지양해야 한다.
- 배관의 길이와 배열은 흡입과 토출 시 맥동에 의한 공진이 최소화 되도록 한다.
- 수평관로는 관내의 물의 배출이 용이하도록 1/100 정도의 경사를 준다. 만약 경사가 역 방향으로 되어 있다면 공기 압축기에서 도출시킨 윤활유가 도출구 부근으로 역류하여 고온 토출 공기와 접촉하여 폭발할 가능성이 높으므로 이를 피해야 한다.
- 지하에 매설된 관로는 부식이 쉽고 관로의 수리가 곤란하므로 이를 피한다.

2.2 압축공기 정화장치

압축기를 통과한 공기에는 대기 중의 여러 가지 이물질과 습기, 압축기 내부 마찰에서 발생하는 먼지나 기름 성분 등이 함유되어 있으므로 이들을 제거하여 최종단인 엑츄에이터에 보내야 한다. 이에 필요한 공기필터, 기름 분무 분리기, 냉각기, 건조기 등에 대해 알아본다.

표 2-3에서는 압축공기중의 이물질의 종류와 이들이 공압 시스템에 미치는 영향에 대해서 정리하였다.

표 2-3 압축공기중의 이물질의 종류

이물질	기기에 미치는 영향
유분	고무계통 밸브의 부풀음, 기기 수명 저하, 오염
탄소	스풀과 포핏의 고착, 실(seal) 불량, 화재, 폭발
수분	코일 절연 불량, 녹 유발
녹	밸브 몸체에 고착, 실 불량, 기기 수명 저하
먼지	필터의 눈메꿈, 실 불량

2.2.1 압축 공기 정화 장치

압축 공기 중의 여러 가지 오염 물질의 특성과 형상이 서로 상이하므로 이들을 제거하기 위한 상이한 장치들이 사용된다.

1) 메인 라인 필터

이 필터는 배관의 주관로에 설치되며 먼지 직경이 50 ~ 75μm 이상의 이물질이나 녹 등을 제거한다.

그림 2-15는 메인라인 필터로서 좌측 입구로 고압의 공기가 관성을 가지고 직진하려다가 필터의 내부벽면에 부딪히면서 선회운동을 하고 아래로 빠지게 되는데 이때 디플렉터를 거치면서 응축된 물과 큰 먼지가 여기서 걸러진다. 그리고 공기는 필터 엘리먼트의 가운데 빈공간으로 올라와 방사상 방향으로 이곳을 통과해 출구 쪽으로 나간다. 이 필터 엘리먼트를 통과 시에는 관로의 미세한 이물질과 녹 등이 제거된다.

메인 라인 필터는 응축된 물은 제거할 수 있지만 압축공기중의 수분은 제거할 수 없으므로 수분제거는 별도의 장치로써 제거한다.

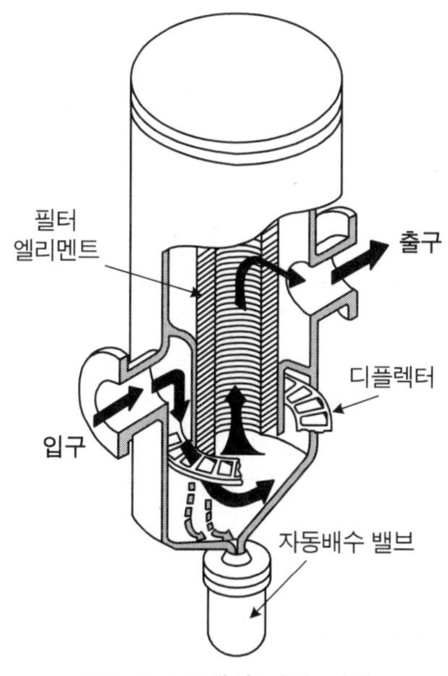

그림 2-15 메인 라인 필터

2) 공압 필터

이 필터는 공압 회로 중에 사용되며 압축 공기 중에 포함된 여러 가지 먼지, 고형 물질과 기름 성분 그리고 배관내의 금속 가루, 녹 등이 제거되어 엑츄에이터에서 바로 사용할 수 있는 수준으로 걸러진다.

그림 2-16은 공기압 필터의 구조로서 그림 2-15의 메인 라인 필터와 유사한 구조를 가진다. 좌측 입구로 고압의 공기가 관성을 가지고 직진하려다가 필터의 내부벽면에 부딪

히면서 선회운동을 하고 아래로 빠지게 되는데 이때 디플렉터를 거치면서 응축된 물과 큰 먼지가 여기서 걸러진다. 그리고 공기는 필터 엘리먼트의 중심축 방향인 필터의 가운데로 공기가 통과하여 출구 쪽으로 나간다. 이때 작은 물방울은 아래로 떨어져 응축드레인 밸브를 통해 외부로 배출되고, 필터 엘리먼트를 통과 시에는 관로의 아주 미세한 먼지와 배관내의 고형 성분 등이 제거된다. 이 필터에 사용되는 엘리먼트의 규격은 먼지를 걸러주는 크기에 따라 정밀용(5~20μm), 일반용(44μm) 및 메인라인용(50μm 이상) 등으로 나눈다.

그리고 필터를 사용하면 서술된 내용 외에도 온도를 떨어뜨려 주는 효과도 있다. 한편 필터 엘리먼트는 정기적으로 교환하여야 하므로 설비 관리자가 쉽게 접근해서 교환이 가능해야 한다. 그리고 필터의 선택조건은 압력손실이 적어야 하고, 사용기간이 길어야 하고 여과면적과 수분분리 기능이 커야 한다.

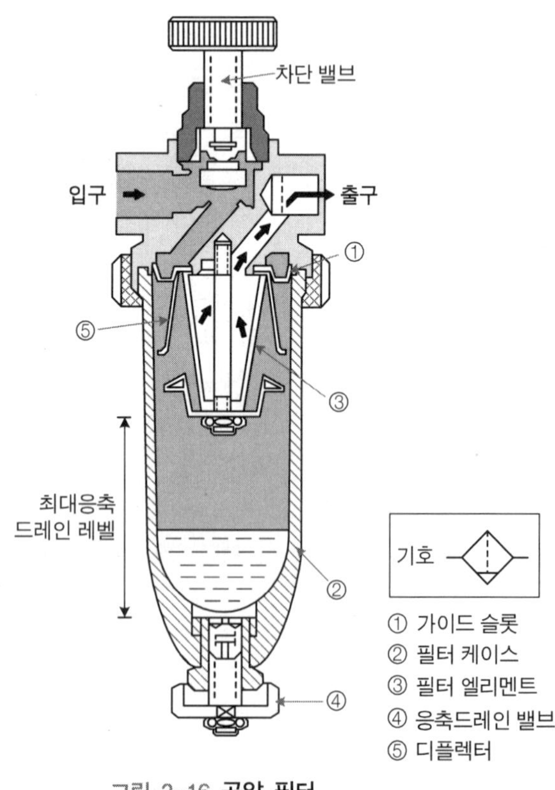

그림 2-16 **공압 필터**

3) 기름 분무 분리기(Oil Mist Separator)

압축 공기 중에는 적은 량이지만 기름 성분이 있는데, 이것은 대부분 공기 중에 미세한 형태로 균일하게 분포되어 있는 초미립자 상태(aerosol 상태)로 존재한다. 에어로졸 상태의 기름입자는 일반용 필터 엘리먼트로는 여과하기 힘들기 때문에 특수한 필터 엘리먼트를 사용해야 한다.

- $0.3\mu m$ 이상의 기름입자를 제거하기 위해서는 그림 2-17과 같은 필터를 사용한다. 이 장치에서 적용되는 필터의 규격은 $0.3\mu m$ 이므로 이 이상의 먼지 등이 제거되고 주 필터 엘리먼트의 유리섬유에서 미세한 기름입자가 응집되고 큰 덩어리로 되어서 분리 엘리먼트에서 분리된다.
- $0.001 \sim 0.3\mu m$ 범위의 기름입자를 제거하기 위해서는 $0.001\mu m$ 이하의 초미립자 분리기(micro mist separator)를 사용하여야 하며, 이렇게 깨끗하게 정화된 압축 공기는 크린룸, 식품 및 약품 제조룸 등에 적용된다.

기름 분무 분리기의 사용 시에는 다음과 같은 사항에 주의해야 한다.

- 필터의 눈막힘 현상이 빈번하게 일어나므로 이를 방지하기 위해서 1차 측에 반드시 $0.3\mu m$ 정도의 프리 필터(pre-filter)를 설치하여야 한다.
- 과대한 유량에 의한 공기유속증가는 필터 엘리먼트의 다공 플라스틱 복합재 필터의 표면에서 물방울이 2차 측에서 다시 비산될 수 있으므로 유량을 적정 수준으로 설정하여야 한다.
- 필터 엘리먼트 전후의 압력차가 $0.7kgf/cm^2$ 이상일 때는 필터 엘리먼트를 교환해야 한다.

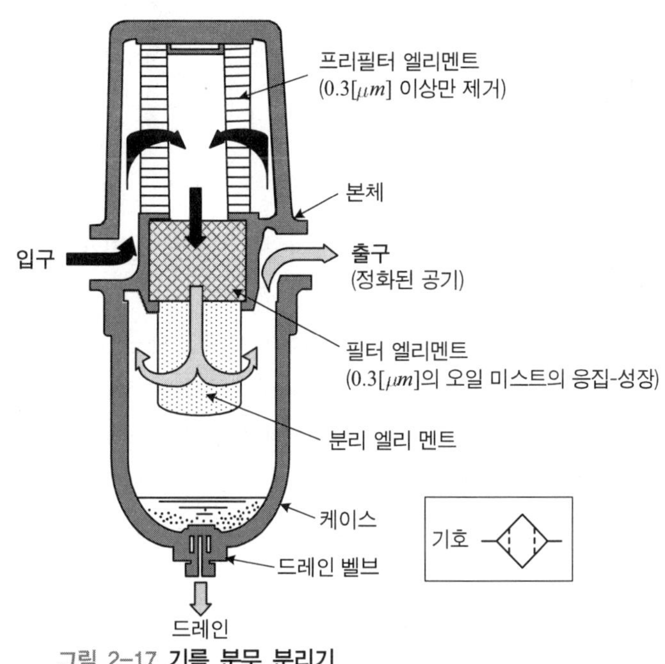

그림 2-17 기름 분무 분리기

4) 냉각기(After Cooler)

공기 압축기를 빠져나온 공기의 온도는 120 ~ 200℃ 범위이므로 이 상태에서는 엑츄에이터에 적용할 수 없다. 따라서 온도를 내려줄 냉각기가 필요하다. 냉각기를 거치면 압축공기의 온도가 40℃ 이하로 떨어지며 이 과정에서 흡수된 수분의 60% 정도가 제거된다.

냉각기의 대표적인 종류는 공냉식과 수냉식의 두 종류이다. 그림 2-18은 공냉식 냉각기의 구조로서 공압 배관이 수평으로 여러 번 달릴 때 여기에 수직하게 팬으로 바람을 불어서 배관 표면에서 열 교환이 일어나 공기의 열을 빼앗게 하는 구조이다. 이 구조는 수냉식에 비해 열교환량이 적으며 유입 공기와 유출공기의 온도차는 약 7℃ 이다.

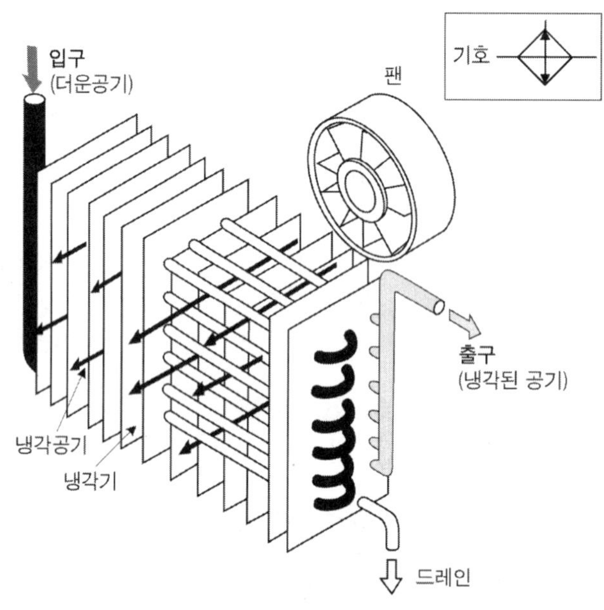

그림 2-18 **공냉식 냉각기**

그림 2-19는 수냉식 냉각기의 구조로서 냉수 배관이 챔버 내로 돌고 있고 여기에 뜨거운 공기가 왼쪽 입구로 들어와 챔버 내를 선회한 후 우측 출구를 통해 빠져 나간다. 이 과정에서 더운 공기 분자들은 냉수 배관 표면과 접촉하여 많은 열을 전달하고 차가운 공기로 바뀐다. 이 과정에서 공기의 온도가 떨어지므로 온도차(이슬점의 차)에 해당하는 습기는 물방울로 변하여 아래로 떨어져 배출된다.

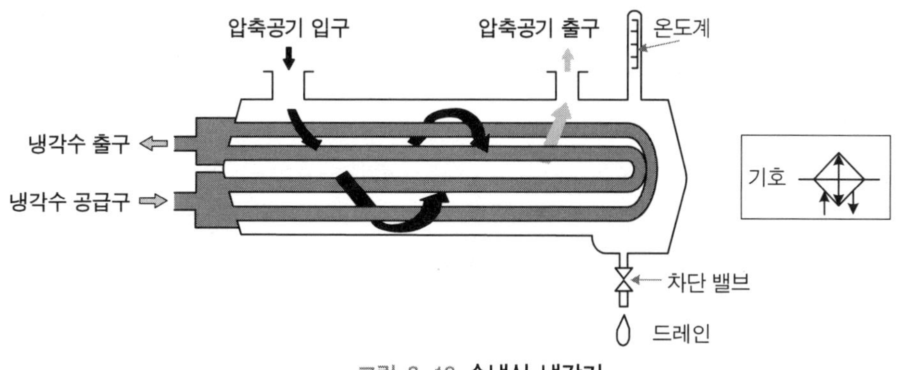

그림 2-19 **수냉식 냉각기**

• 이슬점(Dew Point)

어떤 온도와 압력에서 공기 중에 존재할 수 있는 수분의 한계가 있다. 이 한계를 넘게 되면 넘은 수분의 분량만큼 물방울로 응결된다. 쉬운 예로 10℃, $5kgf/cm^2$에서 이슬점일 때의 수분의 분량을 N이라고 가정한다. 여기에 만약 순간적으로 수분이 증가하여 $N+\Delta N$가 되었다면, ΔN에 해당하는 수분은 물방울로 응축된다.

5) 에어 드라이어(Air Dryer)

냉각기나 필터를 통해서 수분이 제거되지만 그래도 상당한 수분이 압축 공기 중에 남아 있으므로 이를 에어 드라이어로 제거해야 한다. 이 드라이어의 종류는 냉동식과 건조제식 에어 드라이어가 있다.

○ 냉동식 에어 드라이어

냉동식 에어 드라이어는 압축공기를 냉동기로 냉각하여 온도를 떨어뜨려 온도차에 해당하는 수분이 응결되어 드레인으로 빠진다. 그림 2-20은 냉동식 에어 드라이어의 구조이다. 그림에서와 같이 이 장치의 구조는 크게 냉매를 이용해서 냉매의 온도를 떨어뜨리는 냉각 시스템과 열교환이 일어나는 공기온도 평형기와 냉각실로 나눌 수 있다.

냉각 시스템은 프레온 등의 냉매를 이용하여 이를 압축하고, 좁은 관을 통해 배출시킴으로써 온도를 낮추는 장치이다. 공기온도 평형기에서는 이곳 내부를 차가운 공기 배관이 지나가므로 이곳으로 처음 유입되는 공기가 식혀지는 곳이다. 1차적으로 식혀진 공기는 냉각실에 유입되고 여기서 2 ~ 5℃ 의 차가운 온도로 되면서 이 온도차에 해당하는 수분은 물방울로 응결되어 자동 배수 밸브를 통해 외부로 배출된다. 이 공기는 다시 공기온도 평형기를 지나며 따뜻한 공기와 열교환을 간단히 하고 출구로 나간다.

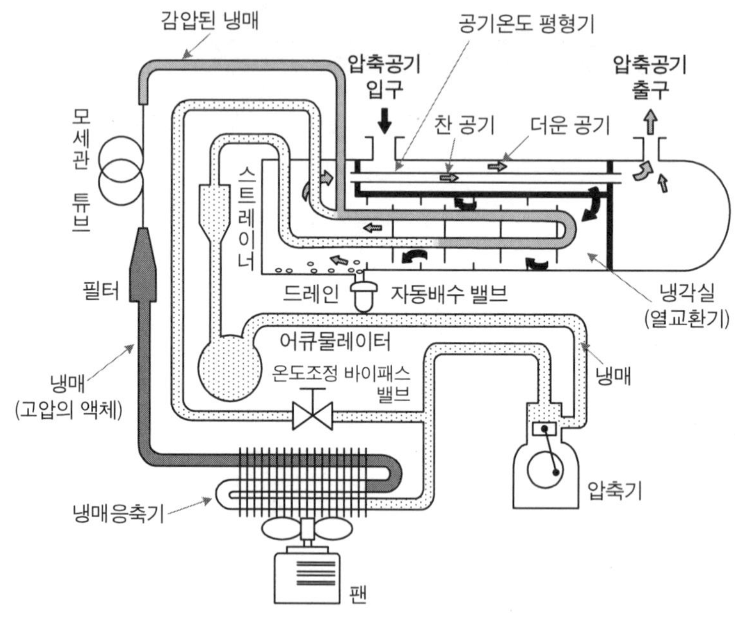

그림 2-20 **냉동식 에어 드라이어**

건조제식 에어 드라이어

건조제식 에어 드라이어에서 일반적으로 많이 사용하는 방법은 흡착식이다. 이 방법은 이산화 실리콘(SiO_2)겔이나 활성 알루미나 등의 고체 건조제를 용기에 넣고 그 용기를 통해 습한 공기가 빠져나가게 하면 공기 중의 수분이 이들 재료의 미세한 구멍의 모세관 현상에 의해 흡착되고 건조한 공기만 빠져나간다. 이 방법을 이용하면 압축 공기 중의 대부분의 수분을 제거할 수 있으나 어느 정도 사용하면 포화되어 흡수가 되지 않는다. 이때에는 이들 재료를 재생해서 사용할 수 있다. 그림 2-21과 같이 건조제를 두 용기에 넣고 한쪽은 사용하고 반면에 다른 한 쪽은 재생하는 과정을 반복하면 된다. 즉, 재생을 하기 위해서는 건조재 내의 수분만 제거하면 되므로, 전기 히터를 가열하여 뜨거운 공기를 만들고 동시에 팬을 이용하여 뜨거운 공기가 습기를 함유한 건조제를 거쳐 나오게 하면 대부분의 수분은 증발하여 제거된다.

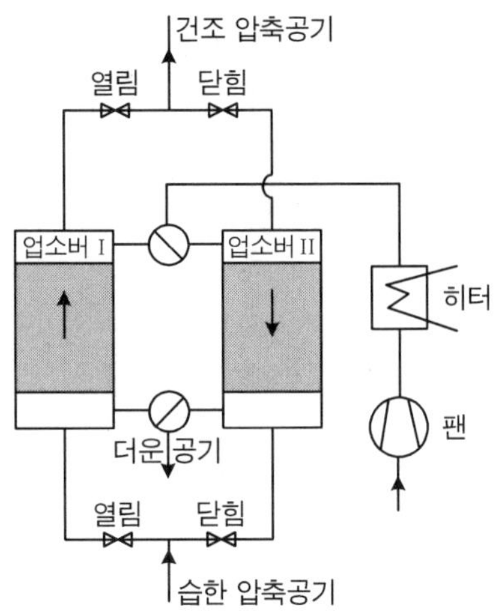

그림 2-21 **건조제식 에어 드라이어**

6) 윤활기(Lubricator)

윤활기는 공기압 실린더 및 공기압 모터 등의 구동부나 제어벨브 등의 가동부에 윤활유를 공급하여 원활한 작동이 되도록 한다. 압축공기가 흐르는 공압기기의 상호 마찰면의 마모를 방지하고 내구성을 키워주기 위해서 압축공기 중에 급유를 한다.

그림 2-22는 가변 오리피스형 윤활기의 동작을 보여주고 있다. 윤활유를 적하시키기 위한 차압을 발생시키는 기구 형태에 따라 가변 오리피스형과 고정 오리피스형으로 나눈다. 윤활기에 압축공기가 유입되면 오리피스부에서의 공기의 속도가 빨라지므로 벤튜리 원리에 의해서 이곳의 압력이 떨어진다. 따라서 이곳과 연결된 적하관의 압력이 떨어져 모세관 현상에 의해서 아래에 저장되어 있는 윤활유가 위로 올라와 적하관을 통해서 떨어지면 이것이 좌측에서 우측으로 빠른 속도로 흐르는 공기에 흩날려서 기름 안개(oil fog)를 발생시키고 압축공기 속에 윤활유가 섞이게 된다.

- 오리피스(orifice)
  관 흐름을 교축(유동 단면적을 급속히 축소)시켜 주기 위한 기구로서 유량을 제어하거나 차압(감압)시키는데 사용된다.
- 벤츄리 관(venturi tube)
  - 오리피스와 같은 역할을 하며 오리피스보다 손실이 적도록 설계되어 있다.
  - 유량측정장치(유량계)로 사용되며, 이탈리아의 Venturi에 의해 처음 고안되었다.
  - 벤츄리관을 관 도중에 연결하여 관내의 유량을 측정하는 기구이다.

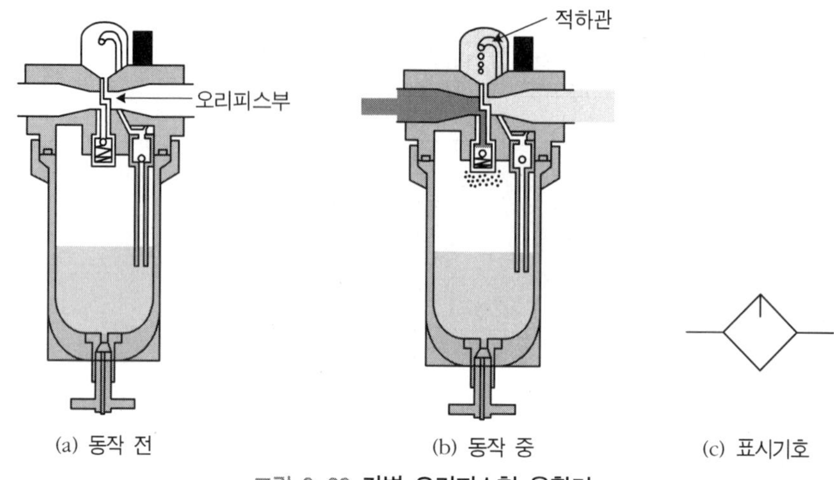

그림 2-22 **가변 오리피스형 윤활기**

7) 공압 조정 유닛(Service Unit)

공압 조정 유닛은 공압필터, 압력 조절 밸브, 윤활기의 세가지를 조합한 일체형 구조이다. 이것은 엑츄에이터 등에서 공압을 사용하기 직전에 설치하여 깨끗하면서 압력이 조절된 압축공기를 사용할 수 있게 한다.

그림 2-23은 직동형 감압 밸브의 구조를 나타내고 있다. 조절 스프링에 연결된 핸들을 돌려서 조절 스프링을 압축하면 그 힘에 의하여 스템이 눌려 밸브가 열리고 1차측 압축공기가 2차측으로 유입되어 조절 스프링에 대항하는 압력이 다이아프램에 작용하여 2차 압력과 조절 스프링의 힘이 평형을 이루도록 밸브의 통로면적을 제어한다. 여기서 2차 압력이 설정 압력보다 낮으면 조절 스프링이 다이아프램을 누르고 내려오고 스템은 아래로 내려와 있으므로 공기 통로는 열린 상태가 된다. 균형상태가 되면 다이아프램이 압력에 밀려 올라가 밸브는 닫히고 압축공기의 유입이 차단된다. 2차측의 압력이 설정압력보다 높아지면 감압밸브는 다이아프램 균형 상태로부터 밀려 올라가 스탬 끝의 릴리프 구멍이 열리고 2차측의 압력이 대기로 방출된다.

그림 2-24는 감압 밸브의 기호이다. (a)는 릴리프가 없는 직동형 감압 밸브를 나타내고, (b)는 릴리프가 없는 직동형 감압 밸브로서 외부 파일럿형 감압 밸브를 나타낸다. (c)는 직동형 감압 밸브로서 릴리프밸브 부착형으로 2차 압력이 설정 압력 이상으로 되면 감압 밸브가 위치 전환이 되어 릴리프 구멍이 열리고 공기가 빠져나간다. (d)는 릴리프 밸브가 부착된 외부 파일럿형 감압밸브 기호이다.

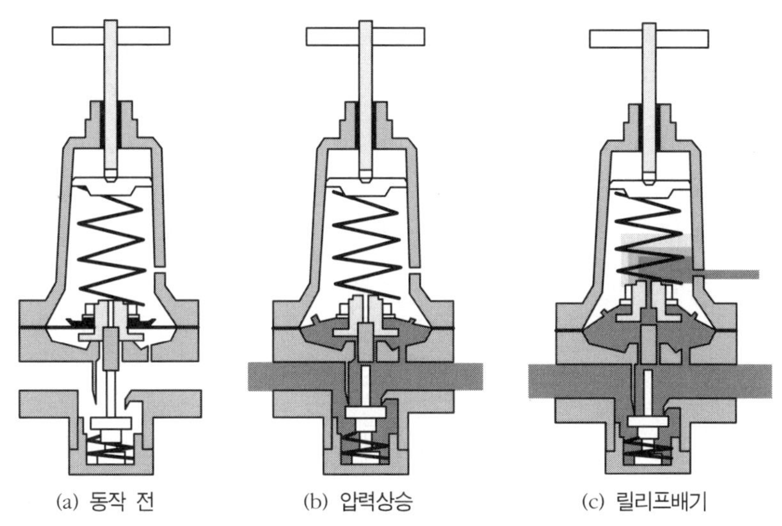

그림 2-23 **직동형 감압 밸브**

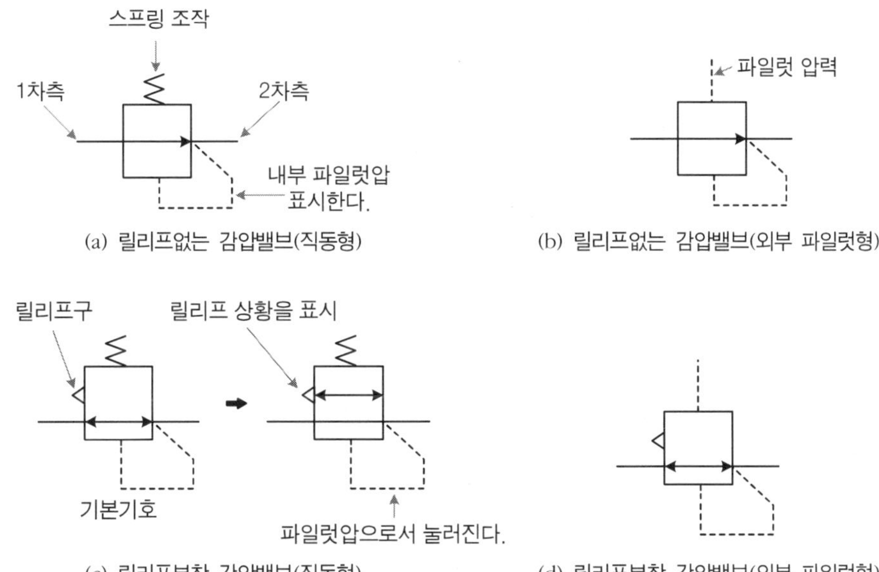

그림 2-24 **감압 밸브의 기호**

그림 2-25는 공압 조정 유닛의 구조로서 왼쪽부터 공압필터, 압력조절밸브, 윤활기로 이어져 있으며 상세기호도 나타나 있다. 필터에서는 이물질과 입자가 큰 수분을 제거하며, 압력 조절 밸브는 시스템의 작동압력을 일정하게 유지하는 역할을 하며, 윤활기는 급유가 필요한 기기에 벤츄리 원리를 적용하여 압축 공기 중에 오일을 분사시켜 급유하는 기능을 가진다.

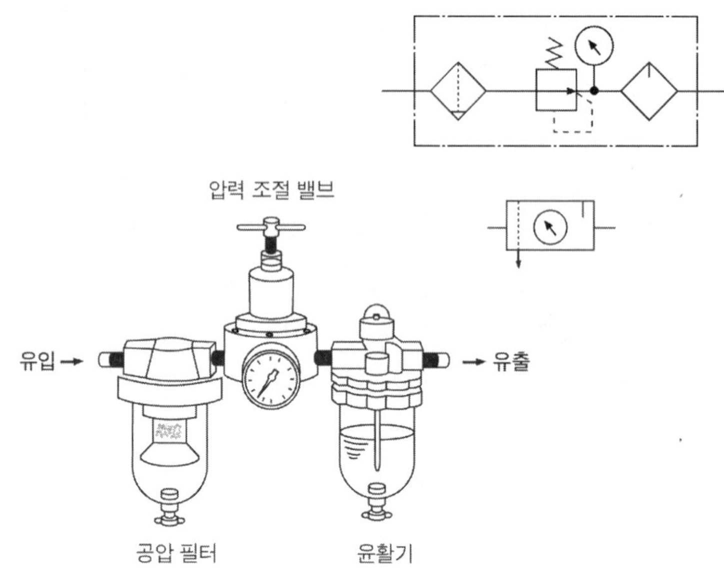

그림 2-25 **공압 조정 유닛(필터, 압력조절, 윤활기능 포함)**

연습 문제

exercise

01. 터보형 압축기와 용적형 압축기가 어떻게 다른지 설명하라.

02. 다이아프램식 압축기의 동작 방법을 설명하라.

03. 회전식 압축기의 종류와 특징에 대하여 서술하라.

04. 압축기의 종류 중 가장 높은 압력을 얻을 수 있는 압축기 형식은 무엇인가?

05. 공기 압축기 선정시 고려해야 할 사항은 어떤 것이 있나?

06. 공기 압축기의 압력제어를 하는 방법 중 차단 조절 방법에 대해 설명하라.

07. 공기 압축기 출구 쪽의 압축 공기는 최종단에서는 적합하지 못한 상태라고 한다. 이것을 정화하는 장치들의 종류와 원리에 대해 서술하라.

08. 공압 필터의 구조와 동작 방법에 대하여 서술하라.

09. 수냉식 냉각기의 구조와 동작을 설명하라.

10. 건조제식 에어 드라이어의 구조를 설명하라.

11. 공압 조정 유닛의 설치 위치와 그 구성 부품과 기능에 대하여 서술하라.

03 공압 제어 밸브 Chapter

이 단원을 공부하고 나면 나도 이 정도는 알 수 있습니다!

1. 밸브의 종류에는 크게 방향 제어, 압력 제어, 유량 제어 밸브 등이 있다.
2. 방향 제어 밸브의 표시법과 구조를 설명할 수 있다.
3. 압력 제어 밸브의 구조를 설명할 수 있다.
4. 유량 제어 밸브의 구조를 설명할 수 있다.
5. 솔레노이드 밸브의 구조를 설명할 수 있다.

3.1 공압용 밸브의 종류

공압 제어 시스템은 신호감지요소, 제어요소 및 구동요소 등으로 구성되어 있다. 신호감지요소와 제어요소는 구동요소의 작업순서에 영향을 미치며 이들을 공압 제어 밸브라고 한다.

이것은 작업의 시작과 정지 그리고 방향을 제어하고, 유량과 압력을 제어하며 동시에 조절해 주는 장치이다. 따라서 각종 제어 장치에서 적합한 밸브의 선택은 매우 중요하다. 일반적으로 슬라이드 밸브(slide valve), 볼 밸브(ball valve), 디스크 밸브(disc valve) 및 콕(cocks) 등은 국제적으로 통용되는 명칭으로 모든 설계에 적용된다. 밸브를 기능면에서 분류하면 다음과 같다.

- 방향 제어 밸브(Directional valves, Way valves)
- 압력 제어 밸브(Pressure control valves)
- 유량 제어 밸브(Flow control valves)
- 셧 오프 밸브(Shut-off valves)
- 논리턴 밸브(Non-return valves)

3.2 방향 제어 밸브(Directional Valves)

방향 제어 밸브는 공기 흐름의 방향을 제어하는 밸브이다.

3.2.1 방향 제어 밸브의 분류

방향 제어 밸브의 정의는 2개 이상의 흐름을 가지며 동시에 2개 이상의 포트를 갖는 것이라고 한다. 방향 제어 밸브는 공기 흐름의 방향을 변환시켜 공압 엑추에이터의 운동 방향을 제어하는 역할을 한다. 따라서 방향 변환 밸브는 물론이고 체크 밸브, 셔틀 밸브, 스톱 밸브 등도 모두 이 방향 제어 밸브에 속한다. 그리고 방향 제어 밸브는 공압 회로에 사용되는 밸브 중에서 종류가 많고 다양하게 사용되므로 이것을 이해하는 것은 공압 시스템을 이해하는데 상당한 도움이 된다.

그림 3-1은 방향 제어 밸브를 기능적으로 분류한 그림이다. 이것은 크게 방향 변환 밸브, 체크 밸브, 셔틀 밸브 및 스톱 밸브로 분류하고 있다. 방향 변환 밸브는 다시 조작 방식, 포트(연결구) 및 제어 위치수 및 구조에 따라 세분화되고 있다.

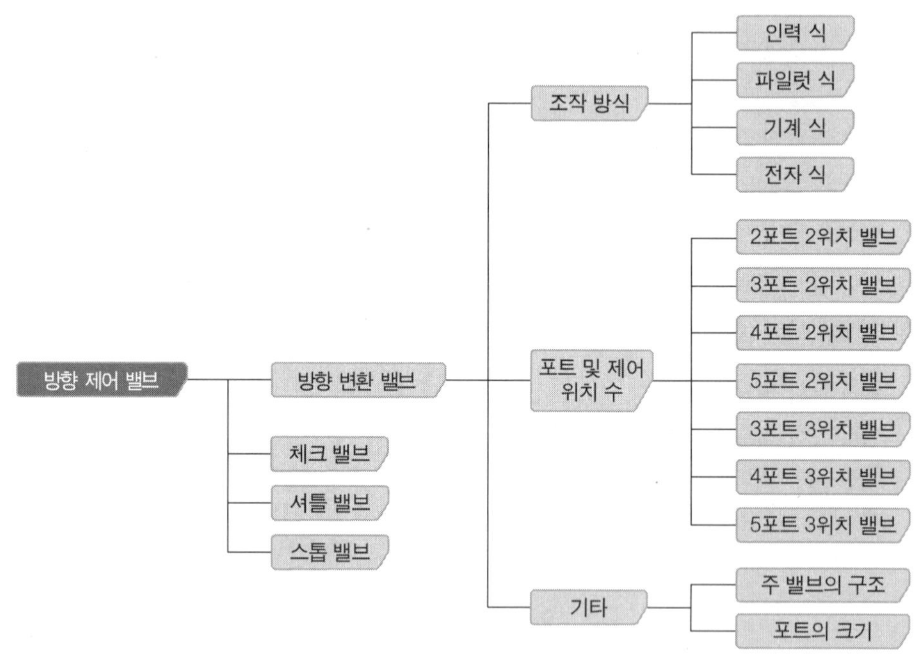

그림 3-1 **방향 제어 밸브의 분류**

3.2.2 방향 제어 밸브의 표시법

방향 제어 밸브를 도면에 표시할 때는 실제 밸브의 구체적인 내용을 기술하기보다는 그 밸브가 가지고 있는 기능만을 넣어서 상징적으로 이해한다. 그리고 도면에 표시되는 기호는 그 밸브의 정상상태에서의 위치나 동작을 나타낸다. 따라서 이것은 외부에서 공압이나 전기적, 기계적 신호가 있으면 밸브의 위치가 바뀌게 된다.

표 3-1은 공압 회로에서 사용되고 있는 방향 제어 밸브의 기호와 이것의 의미를 나타내고 있다. 먼저 사각형의 수가 1 ~ 3개인데 이것은 제어 위치의 수가 각각 1 ~ 3임을 나타낸다. 사각형 내부의 화살표는 공기 흐름의 방향을 나타내고 외부의 화살표는 이 밸브를 움직일 수 있는 신호를 나타낸다. 사각형 바깥에 있는 직선의 수는 배관을 연결할 수 있는 포트 수(연결구 수)를 나타낸다. 밸브의 위치는 a, b, c로 나타내며 3위치의 경우에는 중간위치는 중립을 나타낸다. 배관 라인 연결이 없이 기호에 직접 붙는 삼각형은 직접

배기가 이루어지는 것을 나타내고 기호에 직접 붙지 않는 삼각형이 있으면 배관을 통하여 배기 공기를 배출함을 나타낸다.

표 3-1 **방향 제어 밸브의 표시법**

기 호	설 명
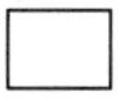	사각형은 밸브의 스위치 전환 위치를 나타낸다.
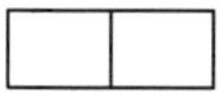	사각형의 개수는 밸브의 전환위치의 개수를 나타낸다.
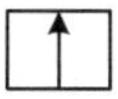	직선은 관로, 화살표는 공기의 흐름방향을 나타낸다.
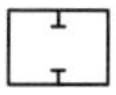	차단위치는 사각형 안에 T자형으로 표시한다.
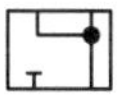	점은 관로의 접점을 나타낸다.
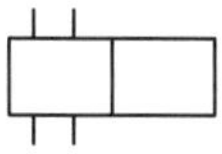	출구와 입구의 연결구는 사각형 밖에 직선으로 나타낸다.
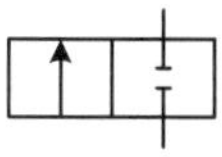	밸브의 다른 제어 위치는 사각형을 옆으로 움직이면 얻을 수 있다.
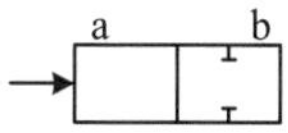 a b	밸브의 스위치는 a, b, c 등의 영문 소문자로 표시할 수 있다.
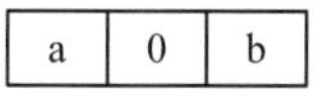 a 0 b	3개의 전환위치를 가지는 밸브에서 중간위치는 중립위치를 나타낸다.
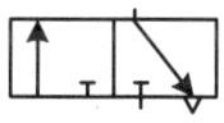	파이프라인의 연결 없이 직접 밸브에서 배기되는 배기구는 기호에 직접 붙는 삼각형으로 표시된다.
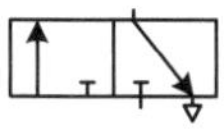	파이프라인이 있는 배기구는 밸브에 직접 붙지 않는 삼각형으로 표시된다.
-	밸브의 기능과 작동원리는 4각형 안에 표시된다.

표 3-2는 방향 제어 밸브의 종류와 명칭과 정상위치를 나타낸다. 2포트 2위치, 3포트 2위치, 3포트 3위치, 4포트 2위치, 4포트 3위치, 5포트 2위치, 5포트 3위치 방향 제어 밸브 등이 있으며 밸브의 정상 위치(초기 위치)를 설명하고 있다.

여기서 밸브의 포트(연결구)의 표시는 국제 규정으로 표 3-3과 같이 문자(ISO-1219 규정) 또는 숫자(ISO-5599 규정)로서 적용할 수 있으며 그 사용 예를 그림 3-3에 들어 놓았다. 본 교재에서는 주로 문자를 사용(R, S 대신 R_1, R_2, 그리고 Z, Y대신 Z_1, Z_2)하여 서술하였다.

표 3-2 **방향 제어 밸브의 종류**

기 호	명 칭	정상 위치
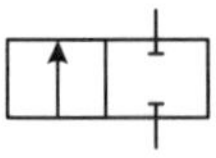	2포트 2위치(2/2-way) 밸브	닫힘
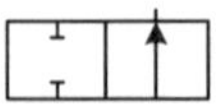	2포트 2위치(2/2-way) 밸브	열림
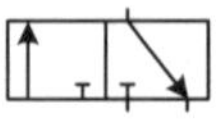	3포트 2위치(3/2-way) 밸브	닫힘
	3포트 2위치(3/2-way) 밸브	열림
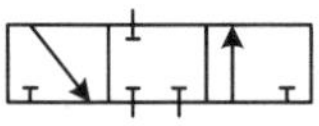	3포트 3위치(3/3-way) 밸브	중립위치 닫힘
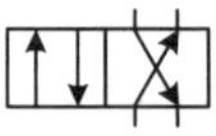	4포트 2위치(4/2-way) 밸브	공급 배기라인 각 한 개
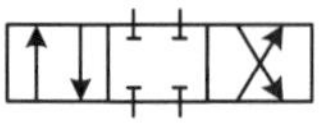	4포트 3위치(4/3-way) 밸브	중립 위치 닫힘
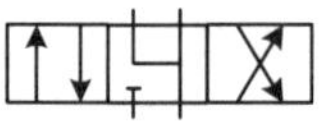	4포트 3위치(4/3-way) 밸브	A, B라인 중립위치 닫힘
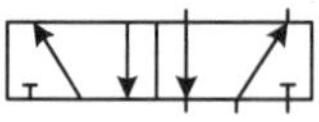	5포트 2위치(5/2-way) 밸브	두 개의 배출구

표 3-3 **밸브의 포트 표시 방법**

구분	ISO-1219 규정	ISO-5599 규정
작업포트(라인)	A, B, C …	2, 4, 6, …
압축공기 공급구	P	1
배기구	R, S, T …	3, 5, 7
누출포트(라인, 유압)	L	9
제어포트(라인)	Z, Y, X, …	10, 12, 14, …

그림 3-2는 표 3-2의 5포트 2위치 밸브의 포트명을 ISO-1219 규정(괄호 안은 ISO-5599 규정)을 적용하여 표시하였다. P(1)은 압축공기 공급구, A(2), B(4)는 작업 포트, R(3), S(5)는 배기구, Z(10), Y(12)는 제어포트이다.

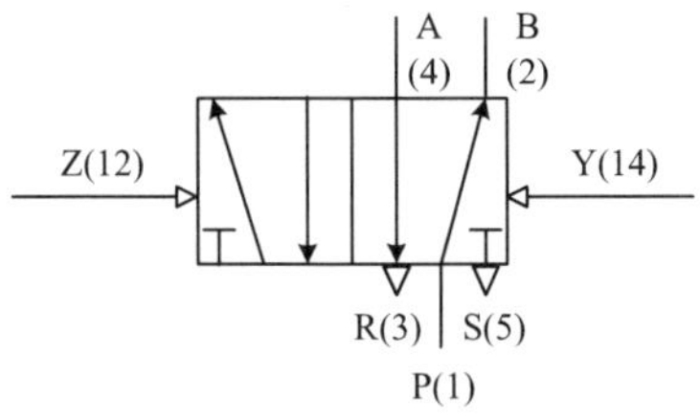

그림 3-2 **밸브 연결구의 표시 방법**

그림 3-3은 방향 제어 밸브의 동작을 설명하고 있는 그림이다. (a)는 방향 제어 밸브의 normal close의 초기상태를 나타내고 있다. 출구 포트, A가 배기포트, R과 연결되어 있으므로 압축 공기가 배기중임을 알 수 있다. (b)는 방향 제어 밸브의 normal open의 초기상태를 나타내고 있다. 공압 공급 포트, P가 출구포트, A와 연결되어 있으므로 압축 공기가 공기압 엑츄에이터에 공급 중임을 알 수 있다.

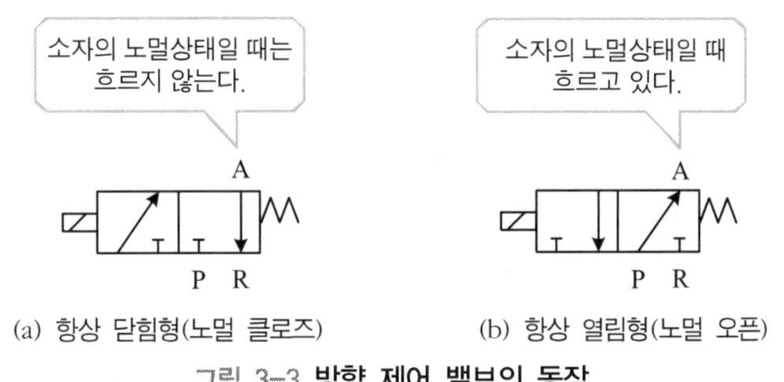

(a) 항상 닫힘형(노멀 클로즈) (b) 항상 열림형(노멀 오픈)

그림 3-3 **방향 제어 밸브의 동작**

그림 3-4는 방향 제어 밸브의 기호를 설명하는 그림이다. (a)를 보면 이것은 방향 제어 밸브의 주기호로서 사각형은 모두 밸브의 위치를 나타내며 사각형에서 외부로 연결된 작은 직선은 압축공기를 공급하거나 배출하는 배관 포트들이다. (b)는 방향 제어 밸브의 기능을 나타내는 기호이다. 여기서 화살표는 압축 공기의 흐르는 방향을 나타내고 오리피스 표시는 배관의 단면적 변화를 나타내며, 접속점은 배관이 서로 연결되었음을 표시한다. (C)는 솔레노이드 밸브의 동작을 설명하고 있다. 전기 신호가 없을 때가 정상 상태로서 스프링의 복원력에 의해 복귀된 상태이다. 솔레노이드에 전기 신호가 들어오면 자기력에 의해 사각형이 오른쪽으로 밀려서 스프링은 수축된 상태이고 압축 공기의 흐름 방향이 변한다. 다시 전기 신호가 차단되면 자기력은 소멸되고 스프링의 복원력에 의하여 초기상태로 복원된다.

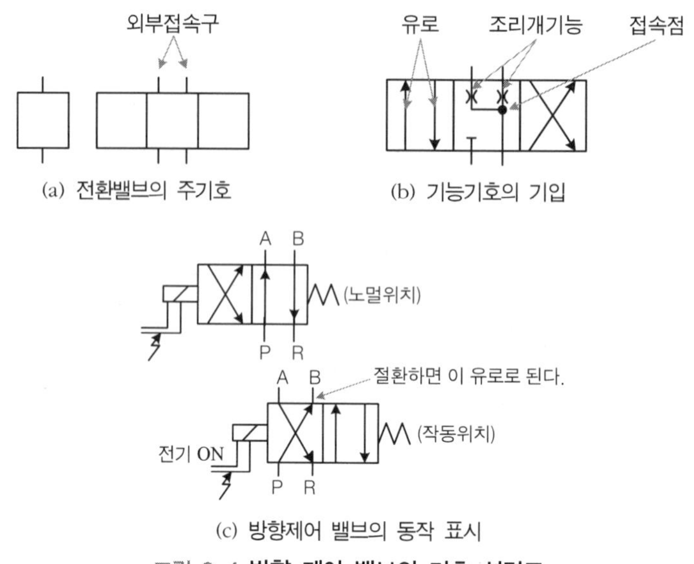

(a) 전환밸브의 주기호 (b) 기능기호의 기입

(c) 방향제어 밸브의 동작 표시

그림 3-4 **방향 제어 밸브의 기호 설명도**

3.2.3 방향 제어 밸브의 분류

1) 기능에 따른 분류

◎ 포트의 수에 따른 분류

방향 변환 밸브에서는 포트의 수에 따라서 그 기능이 차이가 나므로 표 3-4와 같이 포트의 수에 따라 분류할 수 있다.

표 3-4 **방향 제어 밸브의 포트 수에 따른 분류**

포트 수	내 용
2포트 밸브	공급 포트 P, 출구 A
3포트 밸브	공급 포트 P, 배기 포트 R, 출구 A
4포트 밸브	공급 포트 P, 배기 포트 R, 출구 A, B
5포트 밸브	공급 포트 P, 배기 포트 R_1, R_2, 출구 A, B

◎ 제어 위치에 따른 분류

표 3-4는 방향 변환 밸브의 포트수, 제어 위치 및 밸브의 기본 표시와 기능을 나타낸다. 표에서와 같이 밸브의 위치수가 제어 위치의 수에 해당하므로 이들은 모두 2위치 밸브, 3위치 밸브, 4위치 밸브에 해당한다. 2포트 2위치 밸브는 위치전환에 따라서 압축 공기의

공급 또는 차단(출구, 입구 모두)의 2가지 동작만 한다. 3포트 2위치 밸브는 위치전환에 따라서 압축 공기의 공급(배기구는 차단) 또는 배기(공급구는 차단)의 동작을 한다. 4포트 및 5포트 밸브는 1개의 밸브에 2개의 출구(A, B)가 있으므로 복동 실린더의 방향제어가 가능하다. 하지만 이들의 차이점은 배기 포트수이고 5포트의 경우 출구에 대한 전용 배기 포트가 있으므로 배기 교축 밸브를 이용하면 엑츄에이터의 속도제어를 할 수 있다.

표 3-5 방향 제어 밸브의 포트 및 제어 위치의 수

포트 수	제어위치	밸브의 기본표시와 기능	포트 수	제어위치	밸브의 기본표시와 기능
2	2	P (공급구) A (출구)	3	3	A P R 중립위치 클로우즈 센터형
3	2	A P R(배기구)	4	3	A B P R 중립위치 클로우즈 센터형
4	2	A B (출구) P R	4	3	A B P R 중립위치 엑조스트 센터형
5	2	A B R_1PR_2	4	3	A B P R 중립위치 프레셔 센터형

◎ 중립 위치에서 흐름의 형식에 따른 분류

3위치 밸브나 4위치 밸브 중에서 중립위치에서 흐름의 형식에 따라서 올포트 블록, PAB 접속, ABR 접속형 등이 있다.

여기서 올포트 블록이란 모든 포트가 중립 위치 상태에서 닫혀 있음을 말한다. PAB 접속은 중립위치의 P포트에서 A, B포트로 압축공기가 공급됨을 말한다. 그리고 ABR 접속은 A, B포트와 R포트가 연결된 상태로 중립위치에서 A, B포트는 R포트를 통해 외부로 배기됨을 의미한다.

◎ 밸브의 복귀 방식에 따른 분류

방향 제어 밸브에 조작력이나 제어신호를 제거하면 초기상태로 복귀하여야 한다. 이와 같이 밸브의 복귀 방식은 크게 스프링 복귀 방식, 공기압 신호에 의한 복귀 방식, 디텐트 복귀 방식 등으로 나눌 수 있다.

스프링 복귀 방식은 밸브 본체에 내장되어 있는 스프링의 힘으로 초기상태로 복귀시키는 것을 말하고 공기압 신호 복귀 방식은 내부의 파일럿 신호로서 복귀시키는 방식을 말한다. 그리고 디텐트 방식은 메모리 방식으로 조작력이나 제어신호를 제거하여도 정상상태로 복귀하지 않고 반대신호가 주어질 때까지 그 상태를 유지하는 방식을 말한다.

◎ 정상 상태에서의 흐름의 형식에 따른 분류

외부에서 밸브에 조작력이나 제어신호를 가하지 않았을 때 그 밸브는 정상상태 또는 초기상태에 있다고 말한다. 만약 한 밸브가 정상상태에서 열려 있다면 그 밸브는 정상상태 열림(normal open)형이라고 하며 만약 닫혀 있다면 그 밸브는 정상상태 닫힘(normal close)형이라고 한다. 예를 들어 3포트 2위치 밸브에서 P포트와 A포트가 초기상태에서 서로 연결된 상태이면 정상상태 열림형이고, A포트와 R포트가 연결된 상태라면 정상상태 닫힘형이라고 한다.

2) 조작 방식에 따른 분류

◎ 인력조작 방식

사람의 손이나 발로써 조작하는 방식으로 누름 버튼, 레버, 페달 등이 밸브에 장착되어 있다. 그림 3-5는 인력조작방식에 의한 밸브조작방식 기호를 나타내고 있다. 여기에는 손으로 조작하는 누름 버튼 방식, 레버 방식이 있고 발로써 조작하는 페달 방식이 있다.

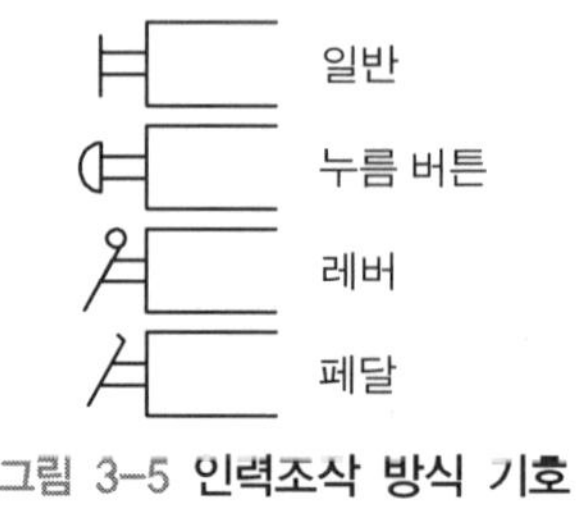

그림 3-5 **인력조작 방식 기호**

◎ 기계적 조작 방식

그림 3-6은 기계적인 방법으로 방향 제어 밸브를 조작하는 방식의 기호를 나타내고 있다. 이 방식은 밸브의 제어위치를 캠, 링크, 그 외의 기계적인 방법으로 제어하는 방식으로 플런저, 롤러, 한 방향 롤러 레버, 스프링 방식 등이 있다. 그리고 기계적인 작동 밸브는 기계동작의 상태를 검출하여 신호를 발생하는 밸브로서 전기제어에서 리미트 스위치의 역할을 하는 공기압 검출밸브로서 리미트 밸브라고도 부른다.

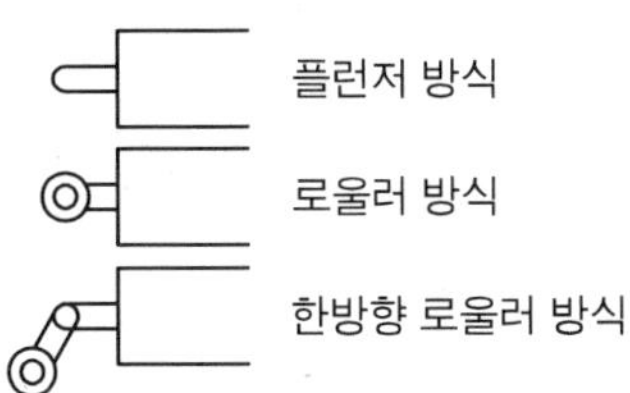

그림 3-6 **기계적 조작 방식 기호**

그림 3-7은 한방향 작동 롤러 방식의 방향 전환 밸브의 동작상태를 나타내며 접촉물이 왕복하여도 한쪽 방향으로만 작동하는 형식이다. 이것은 플런저 롤러 레버에 의해 간접 작동시키는 형식으로 우측에서 좌측으로 진행하면서 외력이 가해지면 롤러의 레버에 의해 플런저가 작동하지만 좌측에서 우측으로 진행하면 작동하지 않는다.

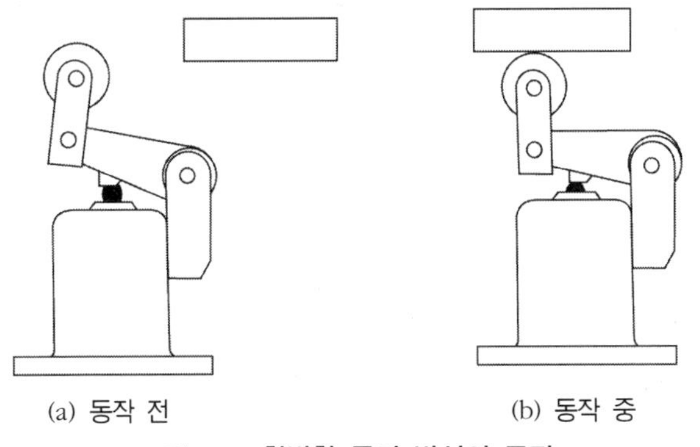

그림 3-7 **한방향 롤러 방식의 동작**

◎ 파일럿 조작 방식

이것은 일종의 공기압 밸브로서 공기 압력을 가하면 밸브의 위치가 전환되어 마스터 밸브가 동작하게 된다. 그림 3-8은 공기압을 이용해서 마스트 밸브의 위치를 좌측으로 전환시켰을 경우(z측에서 공압공급)를 보여주며, (a)는 초기상태를 나타내고 (b)는 동작 상태를 나타낸다. 여기서 마스트 밸브의 제어신호는 공기압 신호인데 이것은 파일럿 신호라고도 하며 이와 같은 방식을 파일럿방식이라고 한다. 표 3-6은 파일럿 조작방식에 대한 표시기호이다. 직접 작동형은 압축공기가 밸브에 직접 가해지는 것을 말하고, 간접 작동형은 압축공기가 파일럿 조작 방식으로 밸브를 전환하는 것을 말하며, 복합 작동형은 파일럿에 내장된 솔레노이드와 파일럿을 동시에 또는 선택해서 사용하는 것을 말한다.

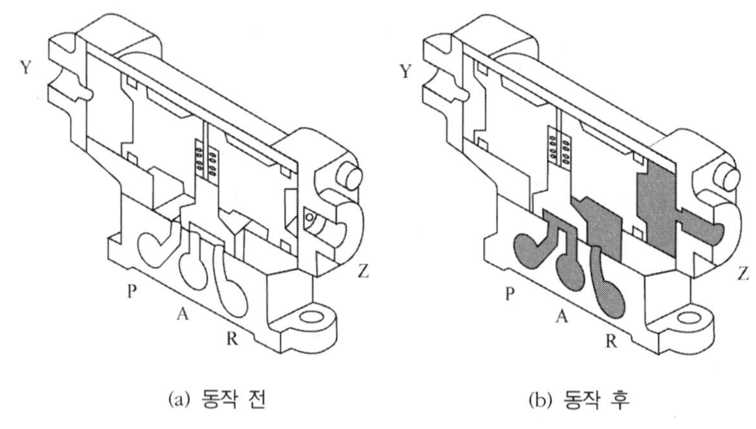

(a) 동작 전 (b) 동작 후

그림 3-8 **파일럿 조작밸브의 동작**

표 3-6 **파일럿 조작방식의 표시기호**

작동 형태	동작 내용	기 호
직접 작동형	압력을 가함	
	압력 제거	
간접 작동형	내장된 파일럿을 통해 주 밸브에 압력을 가함	
	내장된 파일럿을 통해 주 밸브에 압력을 제거함	
복합 작동형	파일럿이 내장된 솔레노이드 작동	
	솔레노이드 또는 파일럿으로 작동	

◯ 전자 조작 방식

방향 제어 밸브의 제어 위치를 전자석(솔레노이드)에 의해 제어하는 방식이다. 만약 전기 신호가 들어오면 솔레노이드가 여자되어 방향 제어 밸브의 스풀이 움직이면 공기 흐름이 변환되고, 전기 신호가 없을 때에는 정상 상태를 유지하게 된다.

그림 3-9는 방향 제어 밸브의 기호를 나타내며 (a)는 2방향 조작 방식을 나타낸다. (b)는 복동 솔레노이드의 편 솔레노이드와 양 솔레노이드의 기호를 나타내며, (c)는 스프링 복귀형 편 솔레노이드를 나타내고, (d)는 3위치 밸브로서 양쪽 스프링이 동시에 작동하면 중앙위치가 되는 것을 보여주고 있다.

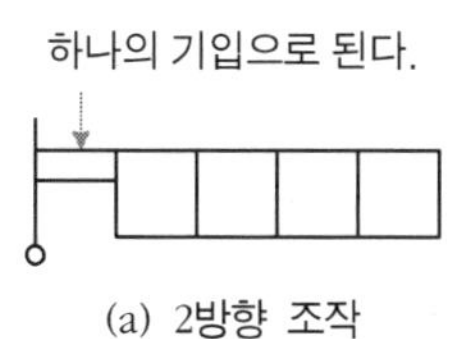

(a) 2방향 조작

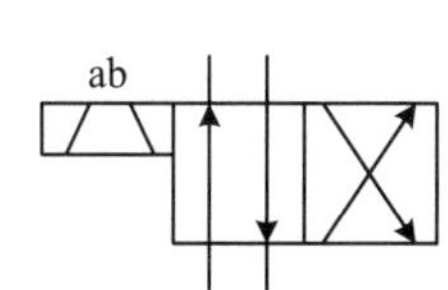

(i) 전기신호와의 관계가 필요할 때

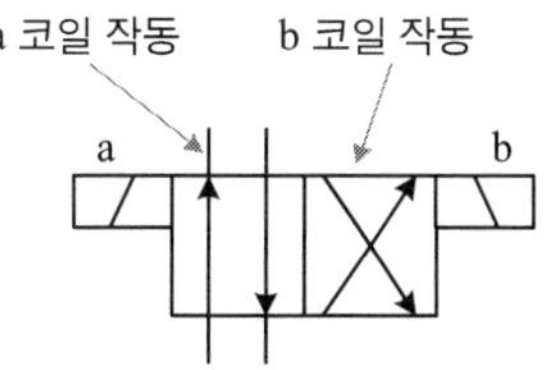

(ii) 전기신호와의 관계를 표시할 필요가 있을 때

(b) 복동 솔레노이드의 기호

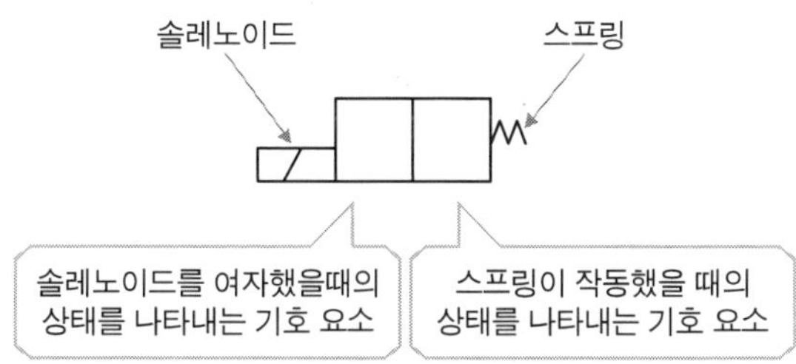

(c) 1방향 조작의 조작기호

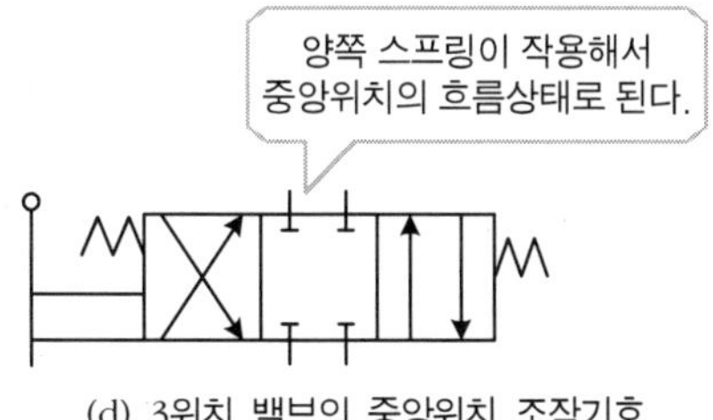

(d) 3위치 밸브의 중앙위치 조작기호

그림 3-9 방향 제어 밸브의 KS 기호

그림 3-10은 제어 밸브의 조작 KS 기호를 나타내고 있다. (a)는 선택 조작 기호로서 전기 신호(솔레노이드)를 주거나 버튼을 눌러서 조작하는 것을 보여주며, (b)는 간접 파일럿, 외부 파일럿이 스프링 복귀를 겸하고 있는 것을 나타내고 있다. (c)는 솔레노이드를 조작하여 파일럿 압력을 발생시키는 것과 디텐트 잠금쇠를 나타내고 있으며, 잠금쇠를 조작하면 해당 위치에서 멈추게 된다.

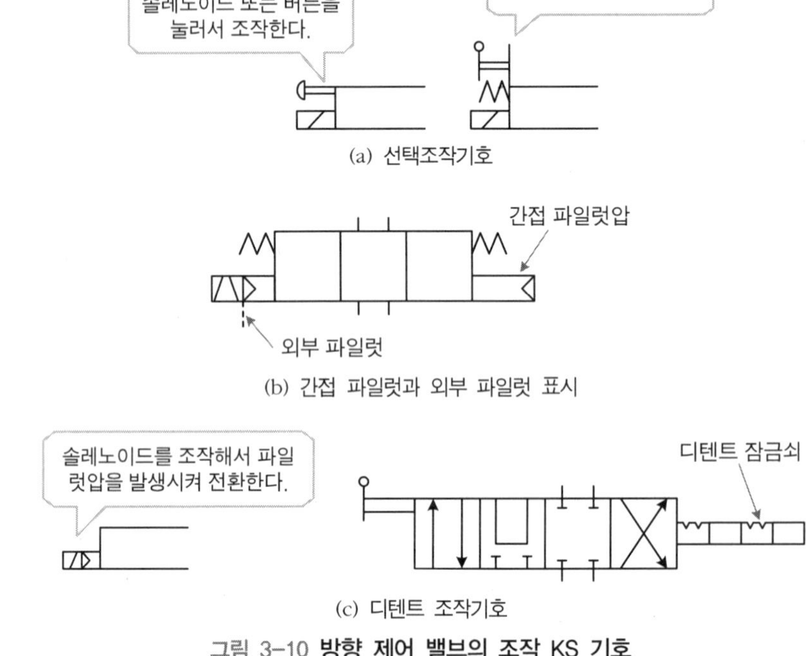

그림 3-10 방향 제어 밸브의 조작 KS 기호

3) 주 밸브의 구조에 따른 분류

주 밸브는 그 구조에 따라서 포핏식, 스풀식, 미끄럼식으로 나눌 수 있다.

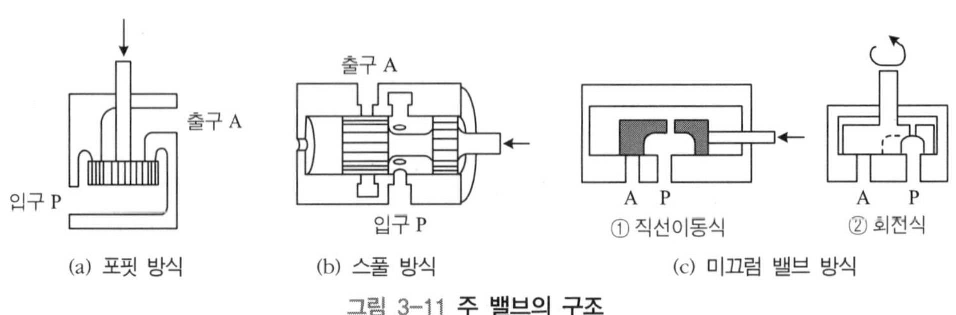

그림 3-11 주 밸브의 구조

◎ 포핏 밸브

포핏 밸브는 그림 3-11(a)와 같이 밸브몸통이 공기차단 면에 수직하게 이동하는 방식으로 구조가 간단하고 먼지나 이물질의 영향이 적으므로 소형의 밸브에서 대형 밸브까지 폭넓게 이용되는 타입이다. 이러한 포핏 밸브의 특징은 다음과 같다.

- 작동 압축 공기에 의해 밸브몸통이 밸브 스템을 수직으로 눌러서 실(seal)하므로 실이 잘되고, 스프링의 이상 시에도 압축 공기에 의해 닫힌다.
- 동작 부분의 이동거리가 짧아서 개폐 속도가 빠르다.
- 완전히 열리기까지의 밸브몸통의 이동 거리가 작으므로 유량조절이 가능하고 대구경에도 적합하다.
- 공급압력이 밸브몸통에 가해지므로 밸브몸통을 열 때의 조작력은 압축공기의 압력보다 항상 커야한다.

◎ 스풀 밸브

스풀 밸브는 그림 3-11(b)와 같이 가운데가 잘록한 원통형 모양으로 이것이 축 방향으로 이동하면서 밸브를 개폐하게 된다. 스풀 밸브는 여러 개의 가로 구멍이 뚫린 원통 모양의 슬리브 안쪽을 스풀이 이동하여 그 위치에 따라 유로의 연결 상태가 달라지므로 복잡한 기능의 밸브도 비교적 간단히 할 수 있으며 다음과 같은 특징을 갖는다.

- 구조가 간단하며 고정밀도 제작이 가능하다.
- 밸브의 조작력이 작다.
- 고압력용이나 자동 조작 밸브에 적합하다.
- 밸브의 이동 거리가 커서 포핏형에 비해 응답속도가 느리다.

◎ 미끄럼 밸브

미끄럼 밸브는 그림 3-11(c)와 같이 밸브 몸체에 대해서 밸브체가 미끄러져 개폐작용을 하는 형식으로 스풀 밸브의 원통을 평평하게 만든 구조이다. ①은 직선 운동으로 동작하는 직선이동식이고 ②는 회전 운동으로 동작하는 회전식이다.

3.2.4 여러 가지 밸브의 구조

1) 2포트 2위치 방향 제어 밸브

그림 3-12는 2포트 2위치 방향 제어 밸브로 포핏 밸브의 일종인 볼 시트 밸브이다. 내장된 스프링은 볼을 시트(seat)로 밀어붙여 공기가 공급 포트 P로부터 작업 포트 A로

흐르는 것을 막아주고 밸브의 플런저를 작동시키면 볼은 시트로부터 떨어져 공기가 흐르게 된다. 이 플런저에 작용하는 힘은 스프링의 반발력과 압축 공기가 밀어 올리는 힘을 이길 수 있어야 한다. 그리고 이러한 밸브는 수동이나 기계적으로 작동되며, 구조가 간단하고 가격이 싸며 크기가 작은 특징이 있다.

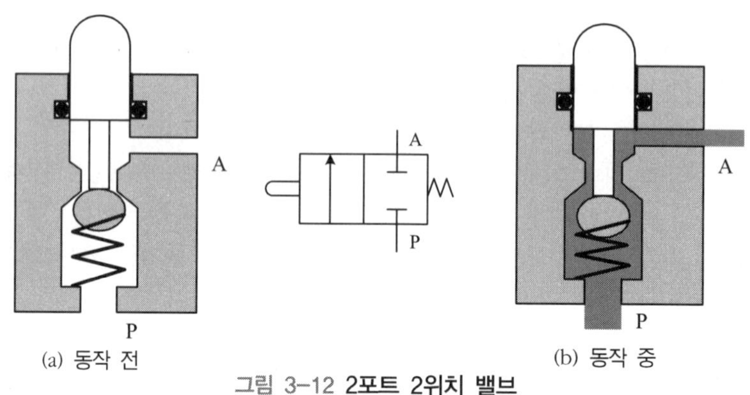

(a) 동작 전 (b) 동작 중

그림 3-12 **2포트 2위치 밸브**

2) 3포트 2위치 방향 제어 밸브

그림 3-13은 디스크 시트 포핏을 사용한 3포트 2위치 방향 제어 밸브이다. (a)는 밸브의 초기상태이고, (b)는 밸브의 동작상태를 나타낸다. 이 밸브는 밀봉이 우수하고 간단하며, 작은 거리를 움직이더라도 밸브를 효율적으로 개폐할 수 있기 때문에 반응시간이 짧다. 그러나 이 구조에서는 플런저가 작동할 때 P, A 및 R포트의 3점이 순간적으로 연결되므로, 이때 압축공기가 외부로 방출되는 단점도 있다.

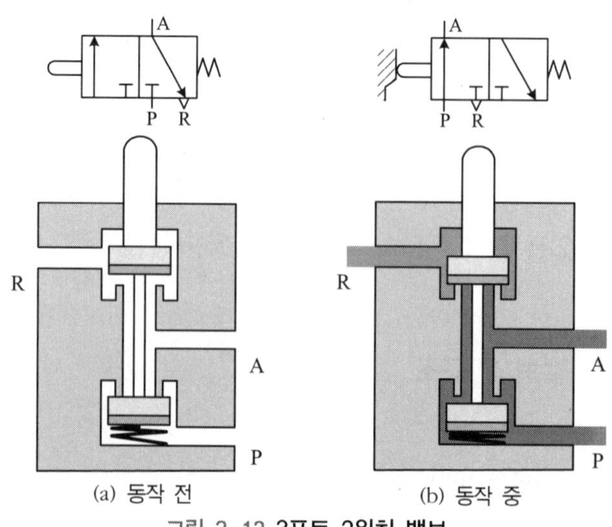

(a) 동작 전 (b) 동작 중

그림 3-13 **3포트 2위치 밸브**

3) 4포트 2위치 방향 제어 밸브

그림 3-14는 디스크 시트 포핏을 사용한 4포트 2위치 방향 제어 밸브이다. 이것은 정상상태 열림형 3포트 2위치 밸브와 정상상태 닫힘 형 3포트 2위치 밸브를 조합해서 만든 밸브이다. (a)는 밸브의 초기상태로서 포트 P와 B, A와 R의 통로가 열려 있으며, (b)는 밸브의 동작상태로서 두 개의 플런저가 내려와서 포트 P와 A, B와 R의 통로가 열려 있다. 플런저에 가해졌던 작용력을 제거하면 스프링의 복원력에 의해 (a)와 같이 복귀된다. 이와 같이 이 밸브는 포트 A, B의 동작이 번갈아 일어나므로 복동 실린더의 제어에 사용된다.

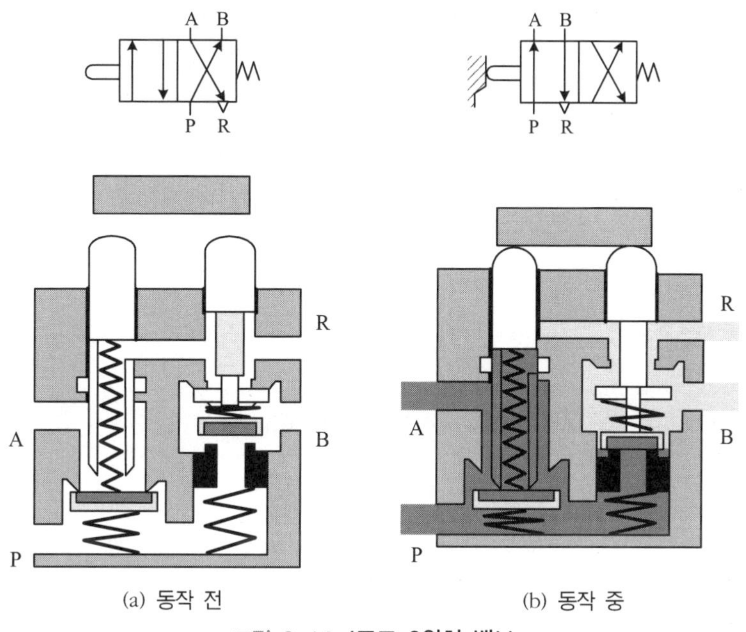

그림 3-14 **4포트 2위치 밸브**

4) 5포트 2위치 방향 제어 밸브

그림 3-15는 디스크 시트를 사용한 5포트 2위치 방향 제어 밸브이다. 제어 신호 연결구 Z포트로부터 압축공기가 들어와 다이아프램(Diaphragm)에 압력을 가하면 다이아프램에 연결된 파일럿 스풀이 움직이므로 여러 포트의 연결부를 열거나 닫게 된다. (a)는 Z_1포트에 공압 신호가 가해진 상태로서 포트 P와 A 그리고 포트 R_2와 B가 연결된다. (b)는 Z_2포트에 공압 신호가 가해진 상태로서 포트 P와 B 그리고 포트 R_1과 A가 연결된다. 이 밸브도 포트 A, B의 동작이 번갈아 일어나므로 복동 실린더의 제어에 사용되며 Z_1

이나 Z_2 신호를 입력한 후 이를 제거하여도 반대 신호를 입력할 때까지 상태가 유지되므로 메모리 밸브라 부르기도 한다.

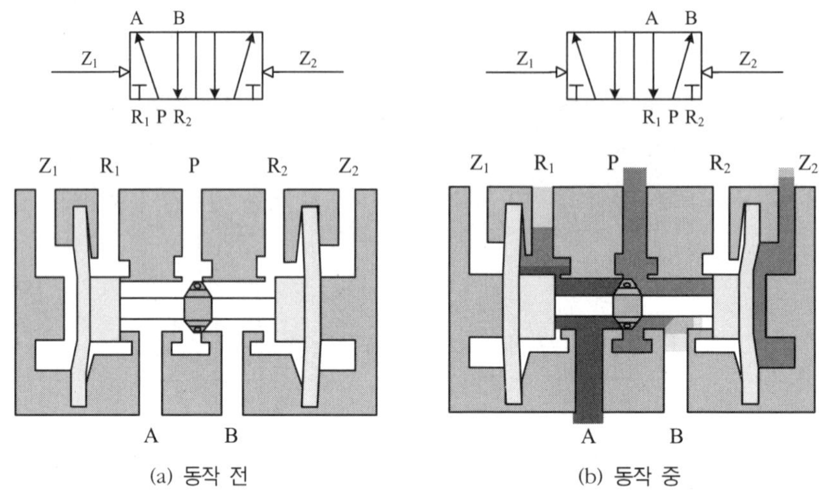

(a) 동작 전 (b) 동작 중

그림 3-15 5포트 2위치 밸브

3.3 압력 제어 밸브(Pressure Control Valves)

공급 압력을 감압시키는 역할을 한다. 그리고 이것은 정해진 압력에 도달했을 때, 밸브를 열거나 전환시키며 스위치를 전환시키는 기능을 가진다.

3.3.1 압력 조절(감압) 밸브

입력 측의 압축공기압의 변화가 있더라도 설정 압력으로 감압시켜서 안정된 압력을 공급하는 밸브를 말한다. 감압 밸브는 배기공이 있는 것과 배기공이 없는 것의 두 가지 형태가 있다. 그림 3-16은 배기공이 있는 압력 조절 밸브이다. 이 밸브는 입력 측의 큰 압력을 받아서 출력 측에는 이를 적절히 낮춰서 안정되게 보내는 밸브이다.

이 밸브는 다이아프램을 경계로 위에서 누르고 있는 공기 압력과 아래의 조절 나사(③)와 연결된 스프링(②)의 힘이 서로 평형을 이루고 있다. 만약 스프링의 힘이 크면, 밸브 시트(⑥)가 위로 올라가므로 이곳에 통로가 생겨 공기가 출구 쪽으로 흘러 들어가 출구

측의 압력이 상승한다. 한편 출구 측의 압력이 커서 다이아프램(①)을 누르는 힘이 스프링의 힘보다 크면, 밸브 시트가 아래로 내려와 공기 통로를 막으므로 출구 쪽으로 흘러 들어가는 압축공기가 없고 압력은 더 증가하지 않는다. 2차 측의 압력이 현저히 증가한다면 격판의 중간 부분이 열려 압축공기는 배기구를 통하여 외부로 배출된다.

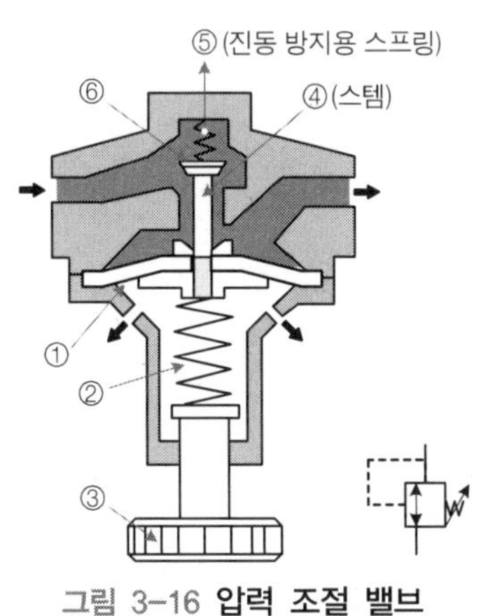

그림 3-16 **압력 조절 밸브**

3.3.2 릴리프(안전) 밸브

공압 장치 내의 압력이 최대 허용 압력 이상으로 되면 밸브가 열려서 압축 공기가 빠져나가고 압력이 낮아지는 밸브를 말한다. 이 밸브는 안전용으로 많이 사용된다.

그림 3-17은 안전밸브의 동작을 나타내는데 공압 장치 내에서 설정 압력 이상이 되면, 내부 압력이 스프링의 힘보다 크므로 포핏이 밀려서 장치 내부의 압축 공기는 외부로 방출되고 압력이 떨어진다. 반대로 공압 장치 내의 압력이 설정 압력 이하가 되면 포핏이 닫혀서 압축 공기의 외부 방출은 중지된다.

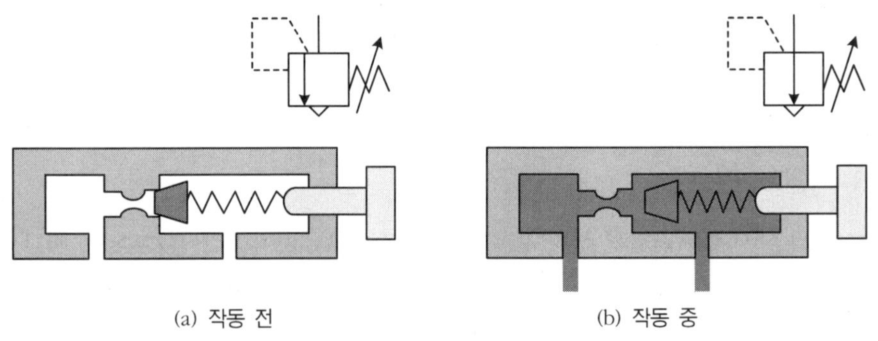

그림 3-17 **안전밸브의 동작**

그림 3-18은 직동형 릴리프 밸브의 동작을 나타내고 있다. 릴리프 밸브의 릴리프 압력을 스프링으로 설정하고 공기 압력이 이 스프링에 부착된 다이아프램에 작용하게 한다. 이때 다이아프램에 작용하는 힘이 스프링의 힘보다 클 경우 밸브가 열려 공기는 배기구를 통해 대기 중으로 배출된다. 그림 3-19는 릴리프 밸브의 KS 기호를 나타낸다. 이것은 높은 압력측과 릴리프구 그리고 스프링으로 표시되고 외부 파일럿 릴리프 밸브는 스프링 대신에 점선으로 파일럿을 표시한다.

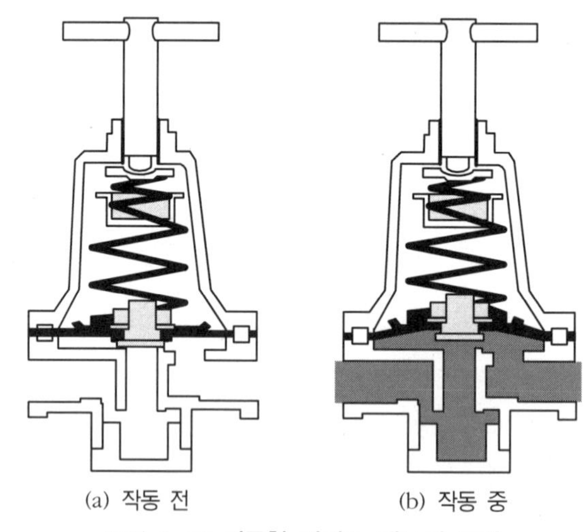

그림 3-18 **직동형 릴리프 밸브의 동작**

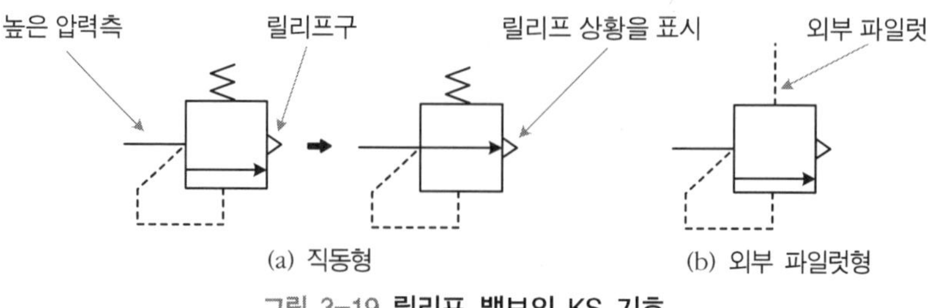

그림 3-19 **릴리프 밸브의 KS 기호**

3.3.3 시퀀스 밸브

그림 3-20은 시퀀스 밸브의 동작을 보여주고 있다. 즉, 사용압력이 Z포트에 전달되어 설정 압력 이상으로 되면, 파일럿 스풀이 그림의 우측으로 이동하고(밸브가 열리고) 압축공기가 P포트에서 A포트로 전달되는 밸브를 말한다.

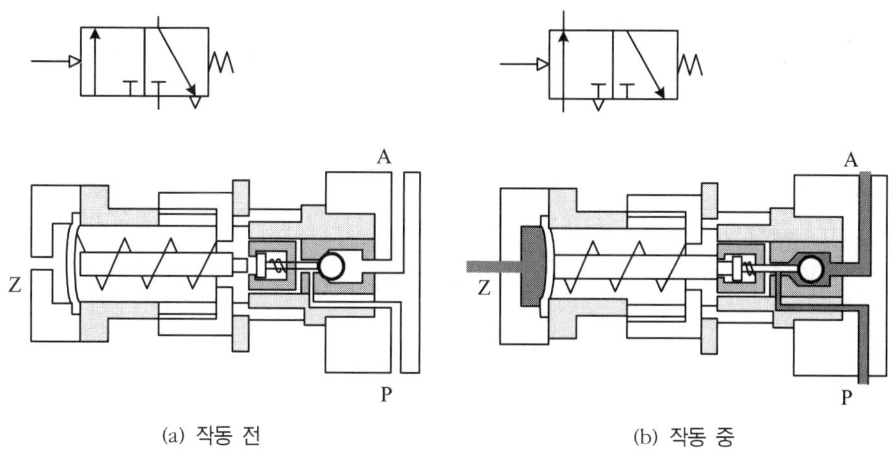

(a) 작동 전 (b) 작동 중

그림 3-20 **시퀀스 밸브의 동작**

그림 3-21은 시퀀스 밸브의 기호를 보여주고 있다. (a)는 내부 파일럿형 시퀀스 밸브(체크 밸브와 직동형 릴리프 밸브의 병렬 구조)이고, (b)는 내부 파일럿의 릴리프 상황을 보여주며, (c)는 외부 파일럿형 시퀀스 밸브이다.

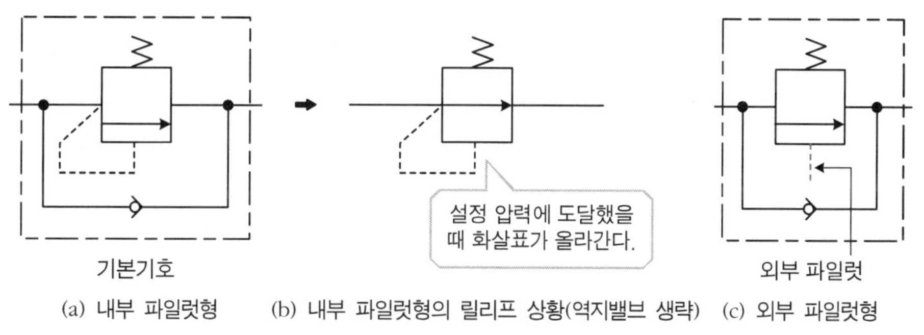

(a) 내부 파일럿형 (b) 내부 파일럿형의 릴리프 상황(역지밸브 생략) (c) 외부 파일럿형

그림 3-21 **시퀀스 밸브의 KS 기호**

3.3.4 압력 스위치

공압 장치 내의 압력이 설정 압력 이상으로 되면 스위치가 ON 또는 OFF되는 밸브를 말한다.

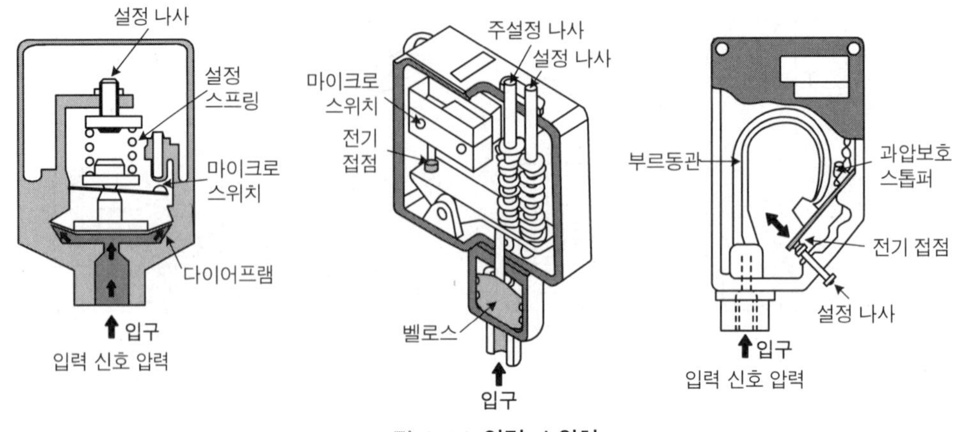

그림 3-22 **압력 스위치**

1) 다이아프램형

그림 3-22(a)를 보면 다이아프램을 경계로 위에서는 설정된 스프링의 힘이 아래에서는 공기의 압력이 서로 대치하고 있다. 만약 입구 측의 공기 압력이 스프링의 힘보다 클 경우 다이아프램의 경계면이 위로 올라가 여기에 부착된 마이크로 스위치 단자를 ON시킨다. 반대로 공기 압력이 적을 때에는 마이크로 스위치 단자는 OFF된다.

2) 벨로즈형

그림 3-22(b)를 보면 전기 접점이 부착된 판(접점판)을 경계로 위에서는 설정된 스프링의 힘이 아래에서는 밸로즈의 공기 압력이 서로 대치하고 있다. 만약 밸로즈 내의 공기 압력이 스프링의 힘보다 클 경우 접점판이 위로 올라가고 여기에 부착된 마이크로 스위치 단자는 아래로 내려오므로 스위치 OFF가 된다. 반대로 공기 압력이 적을 때에는 마이크로 스위치 단자는 ON된다.

3) 부르돈관형

압력계에 사용되는 부르돈관을 응용한 것이다. 그림 3-22(c)를 보면 부르돈관이 휘어져 있는데 부르돈관 내의 압력이 증가하면 이것이 펴지려는 성질에 의해 전기 접점이 부착된 판을 누르게 된다. 그러면 여기에 부착된 접점이 반대쪽 단자와 접촉되어 ON된다. 만약 공기 압력이 적을 때에는 접점은 OFF된다.

그림 3-23은 압력 스위치의 KS 기호로서 (a)는 상세기호를 (b)는 간략기호를 각각 나타내고 있다.

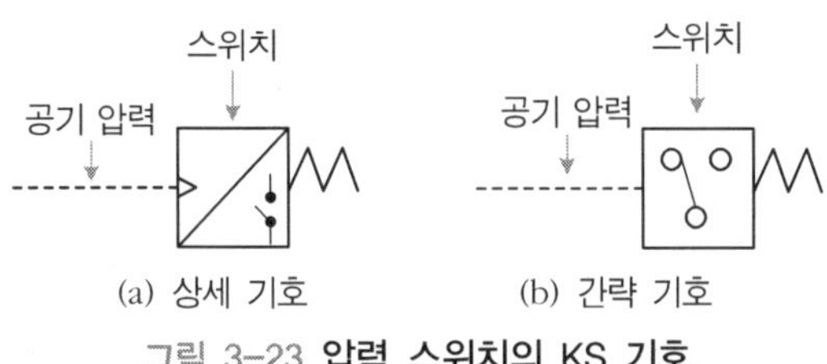

그림 3-23 **압력 스위치의 KS 기호**

3.4 유량 제어 밸브(Flow Control Valves)

이 밸브는 유량의 흐름을 제어하는 밸브를 말하며 교축 밸브, 속도 제어 밸브, 급속 배기 밸브 등이 있다.

3.4.1 교축(Throttle) 밸브

압축 공기 유로의 단면적을 교축하여 유량을 제어하는 밸브이며 공기압 회로 내에 설치하여 공기의 유량과 압력 등을 변화시킨다.

그림 3-24는 교축 밸브의 구조로서 바늘 모양의 밸브를 조절하면, 이것이 밸브 시트에 대해 상하로 이동하고, 이때 공기가 흐르는 단면적이 변하여 유량이 제어된다.

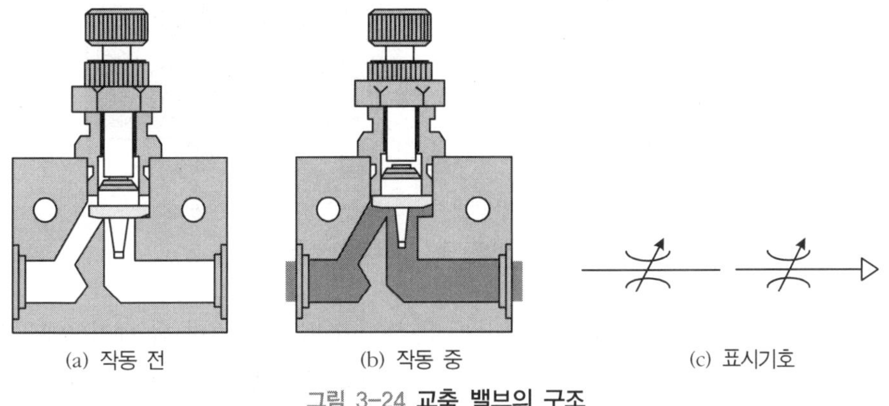

그림 3-24 **교축 밸브의 구조**

3.4.2 속도 제어 밸브

교축 밸브와 체크 밸브를 병렬로 연결하여 한 방향으로는 유량이 조절되고 반대 방향은 자유흐름이 되는 밸브이다.

그림 3-25는 속도 제어 밸브의 기호로서 체크 밸브는 한 쪽 방향으로만 유체가 흐른다.

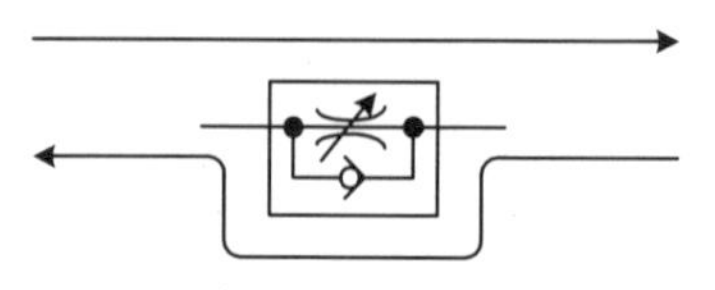

그림 3-25 **속도 제어 밸브의 KS 기호**

3.4.3 급속 배기 밸브

급속 배기 밸브는 포트가 3개로 구성되고 입구의 유량에 비해 출구의 유량이 충분히 큰 특징을 갖는다. 급속 배기 밸브를 사용하면 배기량이 크므로 엑츄에이터의 속도를 증가시킨다. 그림 3-26은 급속 배기 밸브의 구조인데 밸브 몸체에 다이아프램을 사용하였다. 실린더측에서 압축공기가 들어오면 다이아프램을 들어 올려서 큰 통로를 만들고, 이곳으로 많은 유량이 출구로 흐른다. 급속 배기 밸브는 공압 엑츄에이터와 방향 제어 밸브 사이에 설치하고 공압 엑츄에이터에 가까이 설치해야 한다.

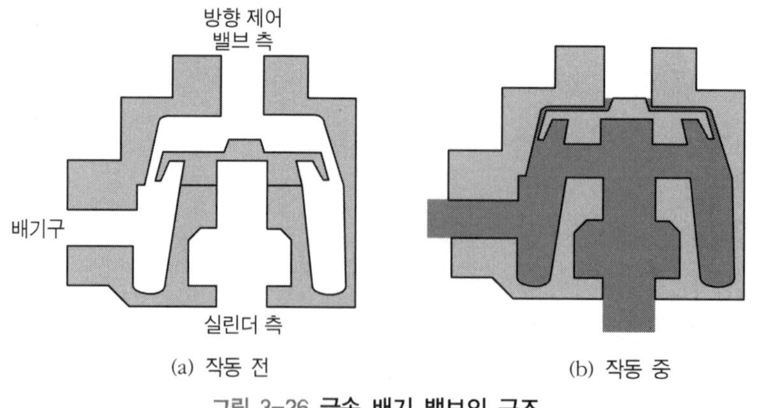

그림 3-26 **급속 배기 밸브의 구조**

그림 3-27은 급속 배기 밸브의 기호이다. 방향 제어 밸브, 실린더 및 배기구에 각각 1포트씩 접속되어 있다. 방향 제어 밸브측에서 실린더측으로 공기가 들어 올 때는 좁은 통로로 들어오지만(그림 3-26 참조), 실린더의 공기를 배기 시에는 큰 통로로 인해 신속한 배기가 이루어진다. 내부에는 체크밸브를 사용하여 공기의 흐름을 조절한다.

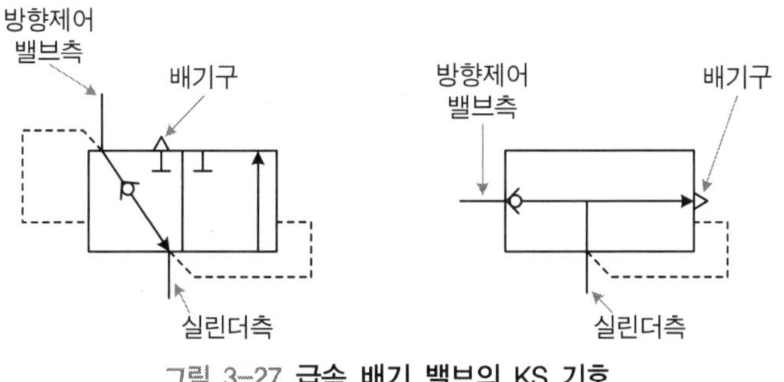

그림 3-27 **급속 배기 밸브의 KS 기호**

3.5 솔레노이드 밸브(Solenoid Valves)

3.5.1 솔레노이드 밸브의 원리

솔레노이드 밸브(전자 밸브)는 전자석(電磁石)이 밸브 내부에 붙어 있어서 전기 신호가 들어가면 전자기력(電磁氣力)이 발생하고 밸브의 위치를 전환하여 공기의 흐름을 바꿔주는 역할을 한다. 그림 3-28은 솔레노이드 밸브의 KS 기호를 나타내는데 1개의 코일이 작동하는 것, 같은 방향으로 2개의 코일이 같이 작용하는 것과 서로 반대 방향으로 작용하는 코일이 내장된 솔레노이드로 구분된다.

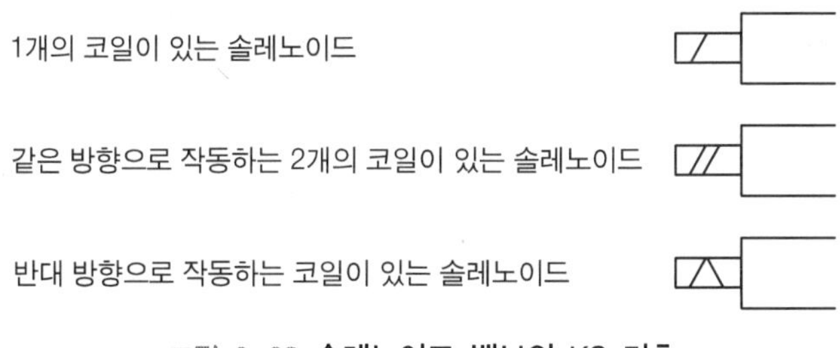

그림 3-28 **솔레노이드 밸브의 KS 기호**

그림 3-29는 2포트 2위치 솔레노이드 밸브의 동작을 나타내고 있다. 평판 가동 철심과 소형 포핏(원판)을 적용한 전자 밸브이며, 파일럿 밸브로 사용한다. (a)는 초기상태로서 자기력이 없으므로 스프링에 의해 가동철심이 눌려진 상태로 밸브가 닫혀져 있다. (b)는 솔레노이드가 동작하여 가동철심이 위로 당겨져 있다. 따라서 압축공기가 P에서 A로 흐른다.

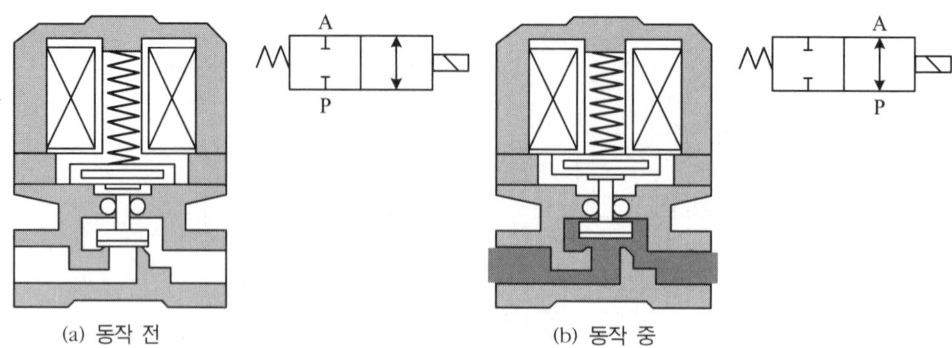

(a) 동작 전 (b) 동작 중

그림 3-29 **2포트 2위치 솔레노이드 밸브의 동작**

그림 3-30은 3포트 2위치 솔레노이드 밸브의 동작을 나타낸다. 이 밸브는 밸브 몸체와 이것을 움직이는 전자석으로 구성되며 전자석에 신호가 들어오면 가동철심이 아래로 당겨지고 밸브 몸체가 이동하여 공기 흐름이 변환된다. (a)는 초기상태로서 A와 R이 연결되어 있으며, (b)는 솔레노이드 동작 중으로 P와 A가 연결되어 있다.

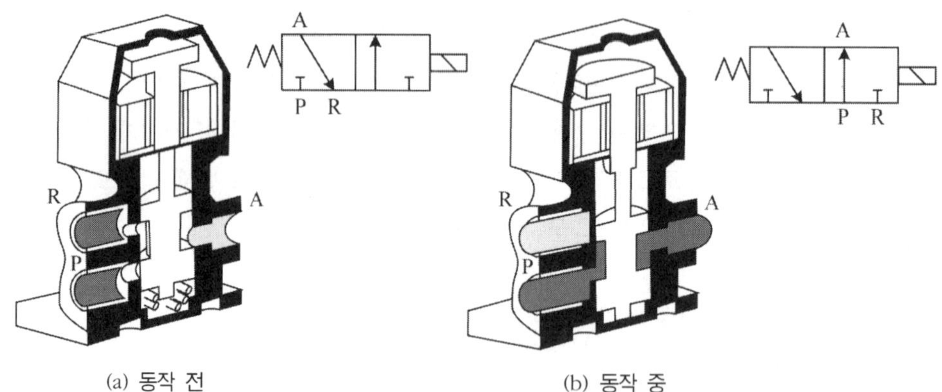

(a) 동작 전 (b) 동작 중

그림 3-30 **3포트 2위치 솔레노이드 밸브의 동작**

• 솔레노이드

솔레노이드는 대부분 코일(Coil)을 중심으로 자기력에 의해 움직이는 막대(plunger)와 코일을 보호하기 위하여 만든 외측의 케이스(case)와 내측 코어(core)에 해당하는 연자성 재료로 자기(磁氣) 장치가 만들어 진다. 내부 코일에 전류가 인가되면 코일을 둘러싸고 있는 자기 회로에 자성이 발생되고 자기 회로의 자기장은 쇠막대(플런저)에 자기력(H)을 발생시켜 막대를 화살표 방향으로 순간 이동시키게 된다. 이때 쇠막대와 코일을 합쳐서 솔레노이드라 한다.

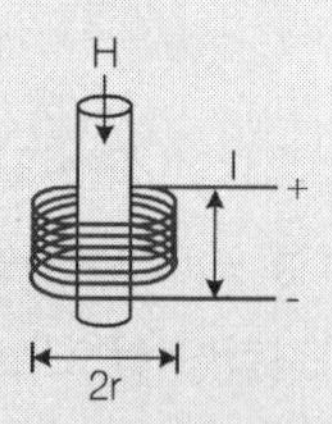

3.5.2 솔레노이드 밸브의 사용 시 주의 사항

❶ 솔레노이드 밸브(전자 밸브)에는 입력 전압이 들어오는 시점 대비 공기가 흐르는 시점의 차에 해당하는 응답 시간(시간 지연)이 존재하고, 이 값은 직류의 경우보다 교류가 적다.

❷ 솔레노이드 밸브의 사용 공기 압력은 직동형인 경우 공압 없어도 절환되지만 파일럿 형은 공급되는 공기 압력 일부를 사용하여 메인 밸브를 조작하기 때문에 최저한의 압력(1.5~2 kgf/cm^2)이 필요하다.

❸ 매탈 실(seal) 방식의 경우 먼지 크기가 $10\mu m$ 이하가 되도록 압축공기를 깨끗이 해야 하고 무급유 전자밸브는 드레인 대책을 세운다.

❹ 배기구를 좁힐 경우 솔레노이드 밸브가 배압의 영향을 받지 않는 구조의 것인가를 확인한다.

❺ 직동형의 더블 솔레노이드 3위치 밸브일 때 양 코일에 동시 신호를 넣으면 솔레노이드가 손상되므로 이를 피한다.

❻ 솔레노이드 선정 시에는 최고 사용압력, 최저 사용압력, 코일의 정격 전압을 반드시 확인한다.

3.6 기타 제어 밸브

3.6.1 체크 밸브(Check Valves)

체크 밸브는 한쪽 방향의 흐름은 허용하고 그 반대 방향의 흐름은 차단하는 밸브로서 역류 방지용 밸브이다. 차단 방법으로는 판(plate), 다이아프램(격판), 원추(cone) 또는 볼(ball) 등을 이용해서 하며, 스프링이 있는 것과 없는 것이 있다. 이 체크 밸브는 공기 탱크와 압축기 사이에 설치하여 압축기 정지 시 역류 방지용이나 클램프 상태에 있는 회로에서 압력저하에 따른 위험 방지 목적 등에 이용된다. 그림 3-31은 체크 밸브의 구조를 보여 주며 스프링 내장형이다.

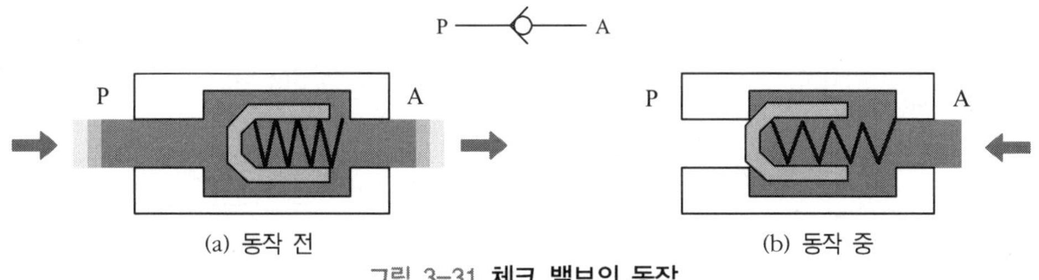

그림 3-31 **체크 밸브의 동작**

3.6.2 셔틀 밸브(Shuttle/OR Valves)

셔틀 밸브는 두 개의 입구와 한 개의 출구를 갖춘 밸브이다. X나 Y의 둘 중에서 어느 하나에만 압축 공기가 작용하면, 작용한 포트와 A포트가 연결되며, 나머지 포트는 차단된다. 이것은 역류를 방지하는 밸브로서 두 개 이상의 위치로부터 작동되어야 할 경우에 사용된다. 그림 3-32는 셔틀 밸브의 동작을 보여주고 있다.

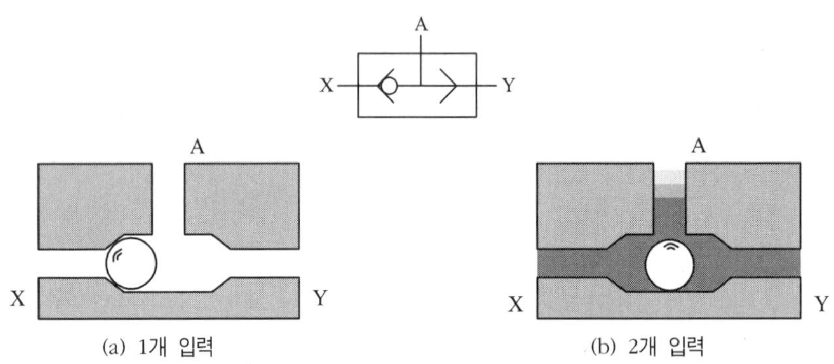

그림 3-32 **셔틀 밸브의 동작**

3.6.3 이압 밸브(Two Pressure Valves)

그림 3-33은 이압(AND) 밸브의 동작을 나타내고 있다. 이압 밸브는 두 개의 입구와 한 개의 출구를 갖는 밸브로서 두 입력 중에서 압력이 적은 쪽이 출구와 연결되며, 두 압력 신호가 동시에 입력되지 않았을 경우 늦게 입력된 신호가 출구로 나가게 된다. 이 밸브는 AND적 동작일 때 동작하므로, AND 밸브라고 하며 안전 제어, 연동 제어, 논리 작동, 검사 기능으로 사용된다.

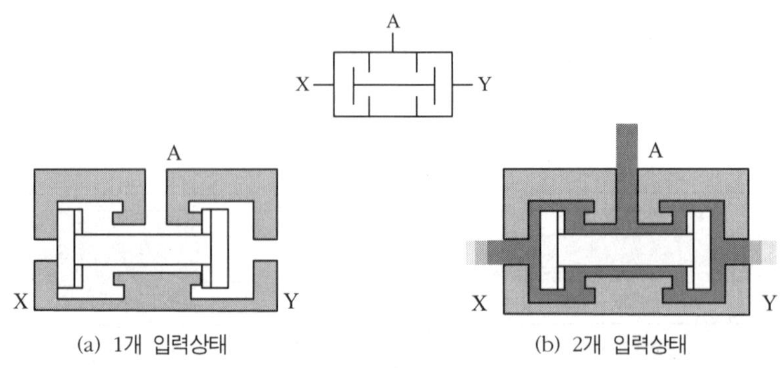

그림 3-33 **이압(AND) 밸브의 동작**

3.6.4 스톱 밸브(Stop Valves)

스톱 밸브는 공기의 흐름을 정지 또는 통과 시키는 밸브로서 구조에 따라 게이트 밸브, 글러브 밸브, 콕 등이 있다. 그림 3-34는 스톱 밸브의 외관과 기호를 보여 주고 있다.

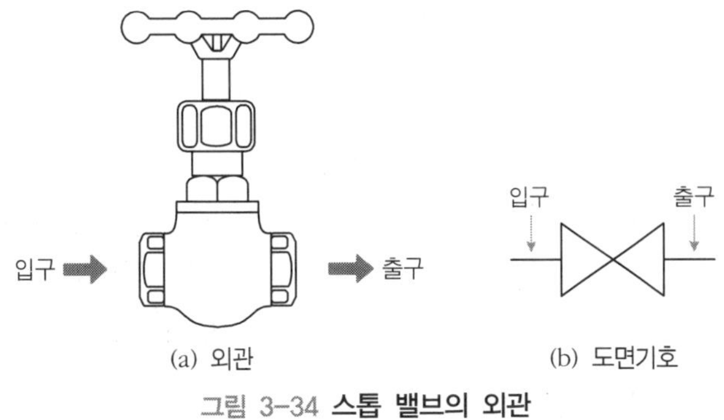

(a) 외관 (b) 도면기호

그림 3-34 **스톱 밸브의 외관**

3.7 기타 공압 부품

3.7.1 공압 검출기

이것은 엑츄에이터의 동작이 어디까지 진행 됐는지 또는 물체의 유무를 알 수 있게 한다. 리밋 스위치, 마이크로 스위치, 근접 센서, 광센서 등이 여기에 속한다.

1) 리밋 스위치 밸브

방향 제어 밸브의 조작부에 롤러 레버, 롤러 암, 롤러 플런저 등을 붙인 3포트 2위치, 2포트 2위치 밸브이다. 이 밸브는 상시 열림형(NO)과 상시 닫힘형(NC)이 있다.

2) 공기압 센서

공기압 센서는 비접촉식 검출기로서 물체의 유무, 위치, 변위 등의 검출용으로 사용되며 기계적 위치 변화를 공기압 변화로 변환하는 것이다.

○ 반사형 센서(Reflex Sensor)

그림 3-35는 반사형 센서의 동작을 나타낸다. 공기를 분출하는 분사노즐과 압력 변화를

검출하는 수신노즐이 이중원통형 구조로 되어 있다. 센서를 가로막는 물체가 없을 때는 P포트에 압축공기가 공급되면, 이것은 환상의 통로를 거쳐서 외부로 빠르게 빠져나가므로 내부의 수신노즐(X포트)에는 대기압보다 낮은 압력이 형성된다(벤튜리 원리). 물체에 가까이 접근하면 물체에 압축공기가 충돌 반사하여 수신노즐에는 높은 압력이 된다. X포트에 신호압력이 형성되므로 이를 증폭하여 밸브를 제어한다. 검출거리는 1 ~ 6 mm 정도이다.

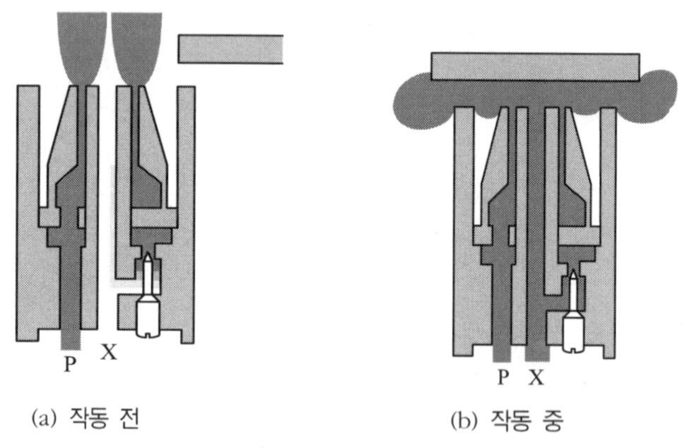

(a) 작동 전 (b) 작동 중

그림 3-35 **반사형 센서의 동작**

◯ 배압형 센서(Back Pressure Sensor)

공급포트에서 공급된 공기는 조리개를 통과하여 노즐에서 대기로 방출된다. 조리개와 노즐사이에는 검출된 배압신호 출력을 내기 위한 출력포트가 있으며 노즐 앞면에 검출 물체가 없을 때에는 유체는 노즐에서 자유롭게 분출되므로 배압이 발생하지 않는다. 만약 이 노즐을 검출 물체가 막으면 공기 분출이 장애를 받아 배압이 형성되고 이 배압은 노즐과 검출 물체와의 거리에 반비례해서 높아진다. 검출거리는 0 ~ 0.5mm 정도이다.

◯ 와류형 센서

그림 3-36은 와류형 센서의 구조를 나타내고 있다. 센서의 접선 방향으로 압축 공기가 공급되면 공기류는 선회류로 되어 분출된다. 검출 물체가 없을 때에는 이 선회류에 자유롭게 공기가 유입되므로 출력포트는 거의 대기압을 유지한다. 그런데 검출물이 가까워져 선회류 주위의 공기 맴돌이가 제한되면 출력압은 부압으로 바뀌고 더욱 가까워지면 선회류의 분출이 제한을 받아 출력압은 정압으로 된다. 출력의 검출은 최대 부압 범위에서 검출된다. 노즐의 지름에 따라 차이가 나지만 10 ~ 15mm까지 검출되기도 한다.

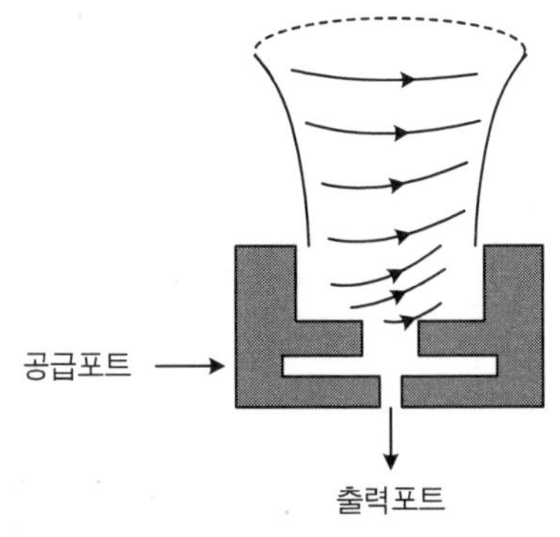

그림 3-36 **와류형 센서**

◎ 대향형 센서

센서의 분출 노즐에서 공기를 분출하면 그 분출류를 반대편 수신 노즐에서 수신한다. 노즐 사이에 검출 물체가 없을 때는 출력포트에 출력압이 나타나고, 노즐 사이에 검출 물체가 있으면 출력압이 거의 대기압으로 된다.

3.7.2 완충기

그림 3-37은 완충기의 동작을 설명하고 있다. 완충기는 두 물체가 충돌할 때 주고받는 운동에너지를 서로 적게 느끼게 하는 장치이다. 충격의 크기는 운동 에너지가 크고 정지하기까지의 시간이 짧을수록 커지므로 정지 시간을 길게 해 주어야 한다. 공기압 엑츄에이터는 통상 고속으로 작동하나 정지 시에는 교축 밸브를 사용해서 공기 유출을 줄이면 감속이 된다. 이것이 실린더 쿠션 방법이다. 그러나 이 방법도 한계가 있으므로 외부에 완충기를 설치하면 고속 작동이 가능하다.

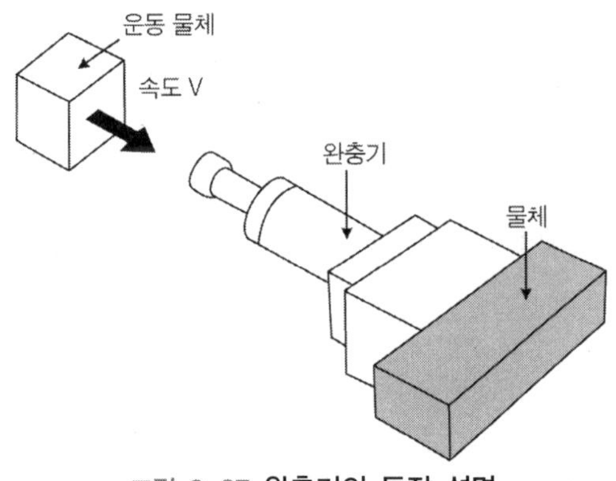

그림 3-37 **완충기의 동작 설명**

1) 완충기의 구조와 원리

◎ 마찰 완충기

그림 3-38은 마찰 완충기 구조로서 고체의 마찰을 이용한 것이다. 마찰판을 압축 공기로서 밀어서 마찰력을 높이고 있다. 이 완충기는 완충률이 높지만 완충력의 산포가 큰 것이 단점이다.

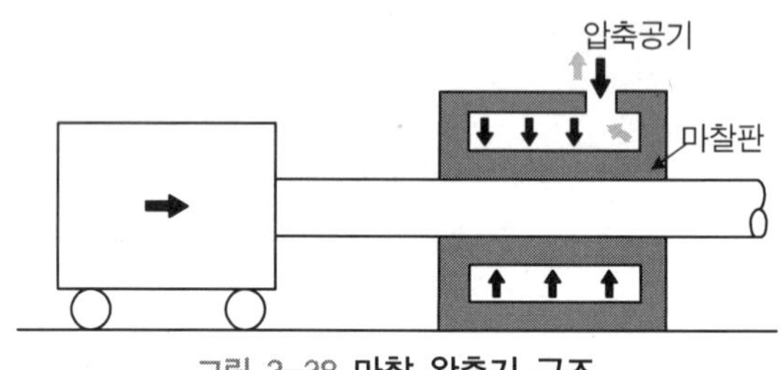

그림 3-38 **마찰 완충기 구조**

◎ 탄성 변형 완충기

그림 3-39는 탄성 완충기 구조이다. 이것은 금속 스프링, 고무 스프링, 공기 스프링, 액체 스프링 등을 이용한 것이다. 스프링의 길이와 외력과의 관계를 이용하여 운동 에너지를 스프링 압축 에너지로 변환한 것으로 구조가 간단하여 많이 사용된다. 하지만 완충기의 행정거리 끝에서는 저항력이 커지며, 스프링 백 현상이 생기는 단점이 있다.

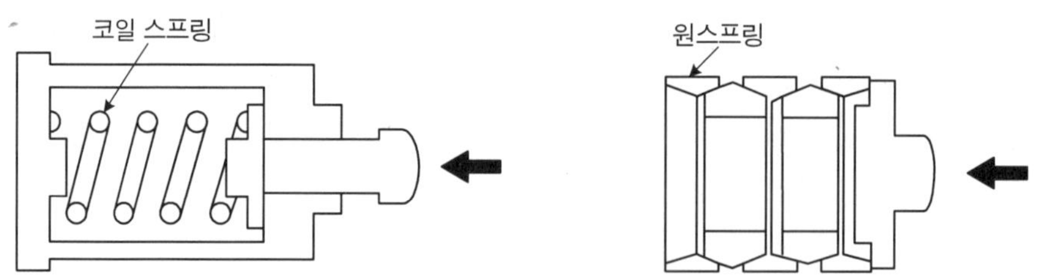

그림 3-39 **스프링 완충기 구조**

◎ 탄성 변형 완충기

자동차 범퍼와 같이 금속의 소성 변형을 이용하여 운동 에너지를 흡수하는 것으로 1회밖에 사용할 수 없다.

◎ 점성 저항 완충기

저항력은 유체의 점성과 운동 속도에 비례하므로 이것을 이용한 완충기이다. 물체의 충돌에 대한 완충기로서는 완충 행정 거리 초기에는 저항력이 크고 행정이 어느 정도 진행되어 속도가 떨어지면 저항력이 떨어져 충분한 완충역할을 하기 어려우므로 산업용으로는 이용되지 않는다.

◎ 동압 저항 완충기

이것은 오리피스 부분을 유체가 통과할 때 발생한 분류 반력에 의한 중력(重力)을 이용한 것이다. 즉, 오리피스 면적을 행정 거리에 의해 변화시키는 방법으로 완충 효율을 높일 수 있고 스프링과도 조합시킬 수 있어 산업용으로 널리 이용된다.

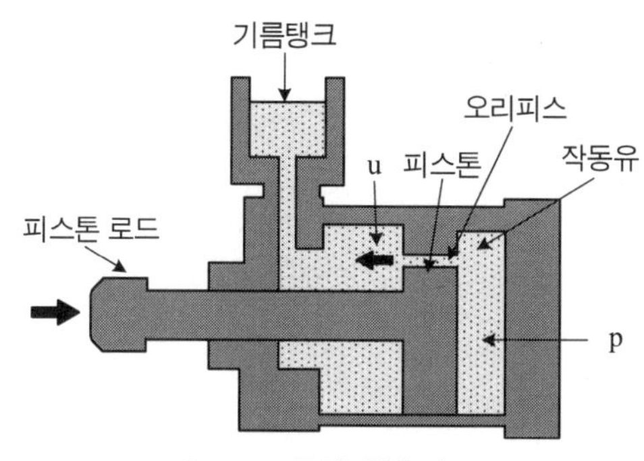

그림 3-40 **동압 완충기 구조**

2) 완충기 선정 시 주의 사항

- 에너지 계산에 사용할 중량, 속도, 추력 등의 값은 최대치를 적용한다.
- 속도는 평균 속도가 아닌 충돌 직전의 값으로 한다.
- 완충기의 분당 최대 에너지를 검토한다.
- 계산된 에너지는 완충기의 최대 흡수 에너지의 50 ~ 60%이내가 되도록 한다.
- 완충기의 행정 중에 추력이 변화할 때는 전 행정의 최대치를 적용한다.

3.7.3 진공 흡입 노즐

그림 3-41은 진공 흡입 노즐의 구조이다. 진공 흡입 노즐은 벤튜리(venturi)원리를 이용하여 흡입 입구에 대상 물체를 붙일 수 있다. 즉, 벤튜리의 원리는 압축 공기가 흐를 때 단면적이 적은 곳의 속도가 증가하고 이곳의 압력이 떨어지므로 그림의 아래쪽 노즐에는 진공이 된다.

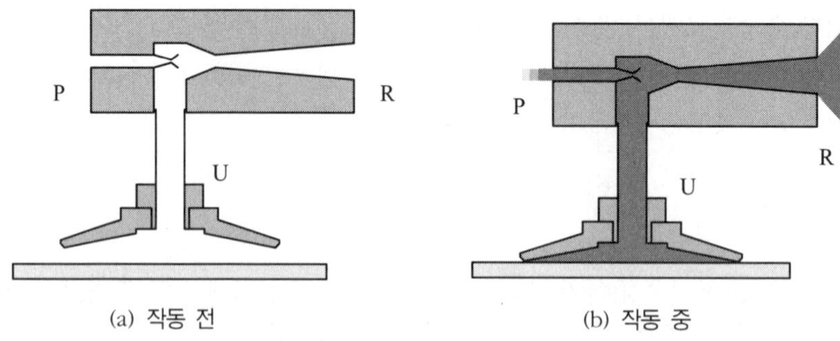

(a) 작동 전 (b) 작동 중

그림 3-41 **진공 흡입 노즐의 구조**

연습 문제

exercise

01. 압력 제어 밸브의 종류와 기능에 대하여 서술하라.

02. 감압밸브의 사용 예를 들고 도면기호를 작성하라.

03. 시퀀스밸브의 사용 예를 들고 도면기호를 작성하라.

04. 압력스위치의 종류와 각각의 동작원리를 작성하라.

05. 유량제어밸브의 종류와 기능을 서술하라.

06. 유량제어 밸브의 도면기호를 작성하라.

07. 배기교축밸브를 사용하여 속도 제어시 유의할 사항을 서술하라.

08. 공압회로에서 속도를 증가시킬 수 있는 밸브의 명칭을 써라.

09. 공압회로에서 방향제어 밸브의 기능을 서술하라.

10. 셔틀밸브의 동작원리와 용도에 대하여 서술하라.

11. 방향제어밸브의 종류를 서술하라.

12. 포트의 수와 제어위치의 수를 조합한 방향 변환 밸브의 종류를 써라.

13. 체크 밸브의 사용 예와 그 기능을 서술하라.

14. 밸브의 크기를 나타내는 요소에는 어떤 것이 있나?

15. 파일럿의 조작방식에서 직접 작동형과 간접 작동형의 동작 원리의 차이점을 서술하라.

16. 방향 전환 밸브의 조작 방식의 종류를 서술하라.

17. 3위치 밸브에서 중립 위치의 흐름의 형식에 따른 종류를 열거하라.

18. 3포트 2위치 밸브의 사용 예를 2가지 이상 들어라.

04 공압 배관 Chapter

이 단원을 공부하고 나면 나도 이 정도는 알 수 있습니다!

1. 공기 소비량을 계산할 수 있다.
2. 배관 방법에 대하여 중요한 몇 가지를 말할 수 있다.
3. 배관 시공시의 주의 사항을 말할 수 있다.

4.1 배관의 개요

공압 배관이라고 하면 그림 4-1에서와 같이 공기 압축기에서 공압 실린더 전까지 공기를 수송해 주는 관로를 말한다. 공압 배관이 적절하지 못하면 수송과정에서 압력이 떨어지거나 유량이 부족해 질 수 있고, 물이 고여서 공압 장치의 불량을 일으킬 수 있다. 공기는 관성과 점성이 적어서 압력 손실이 적고, 긴 관로를 통해 압축 공기를 반송하여도 에너지 손실이 적다. 공기는 압축성이 좋으므로 1개의 배관에 여러 개의 공압 기기를 연결해 사용해도 간섭이 적으므로, 배관은 공간이 허락하면 어느 곳이든 갈 수 있다. 하지만 배관내의 단열 팽창으로 많은 물이 흘러내릴 수 있으므로 이 물을 신속히 배출해야 하고 보수와 점검이 용이하도록 설계해야 한다.

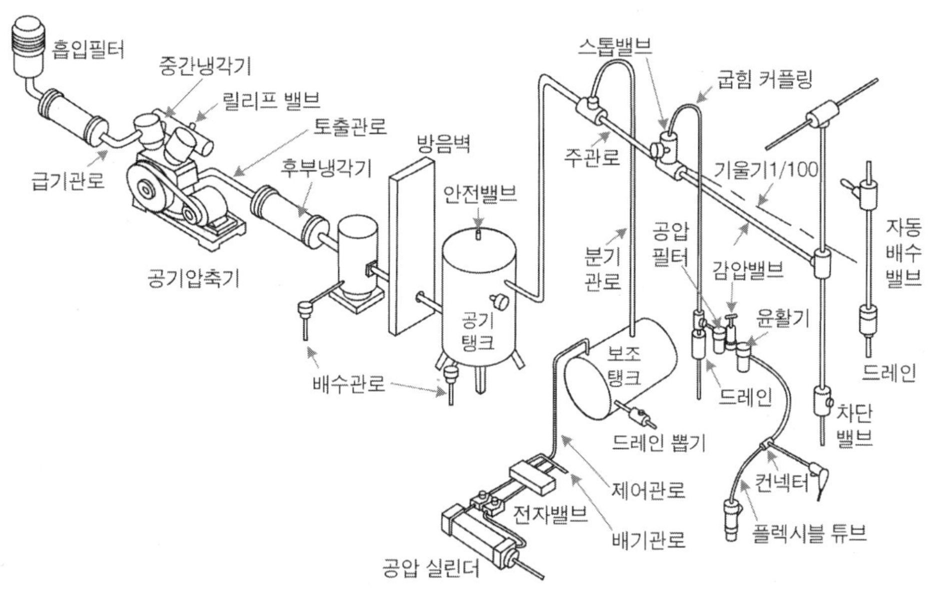

그림 4-1 **공압 배관의 개요**

4.2 배관 계획

공압 제어 시스템에서 공기압 배관을 적절히 하지 않으면 압력강하나 유량 부족이 되거나 드레인이 발생하여 전체 시스템의 운영에 지장을 준다. 따라서 배관 계획을 잘 세워서 문제가 발생하지 않도록 해야 한다. 배관 계획을 위해서는 공기 소비량 계산, 작동 압력 결정, 압력 손실 고려, 불규칙한 공기 소모량 계산 등을 하여 최종적으로 배관의 직경, 길이, 관이음수 등을 결정해야 한다.

4.2.1 공기 소비량 계산

공기 소비량의 계산은 배관의 크기, 압력 강하를 결정하는 중요한 요소이기 때문에 정확히 결정해야 한다. 공압 실린더의 공기 소모량 계산은 실린더 행정 용적에 대기압으로 환산한 공기 압력을 곱하여 1사이클의 공기 소비량을 구하고 여기에 분당 작동횟수를 곱하여 평균 공기량을 구한다.

$$Q = \frac{n(P+1.003)(V_1+V_2)+(P+1.003)(A_1+A_2)l}{1.003} \times \frac{273}{T+273} \qquad (4\text{-}1)$$

여기서, $Q[m^3/\mathrm{min}]$는 평균 공기 소비량(대기압 환산), $P[kgf/cm^2]$는 공급 공기 압력, $V_1[m^3]$은 피스톤 헤드 측의 관로용적, $V_2[m^3]$는 피스톤 로드 측의 관로용적, $A_1[m^2]$는 피스톤 헤드측의 단면적, $A_2[m^2]$는 피스톤 로드측의 단면적, n은 분당 작동 횟수, $l[m]$은 공기압 실린더의 행정거리, $T[℃]$ 는 사용 온도를 나타낸다. 단, 피스톤의 관로 용적 V_1과 V_2를 구할 때는 실린더뿐만 아니라 실린더에서 방향 제어 밸브의 배관용적까지도 계산에 포함시켜야 한다.

4.2.2 공기압원의 압력

공기압원의 공기 압력은 사용공기압 기기의 최고 작동 공기 압력에 배관계통에 공기압 필터 등의 압력 손실을 더한 값으로 산정한다. 최고 사용 압력이 $10kgf/cm^2$을 초과하면 고압가스 관리법의 대상이 되므로 공기압 시스템의 사용 시에는 공급압력을 $10kgf/cm^2$ 미만으로 한다. 만약 공급압력이 $10kgf/cm^2$을 초과하는 공기 압력이 필요시에는 필요 부분만 별도의 공기압 라인을 설치하는 것이 경제적이다.

4.2.3 압력 손실의 계산

공압기기의 공기 소모량, 작동 공기 압력 및 공기압원의 압력이 결정되면 압력 손실의 예상을 하여야 한다. 단면이 일정한 원형 관로 내를 흐르는 관의 유체 마찰에 의한 압력강하를 관의 길이, l에 관하여 δP라 하면 δP는 다음의 Weisbach-Aarcy의 식으로 표현된다.

$$\delta P = \frac{\lambda l}{\alpha} \times \frac{\gamma v^2}{2g} \tag{4-2}$$

여기서, $\delta P[kgf/cm^2]$은 관로의 길이 사이의 압력 손실, λ는 관로의 마찰 계수, $l[mm]$는 관로의 길이, $\alpha[mm]$는 관로의 직경, $\gamma[kgf/m^3]$은 공기의 비중량, $g[9.8m/s^2]$은 중력 가속도, $v[m/s]$는 관로내의 평균 유속이다.

4.3 배관의 방법 및 시공

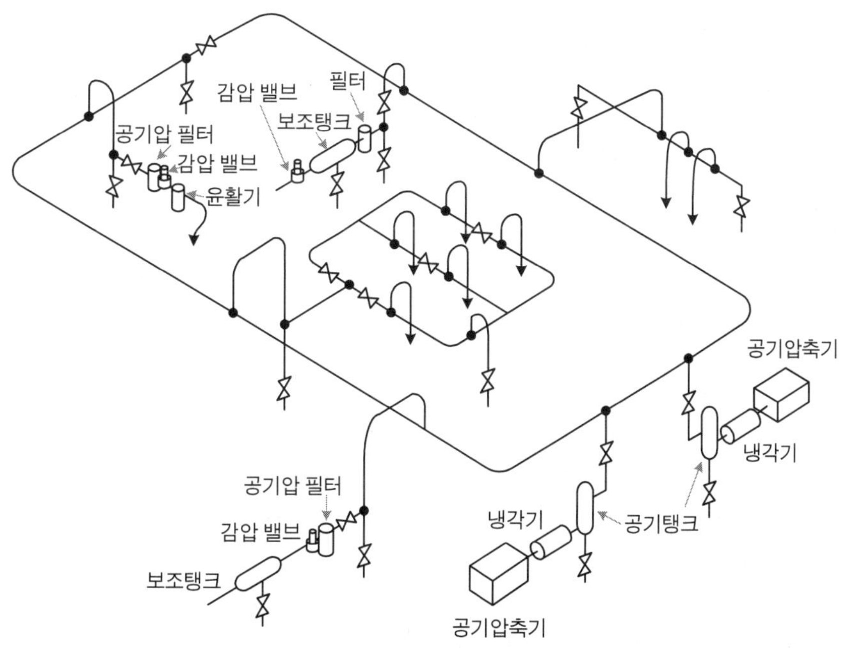

그림 4-2 환상 배관

그림 4-2에 나타난 바와 같이 많은 생산 현장에서의 공기압 배관은 환상(loop type)배관을 많이 한다. 환상 배관은 메인 라인에 주로 설치하며 압축공기가 두 방향으로 흐르므로 공기 소비량이 많은 경우에도 균일한 압축공기 공급이 가능하며 지선은 메인라인으로부터 분기하도록 한다. 많은 공기압 기기를 사용하는 생산 현장의 공기압 배관은 환상 배관을 사용해야 한다. 그림 4-3의 예에서와 같이 두 개의 동일한 공압 소모 장치를 연결해 사용 시 (a)에서는 직렬로 연결되어 압력 강하가 $4\Delta P$인데 반해 (b)에서는 병렬로 연결되어 압력 강하가 ΔP이 되어 루프 배관인 경우가 압력 강하가 1/4배 적은 것을 알 수 있다.

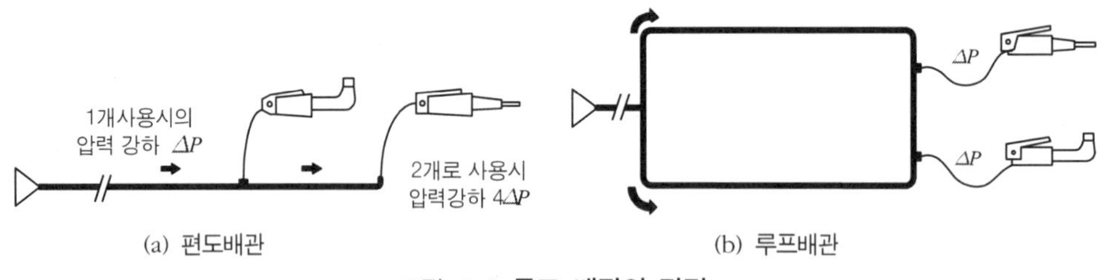

그림 4-3 **루프 배관의 장점**

4.3.1 배관 방법

이 외에도 배관시의 주의 사항을 정리하면 다음과 같다.

- 주관로에서 분기 관로를 연결할 때에는 반드시 관의 위쪽에서 역 U자로 인출하여 직접 드레인이 유출되지 않게 한다.
- 주관로는 1/100 정도의 기울기를 주고 가장 낮은 곳에는 드레인 배출과 자동 배출 밸브를 설치한다.
- 주관로의 입구나 분기관로와 기기들 사이에는 반드시 공기압 필터를 설치하여 드레인, 녹, 카본 등의 유출을 막는다.
- 긴 직선 배관은 온도 변화에 의한 팽창 및 수축에 대비해서 여유를 두고 시공한다.
- 메인 관로로부터 분기관로를 설치하는 경우에는 반드시 차단 밸브를 설치하고 필요시 해당 부분만 수리를 할 수 있게 차단 밸브를 설치한다.
- 중요한 공기압 장치의 배관 입구와 출구에는 그림 4-4와 같은 차단 밸브와 바이패스 밸브를 설치하여, 유사시 바이패스 관로를 이용하여 문제된 장치의 수리를 한다.
- 관이음 부분은 합리적으로 배치해서 최소 수량이 되게 한다. 또 분해가 필요한 부분은 플랜지 커플링이나 유니온 커플링을 사용하여 분해조립이 가능하도록 공간을 확보해 둔다.
- 공기 압축기의 접속배관은 진동이 메인 관로에 전달되지 않도록 그림 4-5와 같은 신축 배관을 사용하여 진동의 전달을 최소화 한다.

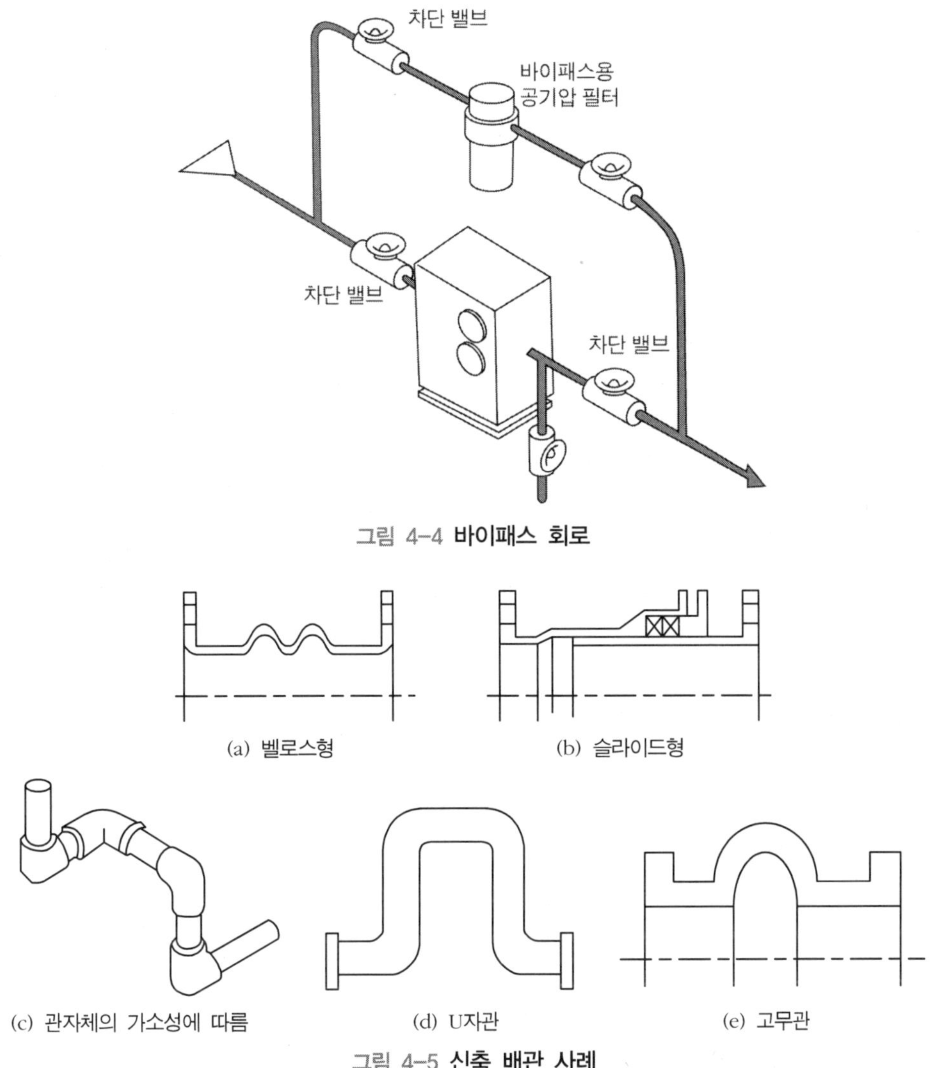

그림 4-4 **바이패스 회로**

(a) 벨로스형
(b) 슬라이드형
(c) 관자체의 가소성에 따름
(d) U자관
(e) 고무관

그림 4-5 **신축 배관 사례**

4.3.2 배관 시공

배관의 시공 시에는 사소한 실수라도 시스템에 큰 영향을 미치게 되므로 신중하게 하여야 한다. 작업시의 실수로 들어간 조그만 배관 조각이나 테이프 조각도 배관 내에서는 문제가 될 수 있다. 아래의 내용은 배관시의 주의 깊게 다루어야 할 내용을 정리하였다.

- 배관 재료는 철관보다는 동, 합성 고무, 플라스틱 배관을 하는 것이 배관 공수가 적어지고 보수가 용이해지므로 가능한 한 사용한다.

- 보수 빈도가 높은 공기압 기기로 들어가는 제어관로는 분해조립이 용이한 유니온 커플링, 슬리브 커플링, 후레아 커플링 등을 사용하는 것이 좋다.
- 무급유 공기 압축기를 사용하는 경우에는 배관과 관이음에 묻은 기름을 토리 크렌 등으로 잘 닦아내고 배관한다.
- 나일론 튜브도 내부에 먼지가 들어 있을 수 있으므로 사용 전에 압축공기로 불어내고 사용한다. 나일론 튜브는 소형 배관에 많이 사용되지만 파손의 위험이 있는 지역에서는 그 위치를 피해가거나 커버를 설치한다.
- 테프론 실(seal) 테이프를 실이나 부식 방지의 목적으로 사용하는 경우에는 그림 4-6(a)에 나타난 방법을 적용해서 감는다. 감는 방법이 나쁘면 실 테이프의 조각이 관내로 들어가 솔레노이드 밸브나 공기압 필터, 윤활기 등의 성능 저하를 초래하므로 주의를 요한다.
- 나사부에 사용되는 접착제는 분해가 가능한 것과 불가능한 것이 있으므로 구분해서 사용한다. 공기누설과 작동불량의 원인을 사전에 방지하기 위해서는 접착제를 그림 4-6(b)를 참조하여 잘 발라야 한다.
- 관과 관이음은 브러싱하여 녹이나 먼지를 제거한 후 배관을 시작한다.
- 관과 관이음은 필요 이상으로 조이지 말아야 한다. 특히 알루미늄, 아연합금 등의 연질 금속의 나사부와 관이음 등에는 주의가 필요하다.
- 관의 절삭이나 플랜지 용접 등을 한 후에는 돌기 스케일 등이 존재하므로 이들을 압축 공기로 불어내거나 헝겊 등을 통과 시켜 제거한다.
- 철제관 및 관이음에는 아연도금이 된 것을 사용한다. 아연도금을 하지 않은 것은 내면의 수분으로 인하여 녹이 발생하고 이것이 관내로 유입되면 기기의 수명을 단축시킨다.

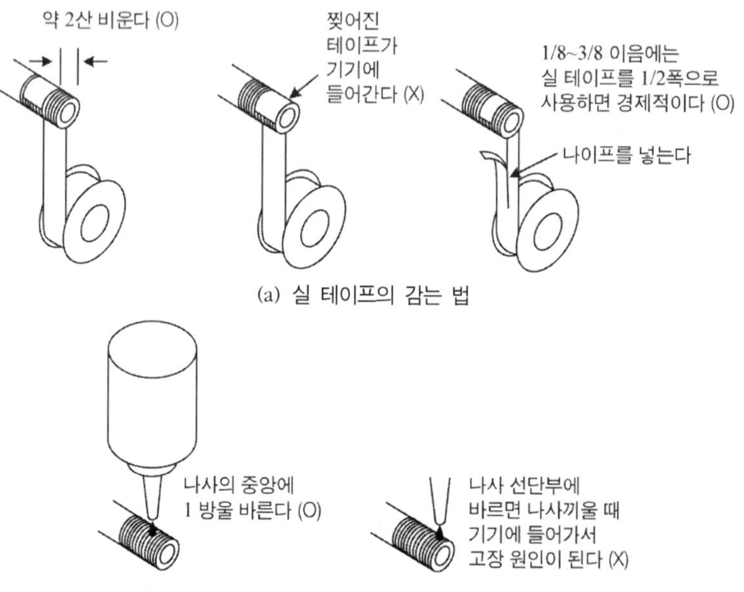

(a) 실 테이프의 감는 법

(b) 실제의 도포방법

그림 4-6 **실(seal) 테이프 감는법과 실제의 도포 방법**

- 그림 4-7은 플렉시블 배관 방법에 관한 것으로 작업 수행 중 메인관로와 분기 관로 등에서 사용된다. 배관 시 배관 파이프를 무리하게 배관하지 말고 L자 엘보 등의 배관 부품을 사용한다. 플렉시블 배관 재료는 사용 중에 관 이음부가 빠지면 공기분사의 반동으로 인해 불규칙 동작을 하기 때문에 위험하므로 필요시 보호구나 커버를 설치한다. 배관이 완료된 후에는 이음부에 중성 세제를 사용하여 누설 여부를 확인한다.

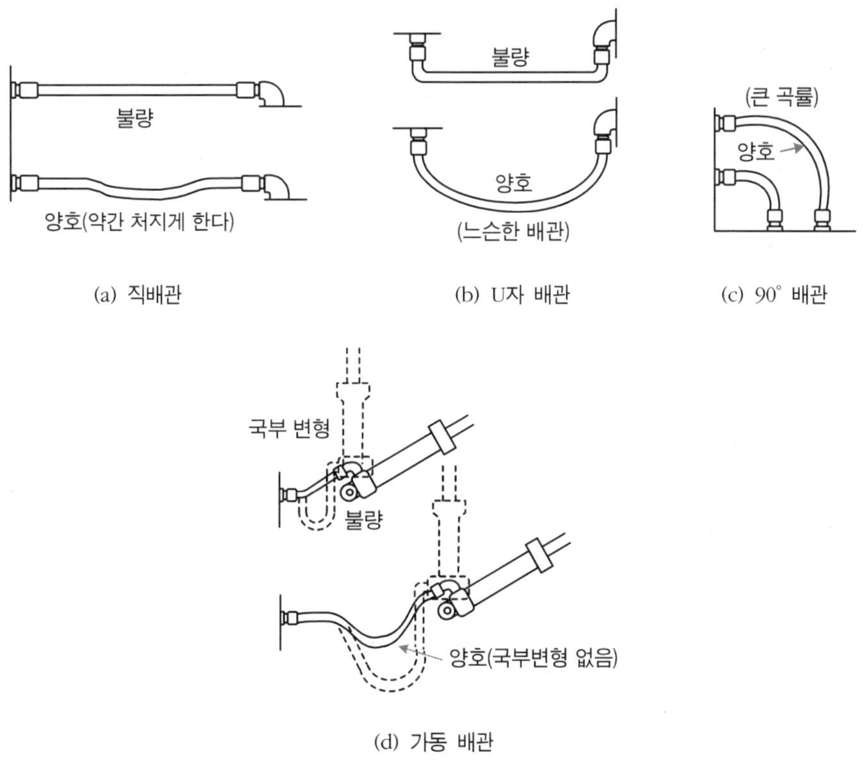

그림 4-7 **플렉시블 배관 방법**

연습 문제

exercise

01. 루프 배관의 장점에 대하여 서술하라.

02. 배관 방법에 대하여 아는 바를 5가지 이상 서술하라.

03. 배관 시공에 대하여 아는 바를 7가지 이상 서술하라.

04. 실 테이프 감는법을 그림으로 설명하라.

05. 플렉시블 배관 방법에 대하여 서술하라.

06. 다음의 조건에서 피스톤의 공기 소비량, $Q[\mathrm{m}^3/\mathrm{min}]$ 을 계산하라.
여기서 피스톤에 공급되는 공기압력이 $6\mathrm{kgf/cm^2}$, 피스톤 헤드 측의 관로용적이 $0.002\mathrm{m}^3$ 피스톤 로드 측의 관로용적이 $0.004\mathrm{m}^3$, 피스톤 헤드측의 단면적이 $0.01\mathrm{m}^2$, 피스톤 로드측의 단면적이 $0.005\mathrm{m}^2$, 분당 작동횟수가 5회이고, 공기압 실린더의 행정거리가 0.6m 이며 사용 온도는 25℃이다. 그리고 피스톤 헤드측과 로드측의 배관용적은 각각 $0.0001\mathrm{m}^3$, $0.0002\mathrm{m}^3$이다.

05 공압 엑츄에이터 Chapter

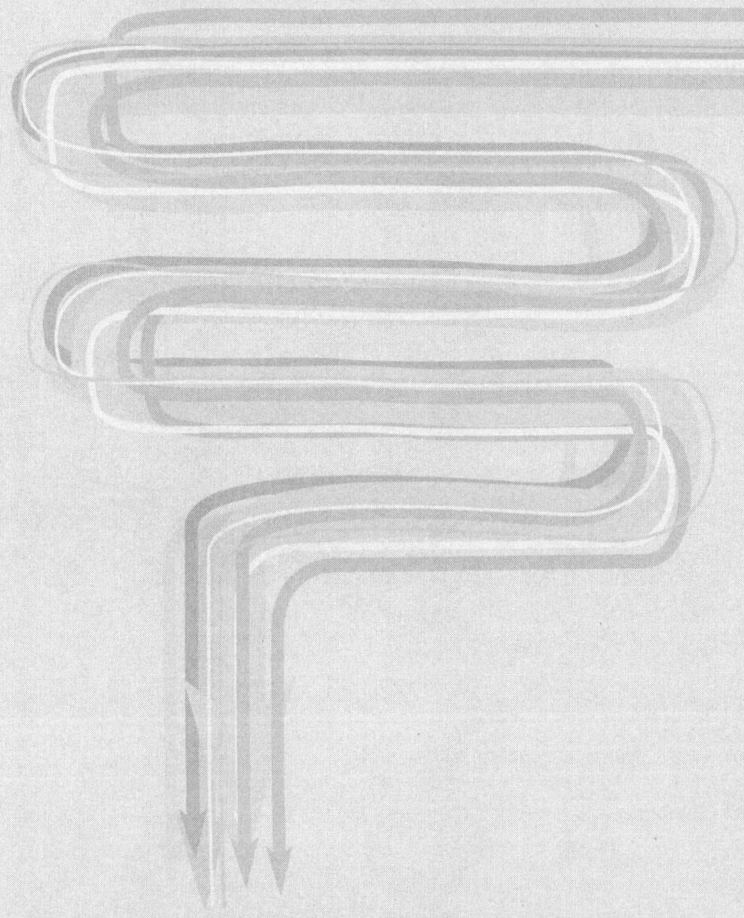

이 단원을 공부하고 나면 나도 이 정도는 알 수 있습니다!

1. 공압 실린더의 기본 구조를 설명할 수 있다.
2. 공압 실린더의 종류를 설명할 수 있다.
3. 공압 실린더의 동작특성을 설명할 수 있다.
4. 공압 모터의 종류와 기본 동작을 설명할 수 있다.

5.1 공압 실린더

공압 실린더의 구조를 간단히 실린더 튜브(tube), 실린더 헤드(head)부와 실린더 로드(rod)부로 가정하면, 이것은 실린더 헤드부나 로드부에 압축공기를 주입하여 두 곳의 압력차를 이용하여 직선 왕복 운동 등의 기계적인 운동을 얻어내는 하나의 엑츄에이터(actuator)이다. 이것은 작업 대상물의 분리, 반송, 공급, 구멍 뚫기, 나사 조임 및 클램프 등의 작업에 많이 이용된다.

5.1.1 공압 실린더의 기본구조

그림 5-1은 일반적인 공압 실린더의 구조를 나타낸다. 실린더 튜브는 실린더의 외곽을 이루며 피스톤의 운동을 안내하는 부분으로, 피스톤의 미끄럼 운동 및 내압이 걸리므로 구조상의 내마모성과 내압성이 요구된다. 이와 같은 기계적 성질을 높이기 위해서 재질로서 알루미늄 합금을 쓰기도 한다.

피스톤(헤드)은 실린더 튜브 안에서 공기의 압력을 받아서 미끄럼 운동을 하며 헤드 커버와 강하게 충돌한다. 따라서 이것은 이러한 충격에 견딜만한 충분한 강도와 내마모성이 요구된다. 피스톤 둘레에는 피스톤 헤드와 실린더 튜브 사이를 실(seal)하는 패킹이 삽입되어야 한다.

피스톤 로드는 여기에 걸리는 부하로 인한 굽힘하중, 압축하중, 인장하중 및 진동하중 등에 견딜 수 있게 설계하여 충격력과 굽힘 모멘트(bending moment)에 의한 손상이 없도록 해야 한다.

헤드커버는 실린더 튜브 양단에 설치하여 피스톤 행정의 길이를 결정한다. 완충장치는 이곳에 설치되며 피스톤 로드를 지지하는 피스톤 로드부싱과 로드 실(seal)용 패킹이 장착되어 있다.

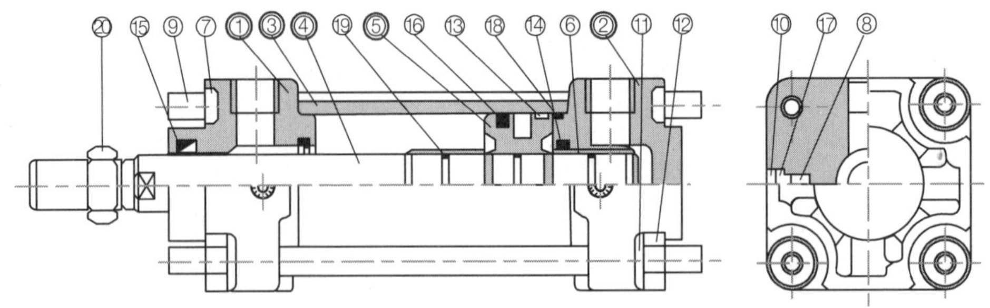

번호	명칭	재질	비고
1	로드 커버	알루미늄 다이캐스트	메탈릭 도장
2	헤드 커버	알루미늄 다이캐스트	메탈릭 도장
3	실린더 튜브	알루미늄 합금	경질 알루마이트
4	피스톤 로드	탄소강	경질 크롬 도금
5	피스톤	알루미늄 합금	크로메이트
6	쿠션링	황동	
7	부쉬	연청동 주물	
8	쿠션 밸브	강선	니켈 도금
9	타이로드	탄소강	내식 유니 크로메이트
10	스냅 링	스프링용 강	
11	스프링 와셔	강선	유니 크로메이트
12	타이로드 너트	압연강재	니켈 도금
13	웨어 링	수지	
14	쿠션 패킹	우레탄	
15	로드 패킹	NBR	
16	피스톤 패킹	NBR	
17	쿠션 밸브 패킹	NBR	
18	실린더 튜브 가스켓	NBR	
19	피스톤 가스켓	NBR	O-Ring
20	로드 선단 너트	압연강재	니켈 도금

그림 5-1 **공압 실린더의 구조**

5.1.2 공압 실린더의 분류

실린더는 피스톤의 형식, 작동 방식, 피스톤 로드의 형식, 쿠션 유무, 복합 실린더, 위치 결정 형식에 따라서 분류되고 있다. 표 5-1은 공압 실린더의 구조에 따른 분류이며, 표 5-2는 공압 실린더의 설치 형식에 따른 분류이다.

표 5-1 **공압 실린더의 구조에 따른 분류**

분 류		도면 표시기호	기 능
피스톤의 형식	피스톤형	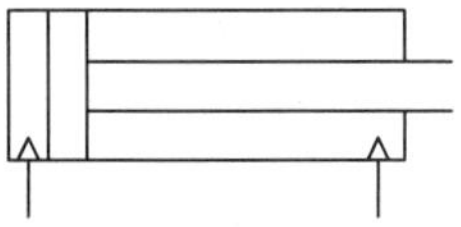	가장 일반적으로 많이 사용하는 실린더로서 단동, 복동 차동형이 있다.
	램 형	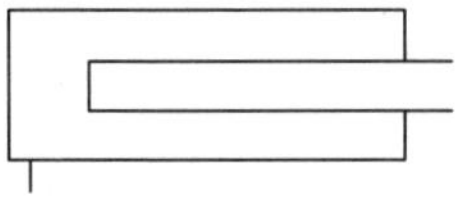	피스톤의 지름과 로드의 지름차이가 없는 수압 가동부분이 있는 실린더
	비 피스톤형 -다이아프램형 -밸로즈형	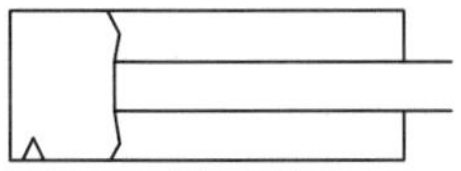	수압 가동부분에 다이아프램을 사용한 실린더
		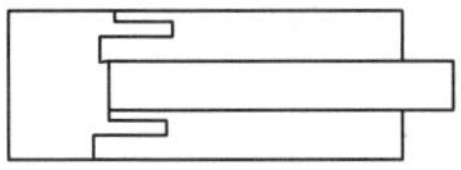	수압 가동부분에 밸로즈를 사용한 실린더
		-	수압 가동부분이 없는 실린더
작동 형식	단동형	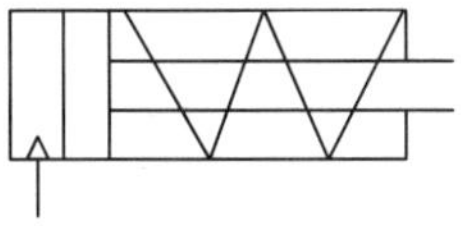	공기압을 피스톤의 한쪽에만 공급할 수 있는 실린더
	복동형	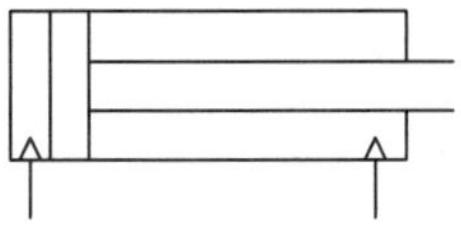	공기압을 피스톤의 양쪽에 공급할 수 있는 실린더
	차동형	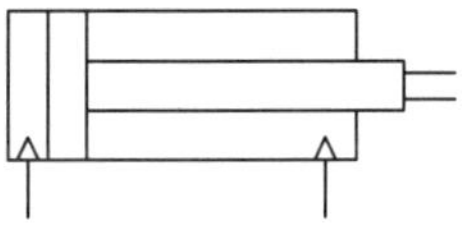	피스톤과 피스톤 로드의 단면적이 회로의 기능상 중요한 실린더
피스톤 로드의 형식	편로드	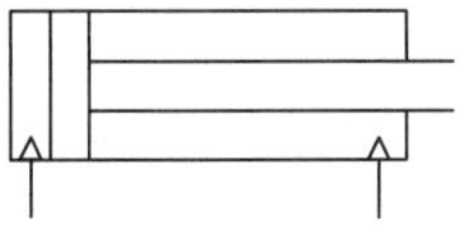	피스톤의 한 쪽만 피스톤 로드가 있는 실린더
	양로드	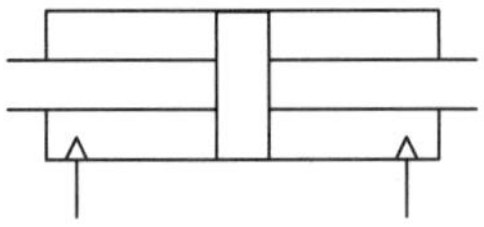	피스톤의 양 쪽에 피스톤 로드가 있는 실린더
	로드리스	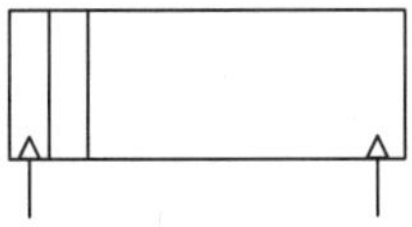	피스톤 로드가 없는 실린더

쿠션의 유무	쿠션리스	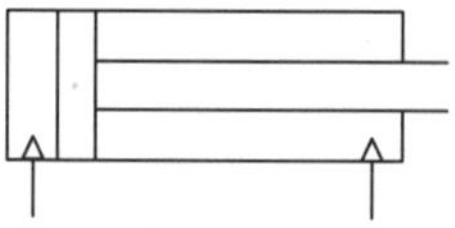	쿠션장치가 없는 실린더
	편쿠션	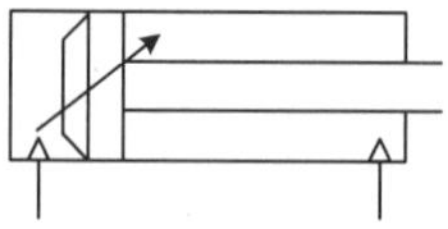	한 쪽에만 쿠션장치가 있는 실린더
	양쿠션	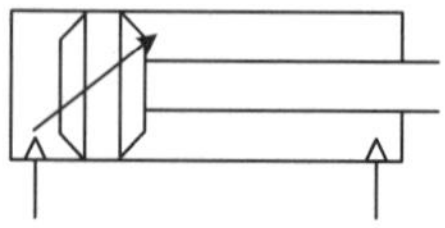	양 쪽에 쿠션장치가 있는 실린더
복합 실린더	텔레스코프형	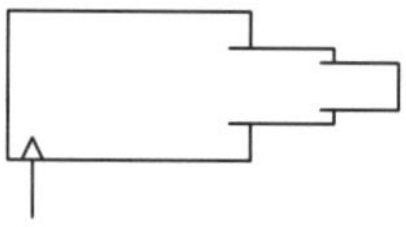	긴 행정거리를 지탱할 수 있는 다단 피스톤형 로드의 실린더
	텐덤형	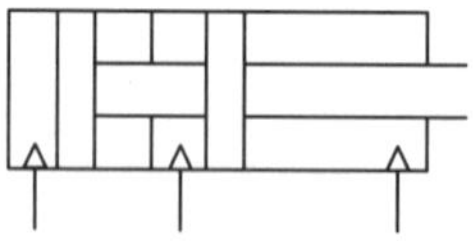	연결된 복수의 피스톤을 갖춘 실린더
	다위치형	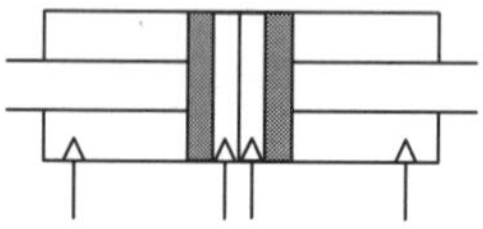	복수의 실린더를 직결하여 여러 위치를 선정하는 실린더
위치 결정 형식	2위치형	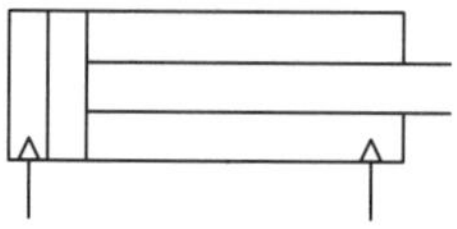	전진과 후진이 가능한 2개의 위치를 가진 실린더
	다위치형	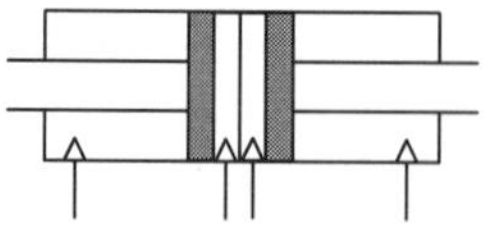	복수의 실린더를 직결하여 여러 위치를 선정하는 실린더
	브레이크 붙이형	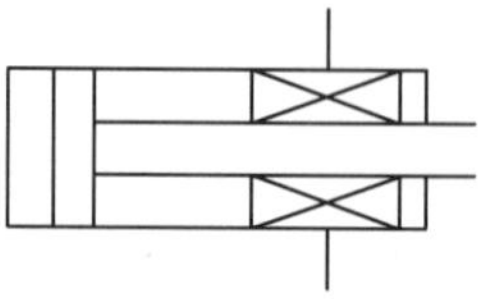	브레이크를 사용하여 임의의 위치에 정지시킬 수 있는 실린더
	포지셔너	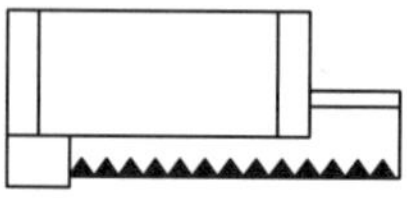	임의의 입력 신호에 대해 일정한 위치를 결정할 수 있는 실린더

표 5-2 **공압 실린더의 설치 형식에 따른 분류**

부하의 운동 방향		설치 형식		구조 사례	비 고
고정	직선운동	풋 형	축방향 풋형 (외향)	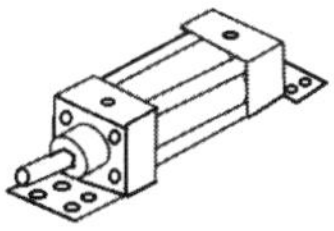	- 가장 일반적이고 간단한 설치방법 - 가벼운 부하용
			축방향 풋형 (내향)	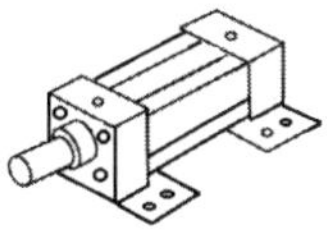	
		플랜지형	로드쪽 플랜지형	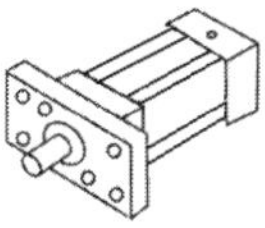	- 가장 강력한 설치 - 부하의 운동방향과 로드의 중심일치
			헤드쪽 플랜지형	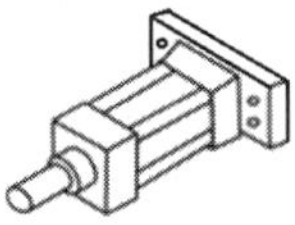	
요동		피벗형	분리식 아이형	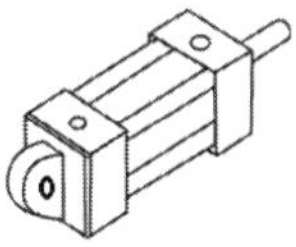	- 부하의 요동방향과 실린더의 요동방향을 일치 - 피스톤 로드에 가로 하중은 싣지 않음 - 요동운동을 함 - 실린더와 다른 물체의 접촉에 주의
	평면이동		분리식 크레비스형	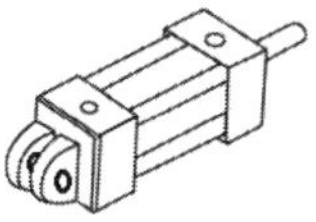	
	요동이동	트러니언형	로드쪽 트러니언형	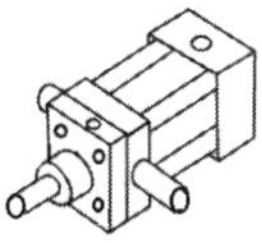	
	직선운동		중간 트러니언형	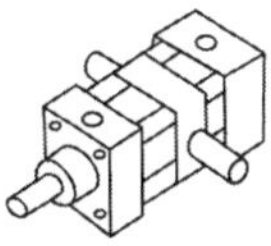	
			헤드쪽 트러니언형	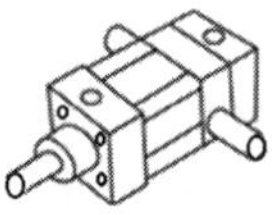	
회전	회전운동	회전실린더	-	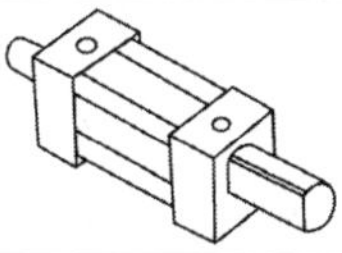	- 회전 롤의 기능

1) 피스톤 형식에 따른 분류

피스톤의 모양에 따른 분류이다.

◎ 피스톤형

일반적인 공압 실린더와 같이 피스톤과 피스톤 로드를 갖춘 구조이다.

◎ 램형

피스톤 직경과 로드 직경의 차이가 없는 구동부를 갖는 구조이고 복귀는 자중이나 외력에 의한다.

◎ 비 피스톤형

구동부에 다이아프램이나 밸로즈를 사용한 형식으로 실린더는 미끄럼 저항이 적고, 최저 작동 압력이 낮고(약 $0.1kgf/cm^2$) 낮은 압력에서 고감도를 요구하는 곳에 사용된다.

2) 작동 방식에 따른 분류

◎ 단동 실린더

실린더의 포트가 1개이며 압축공기를 피스톤 헤드의 한쪽으로만 공급해서 작동시키며, 복귀는 실린더 내부에 있는 스프링이나 외력으로 작동하는 엑츄에이터로서 피스톤 로드가 전진 시 작업을 한다. 실린더에 내장된 스프링의 힘은 피스톤이 충분히 복귀할 수 있도록 설계되며 스프링이 압축되었을 때의 스프링 길이에 의하여 행정거리가 제한된다. 단동 실린더의 최대행정거리는 $150mm$ 정도이다.

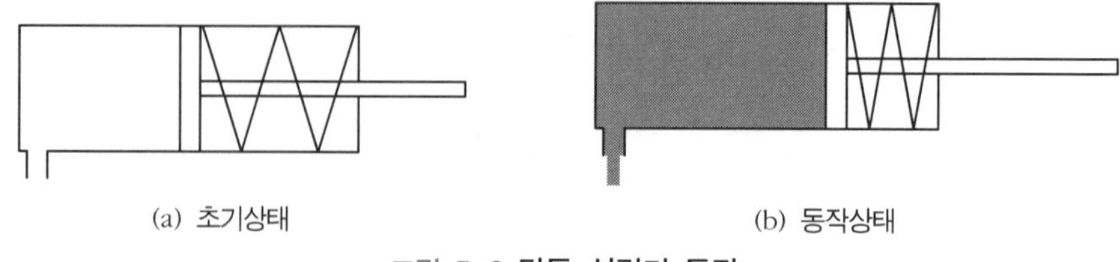

(a) 초기상태 (b) 동작상태

그림 5-2 **단동 실린더 동작**

그림 5-2는 단동 실린더 동작을 나타내고 있다. 압축 공기가 단동 실린더의 포트에 공급되지 않았을 때는 피스톤 헤드는 스프링 반발력에 의해서 입력 포트가 있는 위치까지

밀려 있으나 압축 공기가 주입되면 피스톤 헤드가 전진한다. 입력 포트에서 압축 공기의 공급을 중지하면, 피스톤 헤드 쪽에 공급된 압축공기가 피스톤 헤드를 미는 힘과 로드쪽의 스프링의 반발력이 순간 평형을 이루다가 헤드쪽의 압축공기가 배출되면 초기상태로 복귀한다.

○ 복동 실린더

복동 실린더는 압축공기에 의한 힘으로 피스톤의 전진 운동과 후진 운동을 번갈아 시키는 것으로 전진 운동 및 후진 운동 각각의 작업이 모두 필요한 곳에서 사용한다.

그림 5-3은 복동 실린더의 동작을 설명하고 있다. 2개의 포트 즉, 입력 포트와 출력 포트가 있고 피스톤(헤드)과 피스톤 로드가 있다. 피스톤 헤드를 가운데 두고 좌측과 우측에 챔버가 하나씩 있으며 만약 좌측(피스톤 헤드측)에 압축 공기를 공급하면 이곳의 압력이 우측(로드측)보다 우세하므로 피스톤 로드가 전진한다. 이때 로드측의 잔류 공기는 대기로 배출된다. 반대로 피스톤 로드측에 압축공기가 공급되면 로드측의 압력이 헤드측보다 크므로 피스톤 로드는 후진을 하게 된다. 이때도 헤드측의 잔류 공기는 대기로 배출된다.

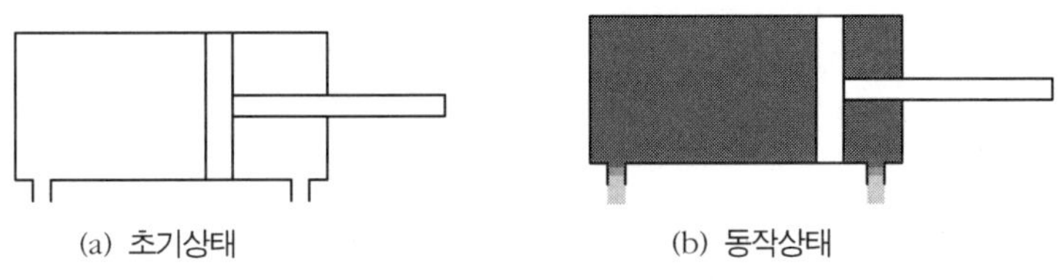

(a) 초기상태 (b) 동작상태

그림 5-3 **복동 실린더의 동작**

그림 5-4는 복동 실린더의 구조를 나타내고 있는데, 피스톤 헤드측으로 압축 공기를 공급하고 있고 피스톤 로드측으로 잔류 공기가 빠져나가고 있으므로, 피스톤은 전진하고 있다.

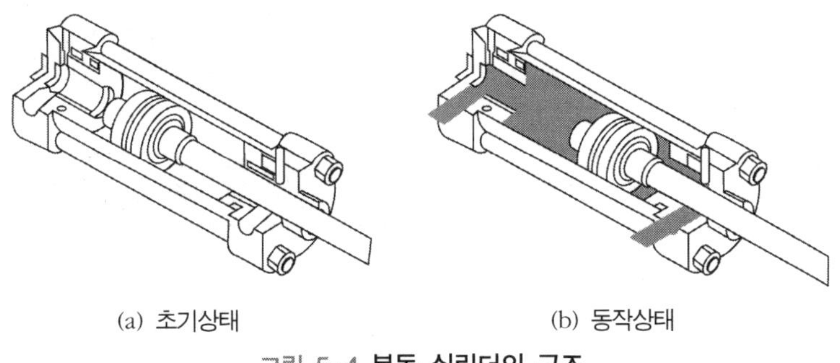

(a) 초기상태 (b) 동작상태

그림 5-4 **복동 실린더의 구조**

◎ 차동 실린더

피스톤 헤드측의 단면적과 로드측의 단면적의 비가 2 : 1이 되도록 하여 전진과 후진시의 출력의 비를 2 : 1로 하여 힘이나 속도 측면에서 이용하려는 것이다.

3) 피스톤 로드의 형식에 따른 분류

피스톤 로드라고 하면 일종의 작업을 해야 할 대상물을 실어 나르는 막대기이다.

◎ 편로드형

피스톤의 한방향으로만 로드가 있는 것.

◎ 양로드형

피스톤의 양방향으로 로드가 있는 것.

◎ 로드리스형

피스톤의 로드가 없는 것.

4) 쿠션 유무에 따른 분류

공압 실린더를 사용하여 무거운 물체를 움직일 때 물체의 관성에 의해서 피스톤 헤드가 피스톤 헤드 커버나 로드 커버와 충돌하여 이들이 손상을 입으므로, 이를 방지하기 위해서 쿠션 장치를 부착한다. 그림 5-5는 피스톤 헤드 부분에 설치한 쿠션이다. 헤드의 끝 부분이 충돌하기 전에 쿠션 피스톤 헤드가 공기의 대면적 배출 통로를 차단하고 작은 통로로 빠져나가도록 구성함으로써 반발 압력이 형성되어 실린더의 속도가 감소된다.

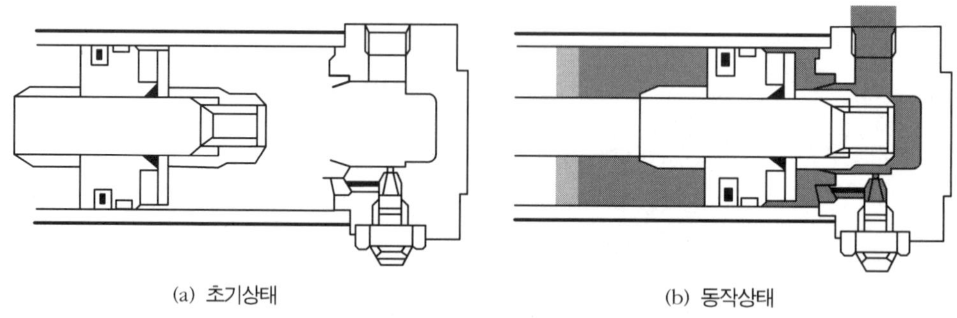

(a) 초기상태 (b) 동작상태

그림 5-5 **공압 실린더의 쿠션 장치**

그림 5-6은 쿠션 장치가 부착된 공압 실린더의 도면 기호로서 (a)의 경우에는 피스톤 헤드의 양쪽에 쿠션 장치가 있는 것이고, (b)는 피스톤 로드 쪽에 쿠션 장치를 설치한 것이고, (c)의 경우에는 피스톤 로드쪽에 가변 쿠션장치를 설치한 것이다.

◎ 쿠션리스

쿠션 장치가 없는 실린더

◎ 편쿠션

쿠션 장치가 한쪽에만 있는 실린더

◎ 양쿠션

쿠션 장치가 양쪽에만 있는 실린더

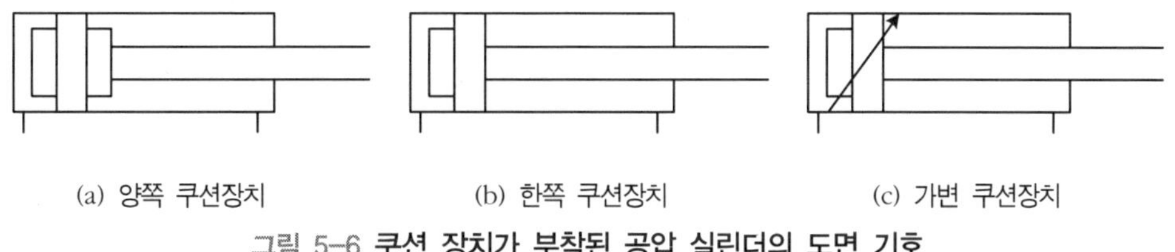

그림 5-6 **쿠션 장치가 부착된 공압 실린더의 도면 기호**

5) 복합 실린더

2개 이상의 공압 실린더를 조합시켜 기능을 다양화한 특수 실린더이다.

◎ 텔레스코프형 실린더

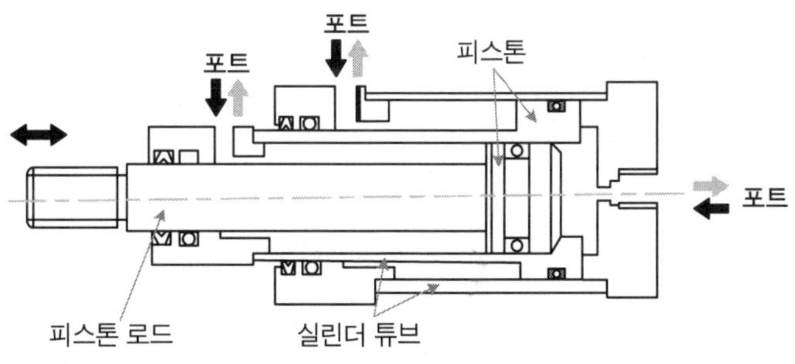

그림 5-7 **텔레스코프형 실린더의 구조**

텔레스코프형 실린더는 그림 5-7과 같이 나타나 있다. 실린더 헤드측에 2단계로 압축공기가 들어가면 이에 따른 피스톤로드가 2단계로 길게 전진할 수 있다. 하지만 속도제어가 곤란하고 끝단에서의 출력이 떨어지는 단점이 있다.

텐덤형 실린더

그림 5-8은 텐덤형 실린더의 구조이다. 이것은 2개의 복동 실린더를 조합한 것으로 2개의 피스톤에 압축공기를 공급하므로 실린더의 출력이 2배가 된다. 따라서 공기압 실린더에서 직경의 한계가 있고 큰 힘이 요구되는 경우에 활용된다.

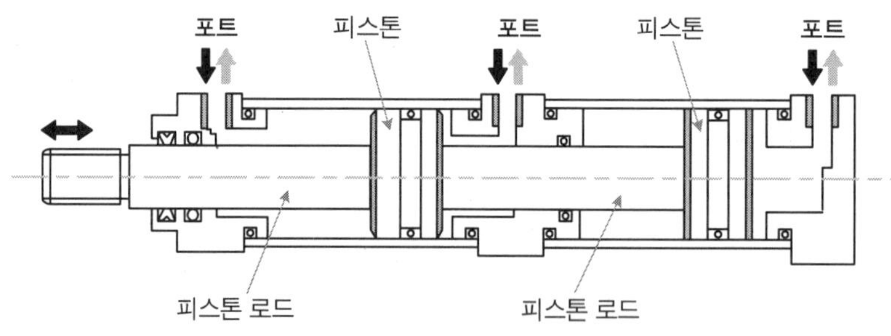

그림 5-8 **텐덤형 실린더의 구조**

다위치형 실린더

그림 5-9는 다위치형 실린더의 구조이다. 2개 이상의 복동 실린더를 동일축선 상에서 연결하여 각각의 실린더를 독립적으로 제어함으로서, 다수의 위치를 제어할 수 있고 위치의 정밀도를 비교적 높일 수 있다.

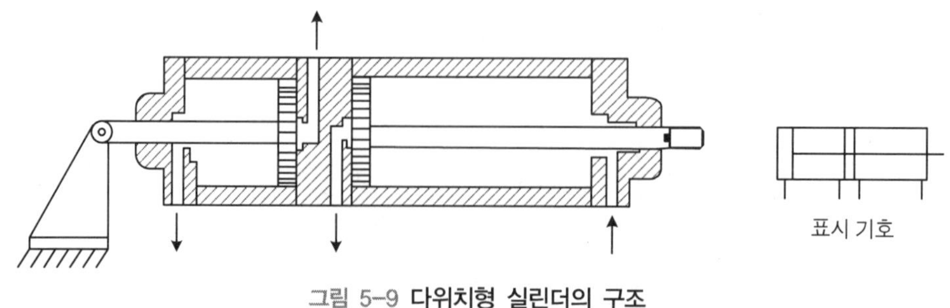

그림 5-9 **다위치형 실린더의 구조**

6) 위치 결정 형식에 따른 분류

공압 실린더의 전진 끝단과 후진 끝단에서 위치가 결정되지만 최근에는 다양한 위치에서의 정지가 요청된다.

◎ 2위치형 실린더

전진과 후진의 끝단에서 위치가 결정된다.

◎ 다위치형 실린더

2개 이상의 복동 실린더를 동일축선 상에서 연결하여 각각의 실린더를 독립적으로 위치 제어를 한다.

◎ 브레이크 붙이형 실린더

브레이크를 사용하여 임의의 위치에 정지 시키는 실린더이다.

◎ 포지셔너 실린더

임의의 입력신호에 대해서 행정거리가 일정한 함수관계가 되도록 하여 위치를 결정하는 실린더이다.

7) 실린더 장착 형식에 따른 분류

표 5-2에 장착 형식에 따른 분류가 나와 있다. 실린더의 장착 방식은 실린더를 어떤 상황의 기계나 장치에 부착하느냐에 다라서 달라진다. 실린더가 항시 고정된 위치에서 사용되면 고정방식을 채택하고, 실린더가 요동하거나 회전될 경우는 회전 특성에 맞는 장착 방식을 채택해야 할 것이다.

고정 방식은 실린더 본체는 고정하고 로드를 통하여 부하를 움직이는 방법으로 푸트형과 플랜지형이 있다. 부하의 움직임에 따라 실린더 본체가 요동하는 형식인 요동형에는 크레비스형과 트러니언 형이 있고 로드 선단에 너클을 사용하고 있다.

5.1.3 실린더의 동작 특성

1) 공기 압력 범위

KS에서는 압력 범위를 $1kgf/cm^2$부터 $7kgf/cm^2$까지로 규정하지만 시판되고 있는 실린더의 대부분은 $2kgf/cm^2$에서 $10kgf/cm^2$미만이다.

2) 사용 온도

규격으로 5~60℃ 정도로 되어 있다. 5℃가 최소 온도인 것은 사용 공기 중에 포함된 수분이 작동에 영향을 주기 때문이다. 최고 온도가 60℃인 것은 이 온도를 초과하면 패킹 재료와 윤활유 등에 관하여 고려를 하여야 되기 때문이다.

3) 실린더 출력

공압 실린더의 출력 계산은 그림 5-10에서와 같이 실린더의 튜브 내경과 피스톤 로드의 직경 등으로 결정한다. 전진시의 출력은 해당 압력(P)에 압력이 가해지는 단면적을 곱해서 구할 수 있다.

하지만 실제의 실린더 출력은 패킹의 미끄럼 저항, 미끄럼 면의 거칠기, 공압 실린더가 운동하는 방향의 반대 챔버 내의 압력, 부하의 동적 조건 등에 따라 달라진다. 따라서 표 5-3과 같이 이것에 해당하는 추력(推力)계수 또는 보정 계수, μ를 곱해서 실린더 출력을 구할 수 있다.

즉, 사용 압력 P, 단면적 $\frac{\pi l_1^2}{4}$ 및 추력 계수 μ(전진과 후진시 동일 값으로 가정)를 모두 곱하면 전진시의 출력, F_1은 다음 식으로 주어진다.

$$F_1 = \frac{\pi l_1^2}{4} \cdot P \cdot \mu [kgf] \tag{5-1}$$

유사하게 후진시의 출력, F_2는 단면적이 $\frac{\pi(l_1^2 - l_2^2)}{4}$이므로 다음 식으로 주어진다.

$$F_2 = \frac{\pi(l_1^2 - l_2^2)}{4} \cdot P \cdot \mu [kgf] \tag{5-2}$$

여기서, F_1 : 전진시의 출력[kgf]

F_2 : 후진시의 출력[kgf]
l_1 : 실린더 튜브 내경[cm]
l_2 : 피스톤 로드 직경[cm]
P : 압축 공기 압력[kgf/cm^2]
μ : 추력 계수

표 5-3 사용압력이 4~6kgf/cm^2시의 예상 추력 계수

실린더 내경(mm)	추력 계수, μ
30 ~ 50	0.8±0.1
50 ~ 160	0.85±0.1
160 이상	0.9±0.1

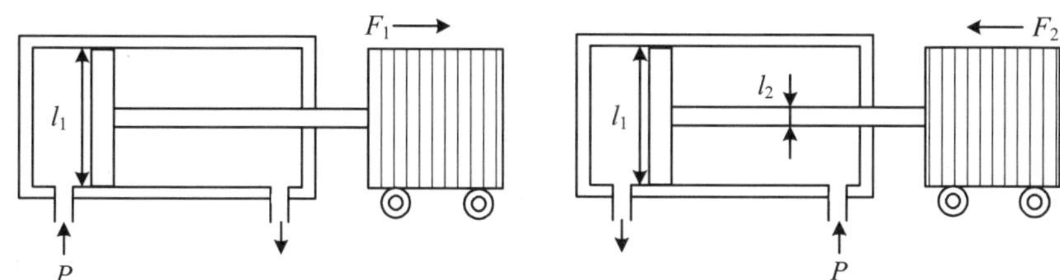

그림 5-10 **공압 실린더의 출력 계산**

• 추력(推力 : thrust)

추력은 뉴턴의 제2운동법칙과 3운동법칙으로 설명되는 반작용의 힘이다. 계(界 ; system)에서 물질(질량 ; mass)을 움직이거나 가속할 때 물질은 그 반대 방향으로 같은 힘을 작용하는데 이 힘을 추력이라 한다. 프로펠러 항공기가 날아다닐 수 있는 것은 프로펠러가 비행기 비행 반대 방향으로 물질(공기)를 밀어내는데 이때 공기는 비행기의 비행 방향으로 추력을 발생시키고 이 힘으로 비행체는 비행하게 되는 것이다.

예제 5-1

실린더의 튜브 내경이 $40mm$이고, 피스톤 로드의 직경이 $16mm$인 복동 실린더가 $5kgf/cm^2$의 작동 압력으로 동작할 때, 전진시 및 후진시의 출력을 계산하라.

[풀이]

식 5-1, 5-2 및 표 5-3을 이용하면 다음과 같이 구해진다.

$$F_1 = \frac{\pi l_1^2}{4} \cdot P \cdot \mu[kgf] = \frac{3.14 \times 4^2}{4} \times 5 \times 0.8 \cong 50.2\,kgf$$

$$F_2 = \frac{\pi(l_1^2 - l_2^2)}{4} \cdot P \cdot \mu[kgf] = \frac{3.14(4^2 - 1.6^2)}{4} \times 5 \times 0.8 \cong 42.2\,kgf$$

4) 사용 속도

공압 실린더의 사용속도는 KS 규격에서 50 ~ $500mm/s$로 규정되어 있다. 여기서 적용속도를 $50mm/s$이하로 하면 스틱 슬립(stick slip) 현상이 증가하여 사용이 곤란하고, 실린더를 $500mm/s$이상으로 동작 시에는 피스톤 실(seal)면에서의 마찰열로 인한 재료의 손상이나 큰 운동량에 대비한 충격 완화에 어려움이 있으므로 경제적이지 못하다.

- 스틱 슬립(stick slip) 현상
  피스톤의 움직임에 있어서 전진하는 힘이 적어서 피스톤이 가다가 서다를 반복하는 현상을 말한다.

5) 실린더의 행정거리

공기압 실린더의 행정 거리는 피스톤의 로드 직경, 피스톤 로드의 부하 크기, 설치 방법 및 가이드 유무 등에 따라서 달라진다. 피스톤 로드에 축방향의 압축 부하가 걸릴 경우 피스톤 로드 길이가 지름의 10배 이상이면 좌굴이 일어나므로 좌굴(座屈) 방지를 고려한 설계를 하여야 한다.

• 좌굴(buckling, 座屈)
가늘고 긴 부재(기둥)의 길이 방향에 압축 하중이 가해진 때, 재료의 탄성 한도 이하의 하중으로도 기둥이 구부러짐을 일으키는 현상이다. 긴 기둥이나 봉재(棒材)에 편심 하중이 작동한 때 일어나기 쉬우며 변형이 진행되면 부재(部材)는 결국 파괴된다.

6) 공압 실린더의 공기 소비량

평균 공기 소비량은 압축기 용량, 저장 탱크, 배관 등 전체 공압 시스템을 설계하는데 꼭 필요한 요소이므로 이론적으로 계산할 수 있어야한다. 1행정 당 공기 소모량을 알고 시간당 실린더의 실행된 행정의 수를 알면 시간당 공기 소모량을 계산할 수 있다.

5.2 공압 모터

압축 공기 에너지를 기계적인 회전 에너지로 바꾸는 장치를 공압 모터라고 말한다. 이것은 전기를 사용하는 전동기에 해당하는 역할을 하며 방향 제어 밸브로서 시동, 정지, 회전을 제어한다. 공기압 모터는 옛날부터 광산 , 화학공장, 선박 등의 폭발성 가스나 환경이 열악한 곳에서 전동기 대용으로 주로 사용하여 왔으나 근래에는 컨베이어, 호이스트, 부품 장착, 장탈 장치, 교반기, 매니퓰레이터 및 지그 반전기 등에서도 사용되고 있다.

5.2.1 종류와 동작원리

1) 피스톤형 공압 모터

먼저 공기 압력이 피스톤 헤드를 움직이고 여기에 연결된 커넥팅 로드가 크랭크축을 회전시켜 공압 모터가 회전한다. 운전을 원활하게 하기 위해서는 여러 개의 피스톤이 필요하며 출력은 공기의 압력과 피스톤의 개수, 피스톤 면적, 행정 거리와 속도에 좌우된다.

그림 5-11은 피스톤형 공압 모터의 동작을 보여주고 있다. 5개의 축 방향으로 나열된 피스톤에서 나오는 힘을 회전사판(回轉斜板)을 이용해 회전운동으로 바꾸는 피스톤형 공기압 모터이다. 압축공기는 두 개의 피스톤에 동시에 공급되며 토크의 균형에 의하여

조용한 운전을 하게 된다.

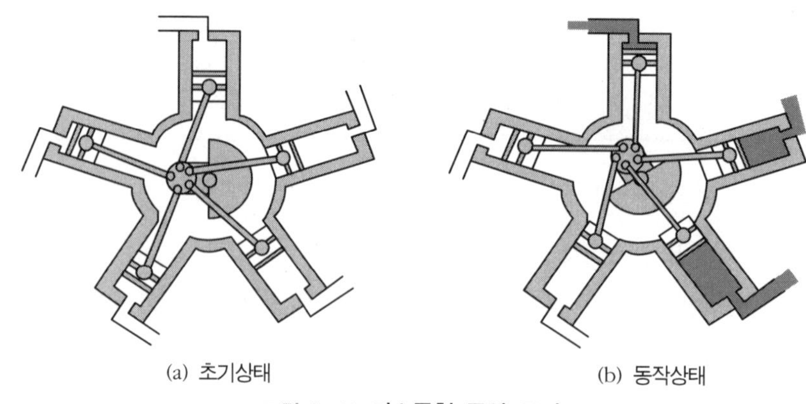

(a) 초기상태　　(b) 동작상태

그림 5-11 **피스톤형 공압 모터**

2) 베인형 공압 모터

그림 5-12는 베인형 공압 모터의 구조를 나타낸다. 동작은 베인 압축기의 반대로 챔버 안쪽에 베어링이 있고 그 안에 편심 로터가 있으며 로터에는 가늘고 긴 홈이 있어서 날개(vane)을 안내하는 역할을 한다. 날개가 회전하게 되면 원심력에 의하여 케이싱 내벽 쪽으로 힘이 작용하여 각각의 방은 밀폐가 된다. 베인형 모터는 3 ~ 10개의 날개를 갖고 있으며 로터의 속도는 3,000 ~ 8,500rpm 정도이며 역회전이 가능하고 출력은 0.1 ~ 17kw 정도이다.

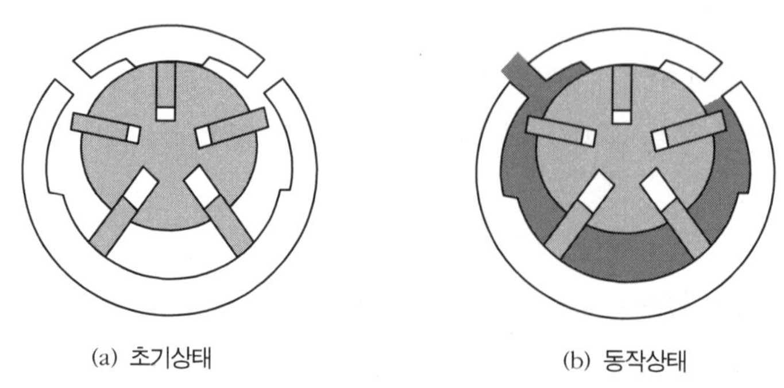

(a) 초기상태　　(b) 동작상태

그림 5-12 **베인형 공압 모터의 구조**

3) 기어형 공압 모터

그림 5-13은 기어형 공압 모터의 구조를 나타내고 있다. 두 개의 맞물린 기어에 압축공기를 공급하여 토크를 얻는 방식이다. 한 개의 기어는 모터축에 고정되며 공기압 모터로는 가장 큰 출력을 얻을 수 있다. 역회전도 가능하고 사용한 기어 형식에 따라 외접형

기어 모터와 내접형 기어 모터로 나누어진다.

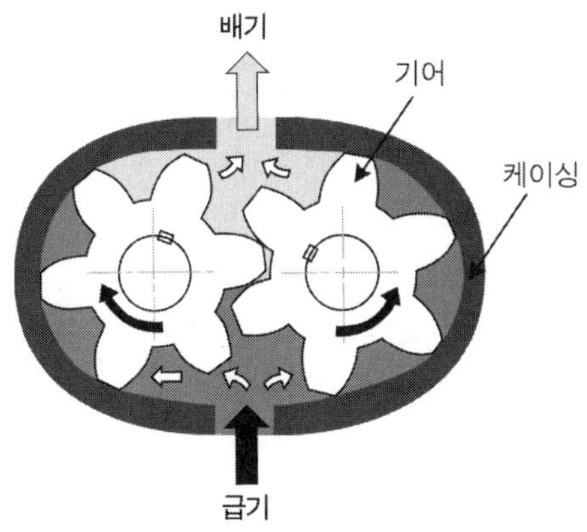

그림 5-13 기어형 공압 모터의 구조

4) 터빈형 공압 모터

그림 5-14는 터빈형 공압 모터 구조를 나타내고 있다. 압축공기를 날개차에 불어 넣으면 압력 에너지가 회전운동으로 변환되어 날개 축이 회전하게 된다. 낮은 출력과 고속이 요구되는 연삭용 기기 등에 사용된다.

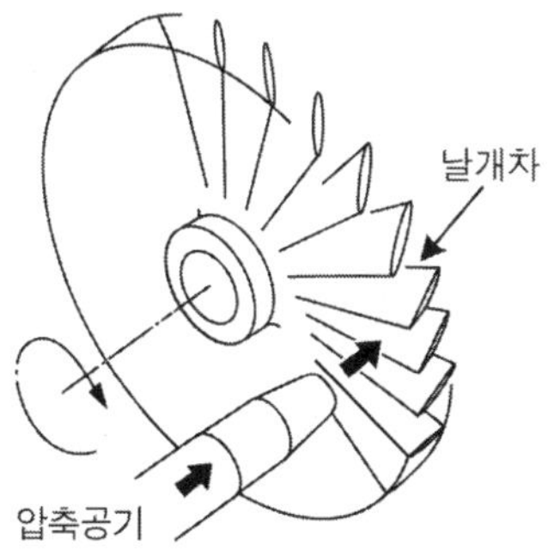

그림 5-14 터빈형 공압 모터 구조

5.2.2 공압 모터의 장단점과 선정 시 주의사항

1) 공압 모터의 장단점

◎ 장점

- 관성 대 출력비로 결정하는 시정수가 작으므로 시동 정지가 쉽다.

- 부하가 크더라도 코어가 타지 않고 안전하다.
- 폭발성 가스 분위기나 고온, 다습, 저온 등 열악한 주변 환경의 영향을 받지 않는다.
- 공압 모터의 자체 발열이 적다.
- 작업 환경을 깨끗하게 유지할 수 있다.
- 회전 방향을 쉽게 바꿀 수 있다.

◎ 단점

- 저속에서 회전속도가 아주 불안정하다.
- 회전 속도가 빨라지면 에너지 소비량이 증가한다.
- 하중의 변화에 따라 회전 속도의 변화가 심하다.

2) 선정 시 주의 사항

공기압 모터의 용량을 결정할 때의 주의 사항은 다음과 같다.

- 공기압 모터 선정 시에는 실제 사용하는 공기 압력의 70 ~ 80%의 토크 출력 곡선에서 선택한다.
- 공기압 모터에 감속기를 붙여 시동 토크를 개선할 것인지, 저속 고토크형 공기압 모터를 사용할 것인지를 결정한다.
- 공압을 차단하여도 모터가 순간 정지하지 못하므로 이를 정지시킬 때 혹은 안전상의 이유로 브레이크 사용 유무를 결정한다.
- 단방향 또는 양방향 유무를 결정한다.

5.2.3 도면 기호 및 사용 시 주의사항

그림 5-15는 공압 모터의 도면 기호로서 (a)는 일반적인 공압 모터의 도면 기호이고 (b)는 정회전, 역회전이 가능한 2방향의 흐름과 회전이 가능한 공압 모터의 도면 기호이다. 화살표는 공기압 모터의 회전 방향이다.

- 만약 공기압 모터에 윤활유가 부족하면 토크 저하, 열에 의한 융착, 내구성 등이 저하되므로 공기압 모터에는 충분한 윤활유가 공급되어야 한다.
- 관로의 내부를 깨끗이 청소하여 배관하고 필터도 설치하여야 한다.
- 장시간 무부하 운전은 수명을 단축하므로 피한다.
- 공기압 모터에 브레이크 기능이 있으면 압축공기 공급이 중단되었을 경우에도 제동할 수 있어 안전하다.
- 공압 기기나 배관에 의해서 배압이 발생하고, 출력저하를 가져오므로, 충분한 여유를 고려한

공압 기기를 구성하고 공기량을 확보해야 한다.

- 공압 모터용 소음기는 연속배기이므로 가능한 한 큰 유효 단면적을 가진 것을 사용한다.
- 공압 모터에서 출력축에 걸린 반경 및 축방향의 하중은 허용치 이내로 무리한 하중이 걸리지 않도록 한다.
- 저속영역에서는 스틱 슬립 현상으로 최소 사용회전수 제한을 확인해야 한다.

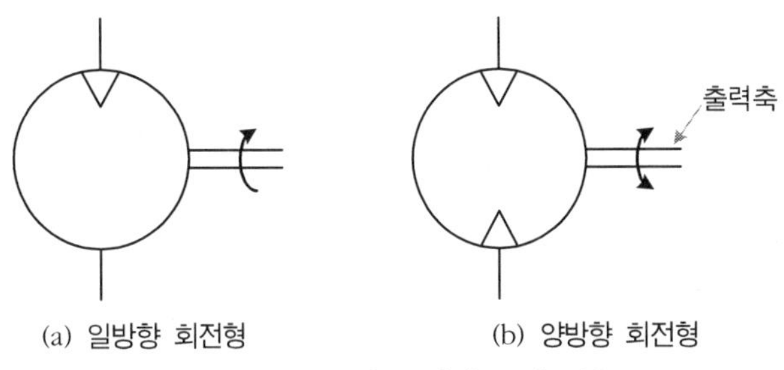

그림 5-15 **공압 모터의 도면 기호**

5.3 요동형 액츄에이터

요동형 엑츄에이터는 하나의 공압 모터인데 출력축의 회전 각도가 제한되어 있는 것이 차이점이다. 압축 공기의 에너지를 회전 운동으로 변환하되 이것을 일정 각도 사이만 왕복 회전되게 한 것이다. 이러한 원리를 이용한 장치가 그림 5-16에 나타나 있는데 산업용 로봇의 구동, 볼 밸브의 자동 개폐, 인덱스 테이블의 구동 및 자동문의 개폐 등을 들 수 있다.

그림 5-16 **요동형 엑츄에이터의 응용**

5.3.1 종류와 동작원리

요동형 엑츄에이터는 압축된 공기의 운동에너지를 이용하여 기계의 축을 왕복 회전하게 한다. 종류로는 공압 실린더 피스톤의 직선운동을 기계적인 회전운동으로 변환시키는 피스톤 형과 베인형 공압 모터와 같은 구조를 가지는 베인형의 두 가지로 나눈다.

1) 베인형 요동형 엑츄에이터

그림 5-17은 베인형 요동형 엑츄에이터의 동작을 나타낸다. 베인형 공기압 모터와 같은 구조이나 회전 각도가 제한되어 있으며 출력은 베인의 수압 면적과 사용공기의 압력으로 결정된다. 베인의 개수에 따라 싱글 베인형과 더블 베인형이 있으며 베인의 개수가 많을수록 요동각도는 작지만 토크는 크게 된다.

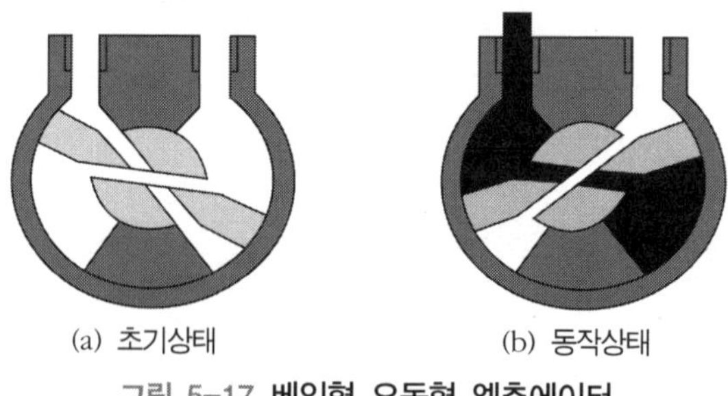

그림 5-17 **베인형 요동형 엑츄에이터**

그림 5-18은 베인형 요동형 엑츄에이터의 구조를 나타낸다. 원통 케이스 내부에 고정벽을 설치하여 그 사이를 출력축에 장치한 베인에 공기압력을 작용시켜서 회전력을 얻는다.

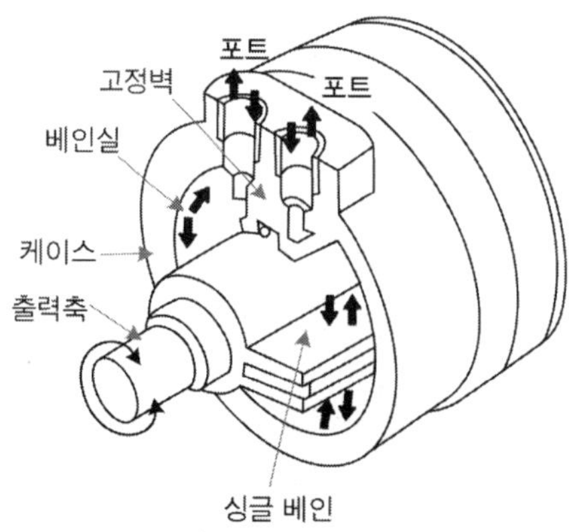

그림 5-18 **베인형 요동형 엑츄에이터 구조**

2) 피스톤형 요동형 엑츄에이터

피스톤형 요동형 엑츄에이터는 래크-피니언형, 나사형, 크랭크형, 요크형으로 나누어진다. 래크-피니언 형은 피스톤에 직결된 래크의 중심에 있는 피니언을 회전시킴으로서 토크를 얻는다. 요동형 엑츄에이터 중에서 가장 효율이 좋고 내부 완충 장치도 사용할 수 있으나 구조가 다소 복잡한 것이 단점이다. 나사형은 실린더의 피스톤이 이동하면서 출력축에 가공된 나사홈을 따라가는 직선운동이 회전운동으로 바뀌고 이것이 출력에 연결된다. 크랭크형은 피스톤의 직선운동을 크랭크를 사용하여 회전운동으로 변환하는 것으로 구조상 110° 이내로 제한된다. 요크형은 크랭크처럼 요동각도가 제한되어 있지만 출력토크는 요동각도에 따라 약간 변화된다.

3) 사용 시 주의 사항

요동형 엑츄에이터는 공압 실린더와 같이 공압 회로로 구동되지만 실제 동작 시에는 회전을 하므로 공압 실린더와는 취급을 달리하여야 한다.

- 회전 에너지가 요동형 엑츄에이터의 허용 에너지를 초과할 때 출력축이 파괴될 수 있으므로 외부 완충장치를 설치해야 한다.
- 출력축의 접속 시 출력축과 구동축을 정확히 맞추어 베어링에 무리한 힘이 발생하지 않도록 한다. 이 경우에는 플렉시블 커플링을 적용하는 것도 좋은데, 이는 충격하중이 걸릴 때 어느 정도 완충효과를 얻을 수 있기 때문이다.
- 중력의 작용 방향이 바뀌면 부하율이 바뀌고 회전속도도 바뀐다. 회전 속도의 변화율을 적게 하려면 부하율을 50% 이하의 범위에서 사용한다.

4) 도면 기호 표시법

그림 5-19는 요동형 엑츄에이터 도면 기호이다. 그림에서 A, B는 공기가 흐르는 입구를 나타내고 출력측의 양방향 화살표는 양방향 요동형 엑츄에이터임을 나타낸다.

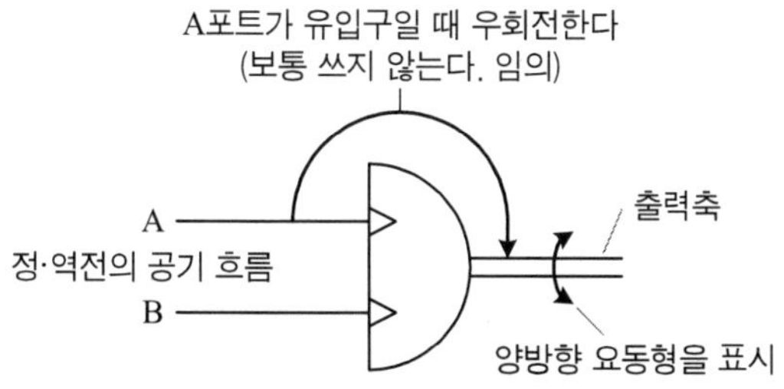

그림 5-19 **요동형 엑츄에이터 도면 기호**

연습 문제

exercise

01. 스틱 슬립의 발생원인과 그 대책에 대하여 서술하라.

02. 실린더의 완충장치의 원리에 대하여 서술하라.

03. 복동 실린더에서 최고 사용 속도는 얼마이며 최저 속도와 최고 속도가 제한되는 이유를 서술하라.

04. 액츄에이터가 무엇인지 서술하라.

05. 복동 실린더의 구조에 대하여 서술하라.

06. 공압 실린더의 구성요소에는 어떤 것이 있는가?

07. 하이드로체크 실린더의 구조와 특징을 서술하라.

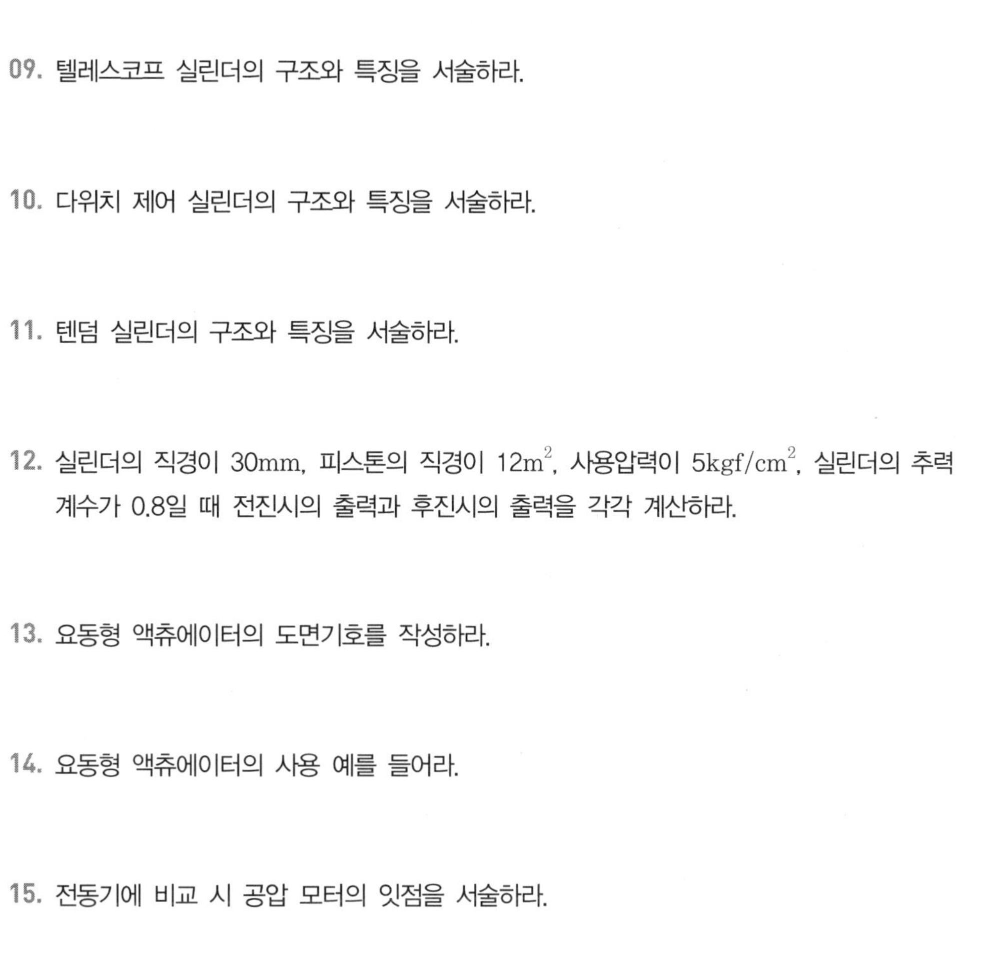

08. 충격 실린더의 구조와 특징을 서술하라.

09. 텔레스코프 실린더의 구조와 특징을 서술하라.

10. 다위치 제어 실린더의 구조와 특징을 서술하라.

11. 텐덤 실린더의 구조와 특징을 서술하라.

12. 실린더의 직경이 30mm, 피스톤의 직경이 12m^2, 사용압력이 5kgf/cm^2, 실린더의 추력 계수가 0.8일 때 전진시의 출력과 후진시의 출력을 각각 계산하라.

13. 요동형 액츄에이터의 도면기호를 작성하라.

14. 요동형 액츄에이터의 사용 예를 들어라.

15. 전동기에 비교 시 공압 모터의 잇점을 서술하라.

16. 요동형 액츄에이터의 종류를 말하라.

06 공압 제어 회로 Chapter

이 단원을 공부하고 나면 나도 이 정도는 알 수 있습니다!

1. 공압 논리회로의 동작을 설명할 수 있다.
2. 공압 회로의 동작을 설명할 수 있다.
3. 동작상태 표시법의 개요를 설명할 수 있다.
4. 전공압 시퀀스회로의 동작을 설명할 수 있다.

6.1 공압 회로

6.1.1 공압 논리 회로

1) AND 회로

AND 회로는 2개 이상의 입력포트와 1개의 출력 포트를 갖는 회로로서 표 6-1에서와 같이 두 입력신호가 모두 1일 때 출력이 1이 되는 회로이다.

표 6-1 AND 회로 진리표

입 력		출 력
a	b	c
0	0	0
0	1	0
1	0	0
1	1	1

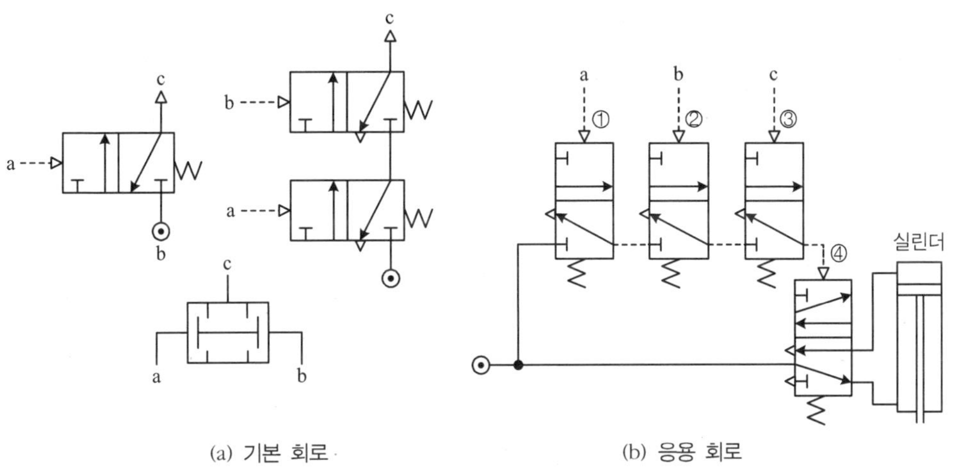

(a) 기본 회로 (b) 응용 회로

그림 6-1 공압 부품을 이용한 AND 회로

그림 6-1(a)는 각각이 모두 AND 회로이며 입력 a, b에 모두 공압이 들어오면 출력 c에 공압이 나가는 회로이다. 그림 6-1(b)에서는 입력 a, b, c에 모두 공압이 들어오면 4번 밸브가 전환이 되고 실린더가 전진하는 회로이다.

2) OR 회로

OR 회로는 2개 이상의 입력포트와 1개의 출력 포트를 갖는 회로로서 표 6-2에서와 같이 두 입력신호 중 어느 하나가 1일 때 출력이 1이 되는 회로이다.

표 6-2 OR 회로 진리표

입 력		출 력
a	b	c
0	0	0
0	1	1
1	0	1
1	1	1

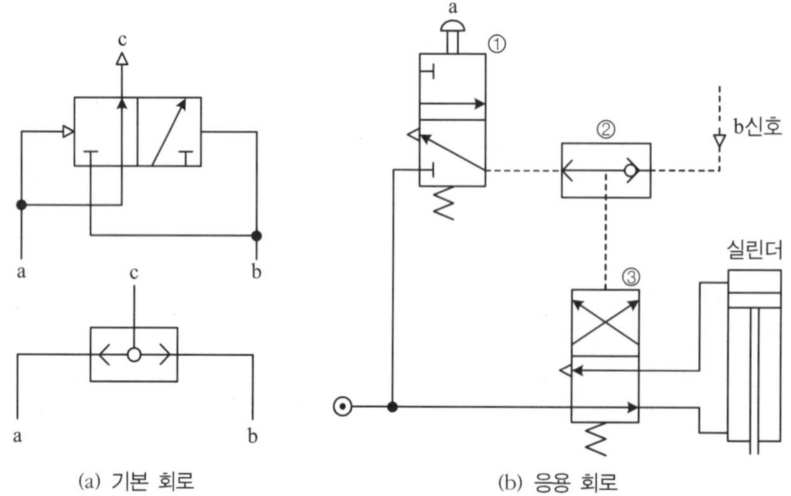

(a) 기본 회로 (b) 응용 회로

그림 6-2 공압 부품을 이용한 OR 회로(1)

그림 6-2(a)는 각각이 모두 OR 회로이며 입력 a, b중 어느 하나 또는 모두에 공압이 들어오면 출력 c에 공압이 나가는 회로이다. (b)에서는 입력 a 또는 b에 공압이 들어오면 ②번 밸브가 전환이 되고 실린더가 전진하는 회로이다.

그림 6-3은 수동 조작 밸브가 있는 OR 회로이다. 수동 조작 밸브를 전환하거나 작동 시퀀스회로에 공압이 들어오면(또는 둘다 공압이 들어오면) 셔틀 밸브가 ON되고 밸브 ③이 전환되고 실린더가 전진하는 회로이다. 이 회로는 수동 조작과 자동 조작을 겸하고 있으며 정상 작동 시에는 시퀀스 회로에 의해 실린더가 작동되지만 비상시의 긴급 정지 시에는 수동조작 밸브로서 실린더를 작동시키는 회로이다.

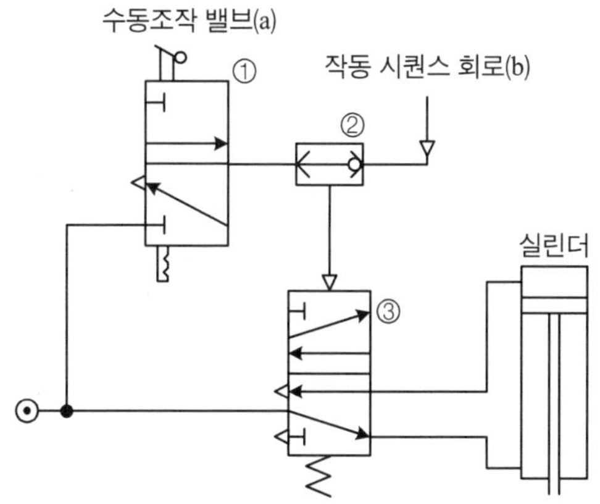

그림 6-3 **수동과 자동을 병용한 회로**

그림 6-4는 3포트 2위치 방향 제어 밸브를 2개 사용한 OR 회로이다. 방향 제어 밸브 ①이나 ②에 또는 모두에 공압 신호가 들어오면, 해당 3포트 2위치 방향 제어 밸브가 전환이 된다. 그러면 그림에서와 같이 그 위치의 포트에 공압이 연결되고 바로 출력으로 공압이 전달된다.

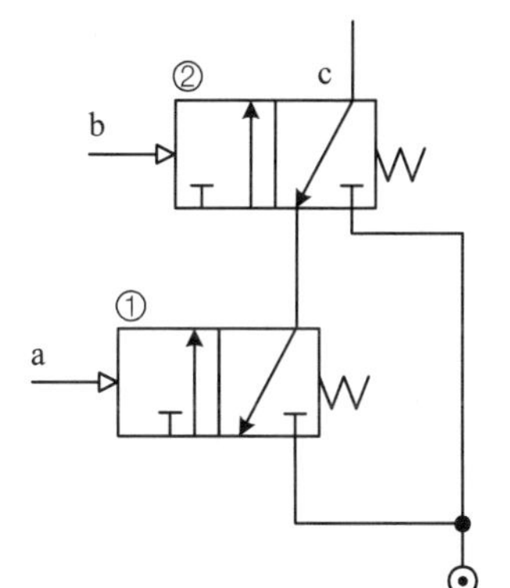

그림 6-4 **공압 부품을 이용한 OR 회로(2)**

3) NOT 회로

NOT 회로는 1개의 입력포트와 1개의 출력 포트를 갖는 회로로서 표 6-3에서와 같이 입력신호는 반대의 신호가 되어 출력으로 나가는 회로이다.

그림 6-5는 정상상태 열림형 3포트 2위치 방향 제어 밸브를 이용한 NOT 회로이다. a에 공압 신호가 들어오지 않으면 출력은 나가고, a에 공압 신호가 들어오면 출력은 나가

지 않는다.

표 6-3 NOT 회로 진리표

입 력	출 력
a	b
0	1
1	0

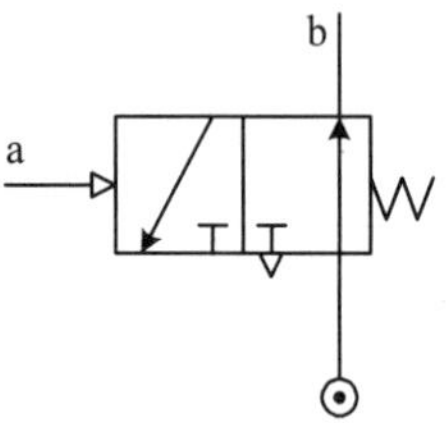

그림 6-5 **공압 부품을 이용한 NOT회로**

4) NOR 회로

NOR 회로는 OR회로와 반대의 진리표를 갖는 회로이다. 2개 이상의 입력포트와 1개의 출력 포트를 갖는 회로로서 표 6-4에서와 같이 두 입력신호 모두가 0일 때 출력이 1이 되고 그 외에는 0이 되는 회로이다.

그림 6-6은 모두 NOR 회로로서 OR 회로와 NOT 회로를 곱한 회로에 해당한다. (a)의 경우에 a나 b둘 중에 공압이 한 곳 이상 들어오면 2위치 밸브의 전환이 일어나고 출력은 차단되어 공압이 차단된다. 반면 둘 다 공압이 들어오지 않으면 출력에 공압이 나간다. (b)의 경우에도 a나 b둘 중에 공압이 한 곳 이상 들어오면 2위치 밸브의 전환이 일어나고 출력은 차단되어 공압이 차단된다.

표 6-4 NOR 회로 진리표

입 력		출 력
a	b	c
0	0	1
0	1	0
1	0	0
1	1	0

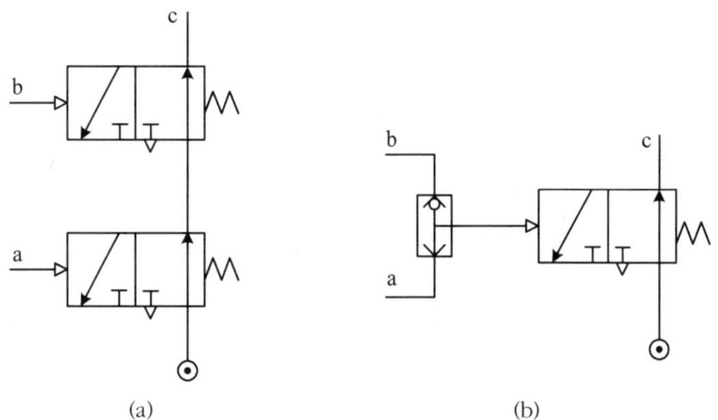

그림 6-6 공압 부품을 이용한 NOR 회로

5) NAND 회로

NAND 회로는 AND회로와 반대의 진리표를 갖는 회로이다. 2개 이상의 입력포트와 1개의 출력 포트를 갖는 회로로서 표 6-5에서와 같이 두 입력신호 중 어느 하나 또는 모두 0이면 출력이 1이 되고 그 외에는 0이 되는 회로이다.

표 6-5 NAND 회로 진리표

입 력		출 력
a	b	c
0	0	1
0	1	1
1	0	1
1	1	0

그림 6-7은 모두 NAND 회로로서 AND 회로와 NOT 회로를 곱한 회로에 해당한다. 즉, a나 b둘 중에 공압이 한 곳 이상 들어오면 않으면, 두 개의 2위치 밸브 중에 한 곳 이상의 밸브가 전환이 일어나지 않으면 출력에는 공압이 공급된다. 반면 둘 다 공압이 들어오면 출력에 공압이 나가지 않는다. 그림 6-8의 경우도 그림 6-7과 유사하나 3포트 2위치 밸브 대신 셔틀 밸브를 사용한 것 등이 다르다.

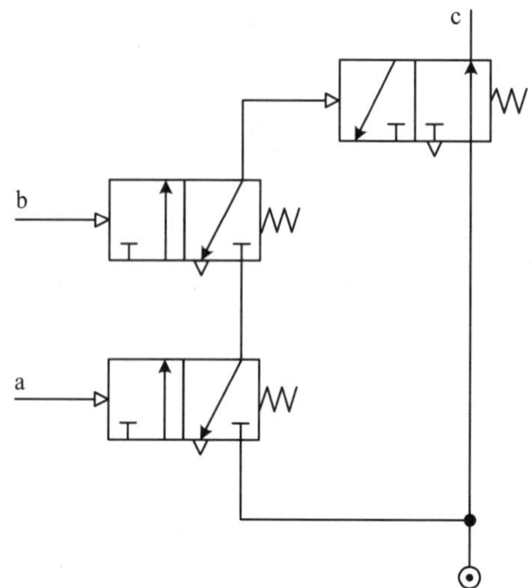

그림 6-7 공압 부품을 이용한 NAND 회로(1)

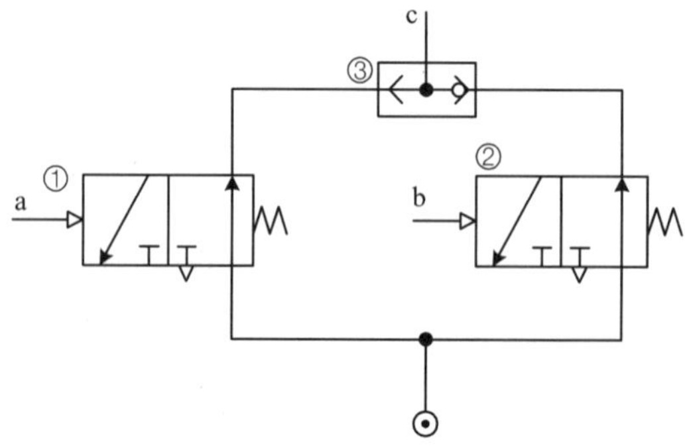

그림 6-8 공압 부품을 이용한 NAND 회로(2)

6) 플립플롭(Flip-Flop) 회로

플립플롭 회로는 안정된 2개의 출력 상태를 갖는 회로이며, 세트 신호가 입력되면 출력이 전환된다. 그 이후 세트 신호가 소거되더라도 리셋신호가 입력될 때까지는 출력 상태가 유지되는 회로이다.

그림 6-9는 플립플롭형 5포트 2위치 방향 제어 밸브를 사용한 플립플롭 회로이다. a가 0이고 b가 1일 때 출력 c는 0, d는 1이 유지된다. 만약 a가 1로 b가 0으로 바뀌면 플립플롭형 5포트 밸브는 전환되어 출력 c는 1, d는 0이 된다. 또한 a, b가 모두 0일 때 입력전의 상태를 유지하게 된다.

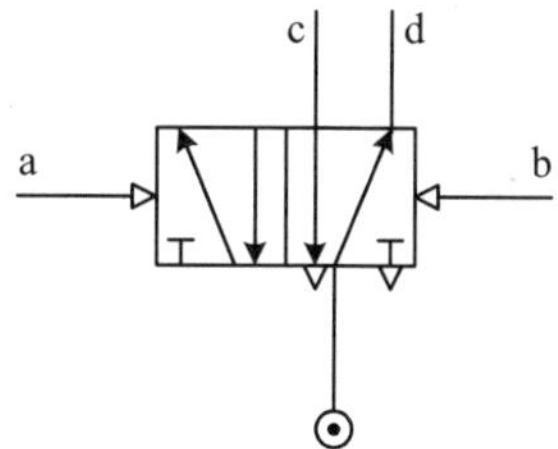

그림 6-9 **플립플롭 회로(1)**

그림 6-10은 플립플롭형 3포트 2위치 방향 제어 밸브 2개와 셔틀 밸브를 사용한 플립플롭 회로이다. 그림에서 신호 a가 1이면 공기압 신호는 셔틀 밸브를 거쳐서 밸브 2를 전환하고 출력 c가 1이 된다. 한편 출력 c의 일부 공압은 셔틀 밸브 3을 통하여 3포트 밸브 ②에 파일럿 신호를 주어 신호 a가 0으로 바뀐 후에도 3포트 밸브 ②는 ON상태를 유지하게 된다.

그림에서 신호 b가 1이 되면 3포트 밸브 ①이 전환되고 지금까지 3포트 밸브 ②를 통하여 출력 c에 공급되던 공압이 차단되므로 출력 c는 0이 된다. 동시에 셔틀 밸브 ③을 통하여 3포트 밸브 ②를 전환시켰던 파일럿 신호도 소거되므로 3포트 밸브 ②도 OFF되고 플립플롭은 해제된다.

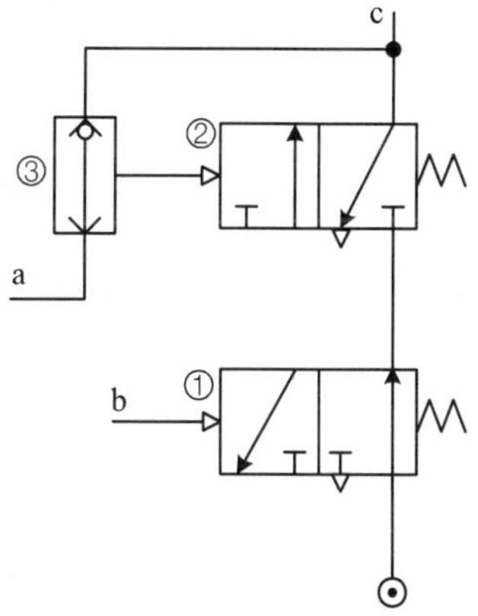

그림 6-10 **플립플롭 회로(2)**

그림 6-11은 2포트 2위치 밸브 2개와 3포트 2위치 밸브를 사용한 플립플롭 회로이다. 그림에서 신호 a가 1이면 밸브 ①의 전환이 일어나며, 공기압 신호가 공급되어 밸브 ③의 전환이 일어나고 출력 d가 1이 된다. 출력단과 c단자 사이의 교축밸브를 통해서 출력단의

공압이 파일럿 신호가 되어 밸브 ③의 위치를 유지해 준다. a신호가 없어져도 출력이 계속 유지된다. 여기서 만약 신호 b가 1이 되면 밸브 ②의 전환이 일어나고 출력단 쪽에서 공급되던 공압은 밸브 ②를 통해서 배기 되고, 밸브 ③이 복귀되고 출력 d는 0이 된다. 즉, 플립플롭은 해제된다.

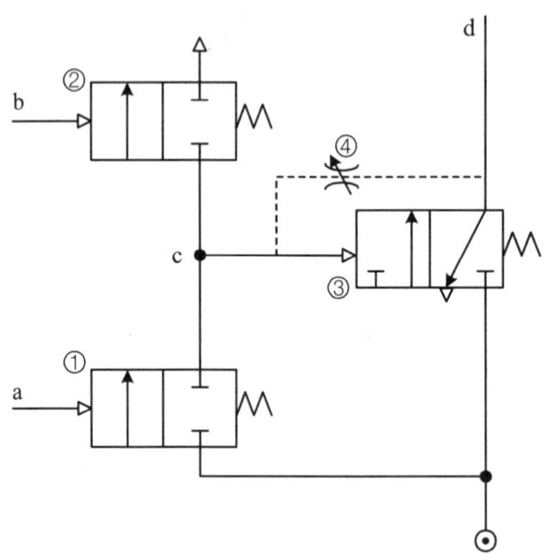

그림 6-11 **플립플롭 회로(3)**

- Flip Flop

  1 비트의 정보를 보관, 유지할 수 있는 회로이며 순차 회로의 기본 부품이다. 컴퓨터의 주기억장치나 CPU 캐시, 레지스터를 이루는 기본 회로 가운데 하나이다. 조합 회로를 단순하게 하여 조합 논리를 실현하는 회로가 아니고, 입력에 대하여 지연된 하나의 출력을 입력에 피드백하여 정보를 보관, 유지하는데 사용하는 것이 특징이다. 즉, 한 상태의 변화를 위한 신호(클럭)가 입력될 때까지 현재의 상태를 유지한다.

7) ON Delay 회로

ON Delay 회로는 입력 신호가 들어온 후 일정시간 경과 후에 출력이 ON되는 회로로서 타이머 회로라고도 한다. 그림 6-12는 ON Delay 회로의 시간대별 입출력 파형을 나타내고 있다. 시작 신호, a가 들어오고 t_{on}시간 후에 출력 신호, b가 들어옴을 알 수 있다. 그림 6-13은 ON Delay 회로를 나타내고 있다. 입력 신호, a가 1이 되면 밸브 ①이 전환되고 이곳을 통해서 유량조절 밸브, ②에 공압이 공급되면 공기는 서서히 이곳을 빠져나가 탱크, ③을 채우게 된다. 그러면 탱크내의 압력이 올라가서 밸브 ④를 전환하게 되고 출력 b는 1이 나가게 된다. 여기서 입력신호가 들어오고 밸브 ④가 전환되어 출력이 나가기까지 시간 지연이 일어나기 때문에 ON Delay 회로라고 한다. 만약 입력 신호, a가 0으로 되면 밸브 ①이 복귀되고 이곳으로 탱크 ③에 저장되어 있던 압축공기는 체크 밸브 쪽을 통해서 3포트 밸브 ①에서 대기로 방출된다. 이 결과 밸브 ④가 전환되어 출력, b는 0으로 바뀐다.

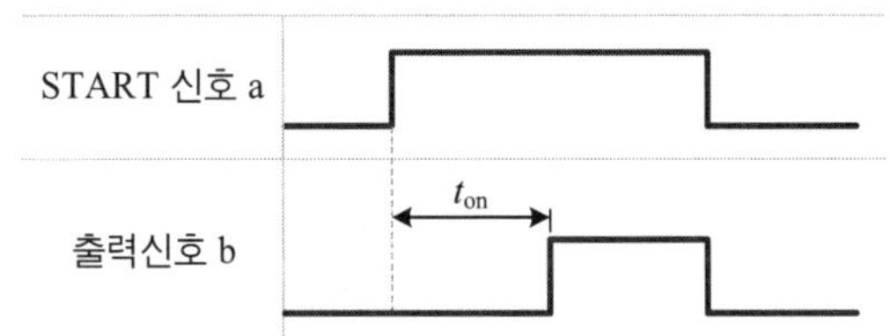

그림 6-12 ON Delay 회로의 시간대별 입출력 파형

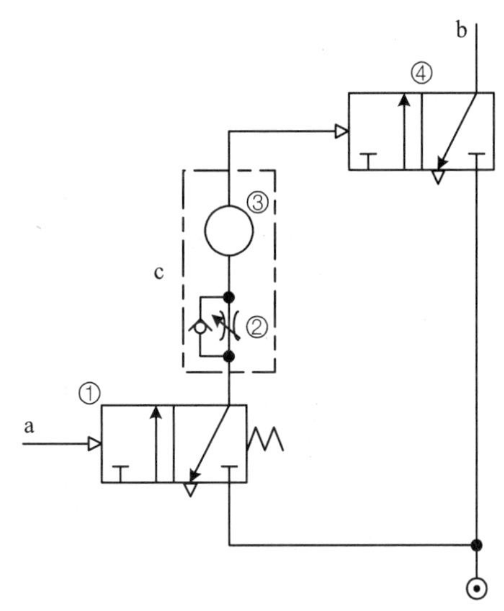

그림 6-13 ON Delay 회로

8) OFF Delay 회로

OFF Delay 회로는 입력 신호가 들어옴과 동시에 출력이 나오지만 입력이 차단된 후 일정시간 후에 출력이 없어지는 회로이다. 그림 6-14는 OFF Delay 회로의 시간대별 입출력 파형이다. 시작 신호 a가 들어올 때 출력 신호 b도 들어오지만 입력이 차단된 후 일정

시간, t_{off}후에 출력이 없어진다.

그림 6-15는 OFF Delay 회로를 나타내고 있다. 입력 신호 a가 1이 되면 밸브 ①이 전환되고 이곳과 유량조절 밸브, ②의 체크 밸브 쪽을 통해서 공압이 곧 바로 탱크, ③을 채우게 되고 밸브 ④를 전환하게 되어 출력 b는 1이 나가게 된다. 여기서 입력 신호, a가 0이 되면 밸브 ①이 복귀되고 이곳으로 탱크내의 공기가 배기된다. 즉, 탱크내의 공기가 유량조절 밸브, ②의 교축 밸브 쪽을 통하고 밸브 ①을 통해서 서서히 대기로 배출된다. 이때 탱크내의 압력이 떨어져 밸브 ④가 전환되어 출력, b는 0으로 바뀐다. 여기서 입력신호가 OFF된 후 출력이 0으로 되기까지 시간 지연, t_{off}이 일어나기 때문에 OFF Delay 회로라고 한다.

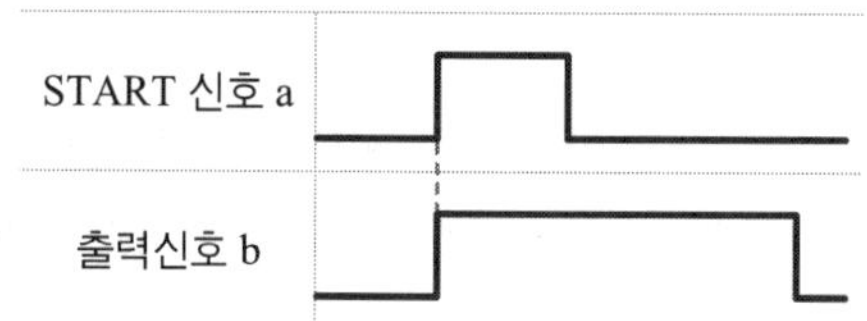

그림 6-14 OFF Delay 회로의 시간대별 입출력 파형

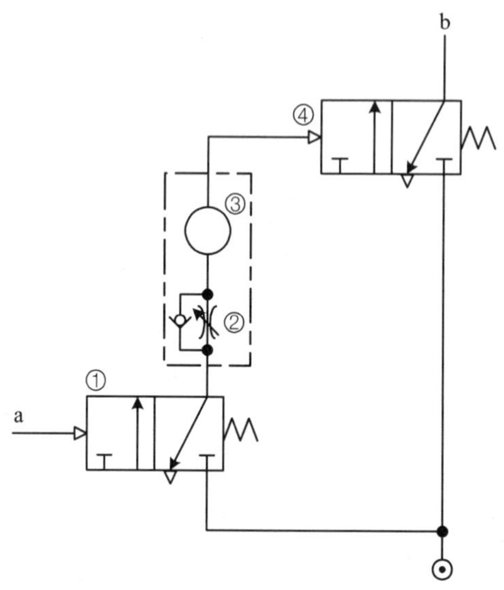

그림 6-15 OFF Delay 회로

9) ONE Shot 회로

ONE Shot 회로는 입력 신호가 들어옴과 동시에 출력도 들어오지만 입력이 차단된

후 설정시간 후에 출력이 없어지는 회로이다. 그림 6-16은 ONE Shot 회로의 시간대별 입출력 파형이다. 시작 신호 a가 들어올 때 출력 신호 b도 들어오지만 입력이 들어온 후 일정시간, t_{one}후에 출력이 없어진다.

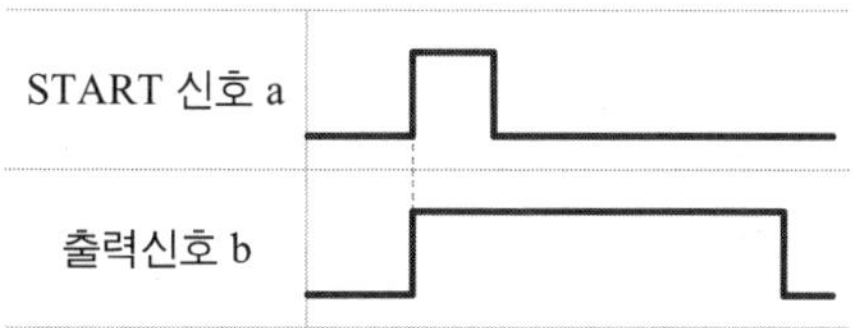

그림 6-16 ONE Shot 회로(1)의 시간대별 입출력 파형

그림 6-17은 플립플롭형 3포트 밸브와 ON Delay 회로를 조합한 ONE Shot 회로이다. 입력 신호, a가 1이 되면 플립플롭 3포트 밸브 ①이 전환되고 출력 신호, b가 1이 된다. 동시에 출력 신호의 일부가 유량조절 밸브 ②의 교축 밸브 쪽을 통해서 공압이 서서히 탱크, ③을 채우게 되어(설정 시간에 해당) 밸브 ①을 전환하게 되고 출력 b는 0으로 된다. 여기서 입력신호가 1이 된 후, ON Delay 회로에 의한 시간 지연, t_{one}이 일어나고 플립플롭형 3포트 밸브 ①이 전환될 때까지 출력은 1을 유지하다가 0으로 바뀐다.

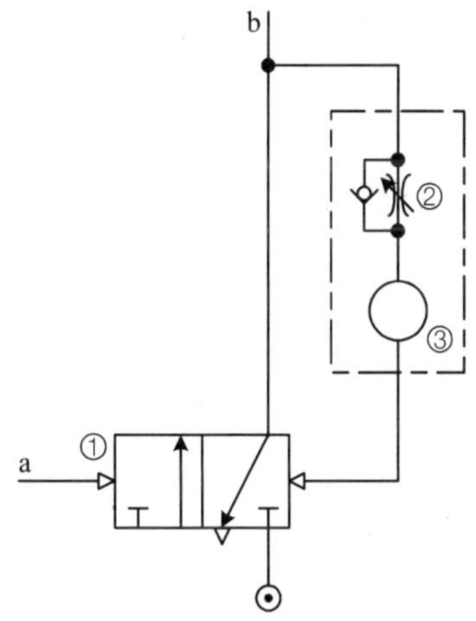

그림 6-17 ONE Shot 회로(1)

그림 6-18은 ONE Shot 회로(2)의 시간대별 입출력 파형을 나타낸다. 시작 신호 a가 들어올 때 출력 신호 b도 들어오지만 입력이 들어온 후 일정시간, t_{one}후에 출력이 없어진다.

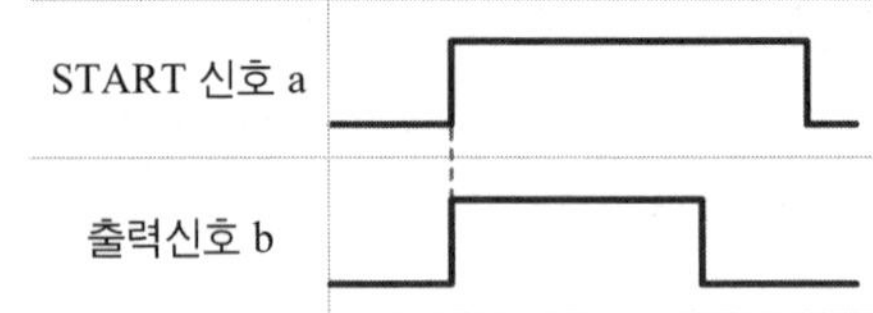

그림 6-18 ONE Shot 회로(2)의 시간대별 입출력 파형

그림 6-19는 ONE Shot 회로(2)이다. 입력 신호 a가 1이 되면 출력 신호 b가 1이 된다. 동시에 입력 신호의 일부가 유량조절 밸브, ②의 교축 밸브 쪽을 통해서 공압이 서서히 탱크, ③을 채우게 되어(설정 시간에 해당) 밸브 ①을 전환하게 되고 출력 b는 0으로 된다. 여기서 입력신호가 1이 된 후, ON Delay 회로에 의한 시간 지연, t_{one}이 일어나고 3포트 밸브 ①이 전환될 때까지 출력은 1을 유지하다가 0으로 바뀐다. 이 회로에서는 신호 a를 출력 b가 0이 될 때까지 1의 상태를 유지하여야 한다.

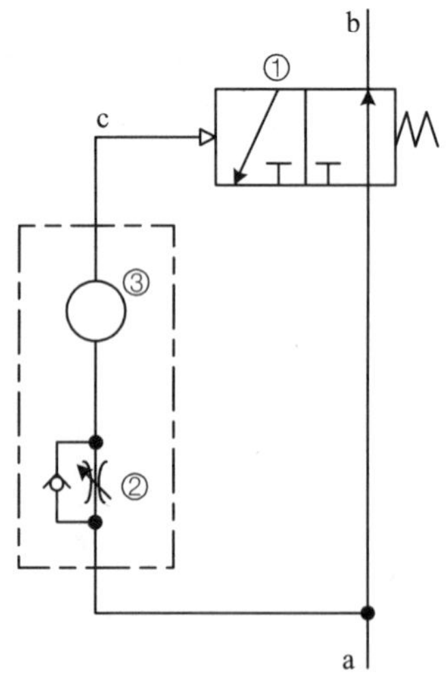

그림 6-19 ONE Shot 회로(2)

6.1.2 공압 회로

1) 단동 실린더 제어 회로

단동 실린더는 스프링 또는 자중에 의해 복귀되는 방식이므로 속도 제어가 용이하지 않으며 미터인 방식의 속도 제어이므로 공압 시스템에서는 불안정한 속도 제어가 된다. 그리고 부하율이 높거나 저속으로 사용할 때는 스틱 슬립 현상이 발생하기 쉬우므로 사용 시 주의를 하여야 한다.

◎ 단동 실린더 회로

그림 6-20은 단동 실린더의 기본 회로로서 PB를 눌러 입력 신호 a가 입력되면 3포트 방향 제어 밸브가 전환되어 피스톤 헤드에 공압이 공급되고 피스톤은 전진한다. a가 차단되면 3포트 방향 제어 밸브가 복귀되어 피스톤 헤드에 공압이 배기 포트를 통해 대기로 방출된다. 이때 실린더의 피스톤은 후진한다.

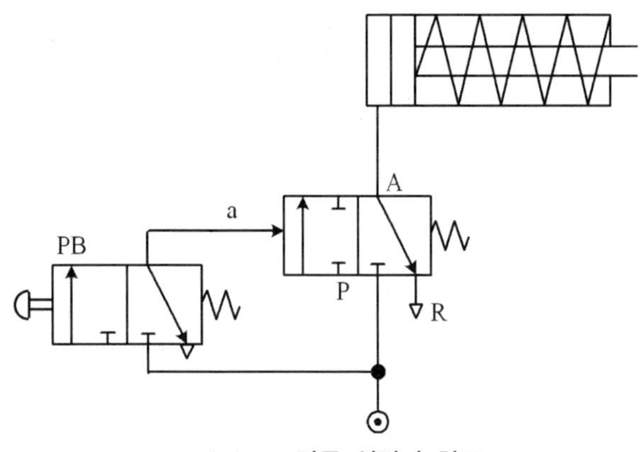

그림 6-20 **단동 실린더 회로**

◎ 속도 제어 회로

그림 6-21은 단동 실린더의 전진 속도 제어 회로이다. 여기서 전진 속도를 조절하려면 실린더 헤드로 들어가는 공기의 양을 조절해야 하는데 여기에 속도 조절 밸브를 적용한 미터 인(meter-in)방식을 적용하였다.

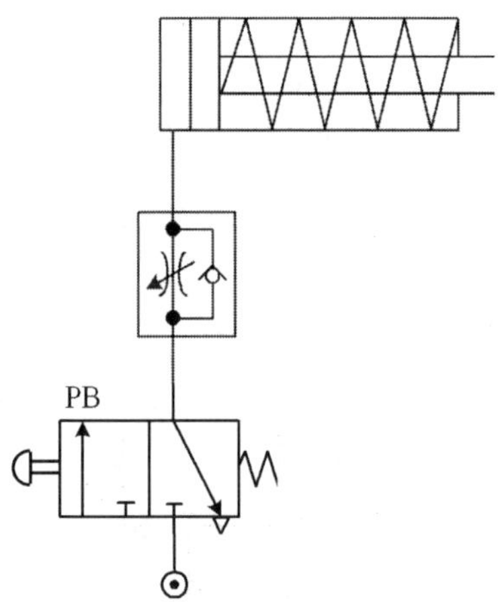

그림 6-21 **단동 실린더의 속도 제어**

그림 6-22는 단동 실린더의 후진 속도 제어 회로이다. 여기서 후진 속도를 조절하려면 실린더 헤드에서 배기되는 공기의 양을 조절해야 하고 후진 운동은 실린더 속에 있는 스프링에 의해 후진하므로 후진 속도를 조절하게 되면 반응 시간이 너무 느리게 되고 저속 시 부하율이 높은 경우에는 불안정하게 동작한다. 따라서 단동 실린더의 후진 속도 조절은 하지 않는다.

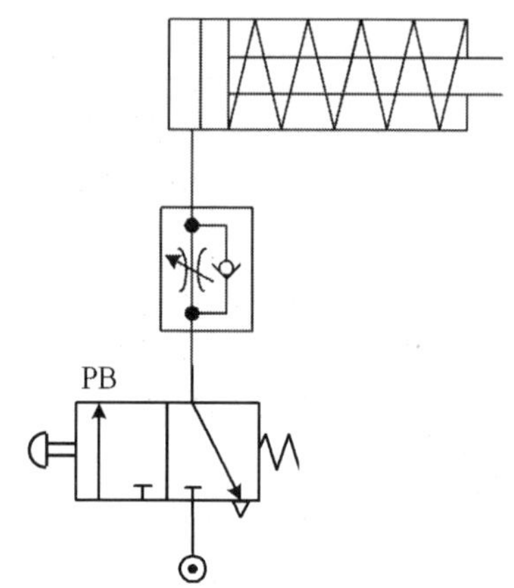

그림 6-22 **단동 실린더의 후진 속도 제어**

그림 6-23은 급속 배기 밸브를 이용한 후진 속도 증가 회로이다. 단동 실린더의 속도를 증가시키는 방법으로 급속 배기 밸브를 사용한다. 실린더의 용적이 크거나 피스톤 로드에 부하가 걸릴 경우에는 실린더 후진 운동에 장애가 발생하므로 급속 배기 밸브를 사용해서 속도를 증가시키는 것이 필요하다. 급속 배기 밸브를 사용하면 피스톤이 후진 시 실린더 헤더에 남아 있는 공기가 이 밸브를 통해서 신속히 배기되고 피스톤 후진이 빨라진다.

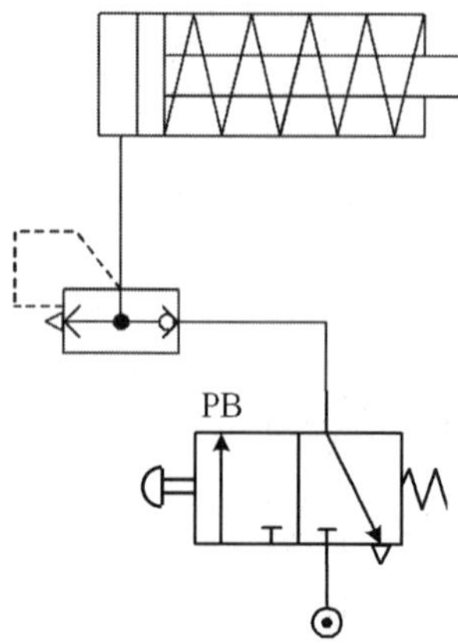

그림 6-23 **급속 배기 밸브를 이용한 후진 속도 증가**

2) 복동 실린더 제어 회로

복동 실린더는 공압의 출입 포트가 2개인 실린더로서 실린더의 왕복 운동을 제어할 수 있다.

◎ 복동 실린더 회로

복동 실린더를 동작 시킬 때 방향 제어 밸브를 사용하여 기초적인 동작을 시킨다.

그림 6-24는 복동 실린더 회로(1)로서 정상상태 닫힘형(NC)과 정상상태 열림형(NO)의 3포트 2위치 방향 제어 밸브를 각각 1개씩 사용한 회로이다. 그림의 상태는 실린더가 후진 상태이다. 여기서 신호 a가 입력되면 2위치 밸브 ①, ②가 동시에 전환되어 실린더 헤드 측에는 공압이 공급되고 로드 측에는 배기되어 실린더는 전진한다. 그리고 신호 a가 차단되면 2위치 밸브 ①, ②가 동시에 전환되어 실린더 헤드 측에는 공압이 배기되고 로드 측에는 공급되어 실린더는 후진한다.

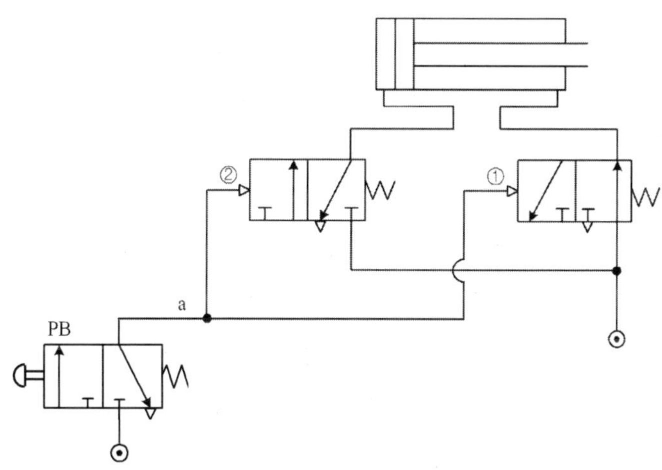

그림 6-24 **복동 실린더 회로(1)**

그림 6-25는 복동 실린더 회로(2)로서 5포트 2위치 방향 제어 밸브를 사용한 회로이다. 그림의 상태는 B포트를 통해 공압이 로드 측에 공급되고 실린더 헤드측은 A포트를 통해 배기되어 있으므로 실린더는 후진 상태이다. 여기서 신호 a가 입력되면 2위치 밸브가 전환되어 실린더 헤드 측에는 공압(P)이 공급되고 로드 측에는 배기(R_2)되어 실린더는 전진한다. 그리고 신호 a가 차단되면 2위치 밸브가 전환되어 실린더 헤드 측에는 공압이 배기되고 로드 측에는 공급되어 실린더는 후진한다.

그림 6-26은 복동 실린더 회로(3)로서 5포트 2위치 방향 제어 밸브를 사용한 회로이다. 신호 a, b는 플립플롭형 5포트 밸브의 위치를 결정하고 신호가 없을 시에도 그 상태를 유지하고자 할 때 사용한다.

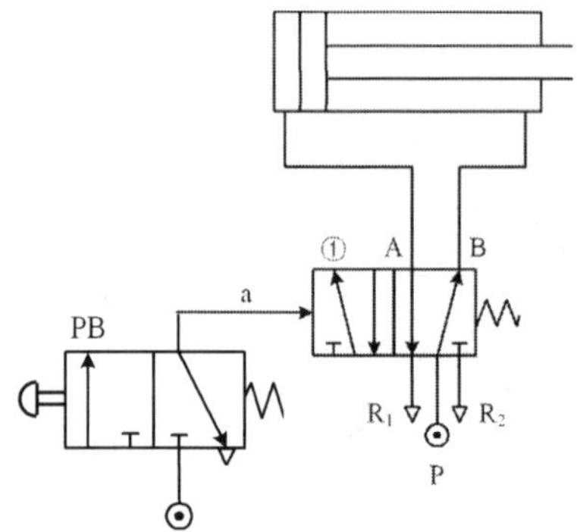

그림 6-25 **복동 실린더 회로(2)**

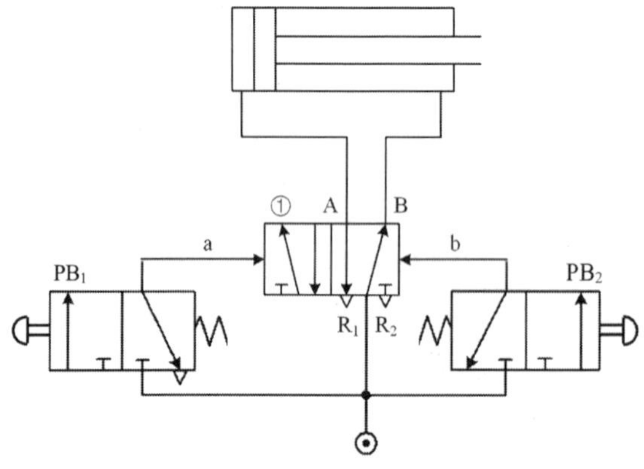

그림 6-26 **복동 실린더 회로(3)**

○ 속도 제어 회로

복동 실린더에서의 속도 조절은 단동 실린더처럼 제한이 없고 공급 측과 배기 측에서 교축 밸브를 사용하여 전·후진 속도를 모두 조절할 수 있다.

그림 6-27은 공급 교축 전·후진 속도 조절 회로이다. 여기서는 공급되는 공기는 모두 교축 밸브 쪽으로만 통과할 수 있으므로 여기서 공기량이 조절(meter-in)되어서 속도가 조절된다. 이 방법은 배기 조절 방식에 비해 초기 속도에서는 안정되지만 실린더의 속도가 부하에 따라 변하는 단점이 있다. 따라서 부하가 불규칙하거나 로드에 인장하중이

작용하는 곳에서는 사용이 불가능하다. 이 회로는 실린더의 체적이 작은 경우에만 적용이 가능하다.

그림 6-28은 배기 교축 전·후진 속도 조절 회로이다. 여기서는 배기되는 공기는 모두 교축 밸브 쪽으로만 통과할 수 있으므로 여기서 공기량이 조절(meter-out)되어서 속도가 조절된다. 이 방법은 초기 속도에서는 불안정하지만 실린더의 속도가 부하의 변동에 크게 영향을 받지 않는 장점이 있다. 그리고 피스톤 로드에 인장하중이 작용하는 곳에서도 속도조절이 가능하므로 복동 실린더의 속도 제어에는 이 방식이 적용되고 있다.

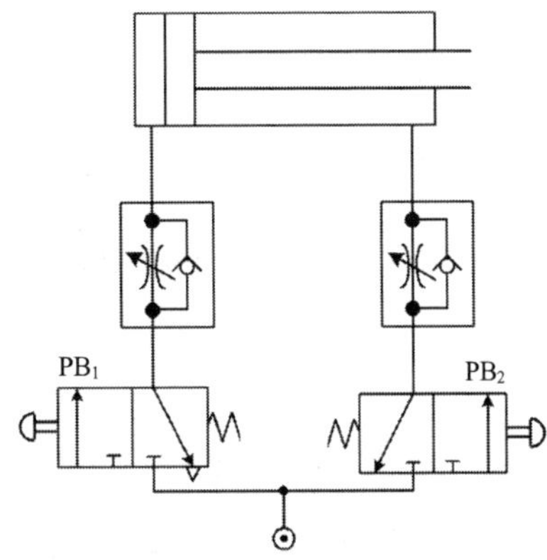

그림 6-27 **공급 교축 전·후진 속도 조절 회로**

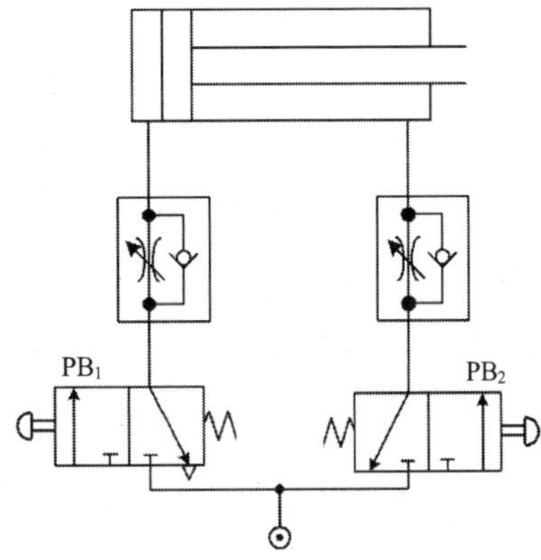

그림 6-28 **배기 교축 전·후진 속도 조절 회로**

속도 증가 회로

그림 6-29는 전진 속도 증가 회로이다. 급속 배기 밸브를 이용하여 전진시의 로드 쪽 배기속도를 증가시킴으로써 전진 속도가 증가 된다. 급속 배기 밸브는 가능한 실린더에

가깝게 부착하여야 하며 이 방법 적용 시 속도 증가가 뚜렷하기 때문에 스탬핑, 엠보싱, 펀칭 작업 등에 이용된다.

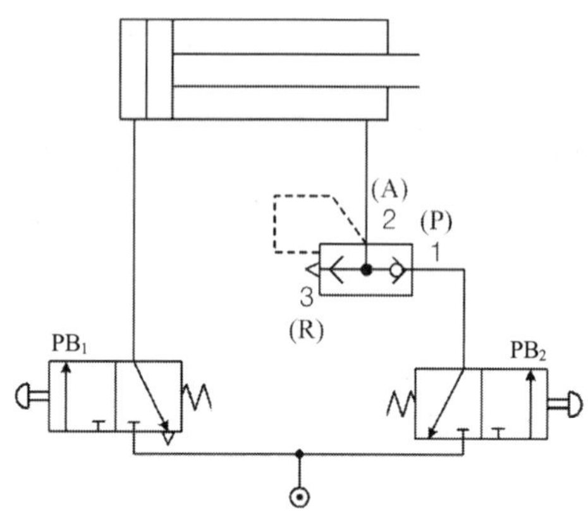

그림 6-29 **전진 속도 증가 회로**

◎ 속도 가변 회로

이 회로는 실린더를 작동 도중에 속도를 변화시키고자 할 경우 사용하는 회로이다. 전체 행정 중에서 일부 구간을 급속 동작, 저속 동작을 시키고자 할 때나 행정의 끝단에서 속도를 줄여서 완충효과를 기해야 할 경우 등에 사용한다. 그림 6-30은 복동 실린더의 전진 속도 가변 회로이다. 이것은 전진 및 후진 시 모두 배기 교축 방식을 적용하여 복동 실린더의 왕복 속도를 제어하는 회로이다. 전진시의 속도 제어용으로는 유량 제어 밸브, ③과 병렬로 2포트 2위치 방향 제어 밸브 ④를 설치하여 전진 시 속도 가변이 가능한 회로이다. 만약 실린더가 전진하는 도중 속도를 증가시키려면, 신호, b에 공압 신호를 주어 밸브 ④가 전환되면 실린더의 로더측 공기는 이곳을 통하여 5포트 밸브 ①의 배기포트로 방출되므로 속도는 빨라진다. 신호, b에 신호가 제거되면 밸브 ④가 스프링 힘으로 복귀되고 실린더의 로더 측 공기는 교축 밸브 쪽 통하여 5포트 밸브 ①의 배기포트로 방출되므로 속도는 느려진다. 2포트 2위치 밸브를 정상상태 열림형으로 바꾸면 처음에는 고속으로 전진하다가 신호, b가 입력되면 유량 제어 밸브 ③의 설정 속도로 변화된다.

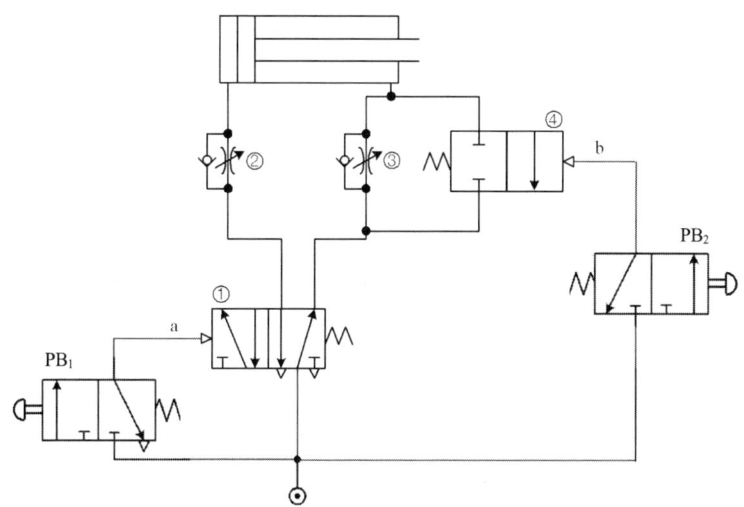

그림 6-30 **복동 실린더의 전진 속도 가변 회로**

차압 작동 회로

일반적으로 실린더를 전 · 후진 작동 시에는 동일한 압력을 사용하지만 이 회로는 서로 다른 압력을 사용해서 실린더를 동작시키는 방법을 적용한다. 그림 6-31은 복동 실린더의 차압 작동 회로도이다. 그림에서 실린더 헤드에는 3포트 2위치 밸브 ①을 통해서 정상 압력이 걸리게 하고 실린더 로드 측에는 감압 밸브 ②를 달아서 저압으로 설정한다. 여기서 신호 a에 공압 신호를 주어 밸브 ①이 전환되면 실린더의 헤드 측에 공기가 공급되고 전진 방향의 압력이 크므로 실린더는 전진한다. 신호 a에 공압이 차단되면 밸브 ①이 복귀되고 실린더 헤드 측의 공기가 이 밸브를 통해 배기되며 로드 측의 낮은 압력에 의해 실린더는 후진한다.

이 회로는 로드 측에 저압이 유지되고 있으므로 헤드 측에 공급된 압력과 비교가 되어 그 차이에 해당하는 힘으로 동작한다. 즉, 헤드 측과 로드 측에서 보았을 경우, 피스톤 움직임에 기여하는 면적 즉, 수압(受壓) 면적의 차로서 작동하게 된다. 따라서 압력차가 적을 경우 속도가 줄어들 수 있고, 부하율이 높으면 작동이 되지 않는다.

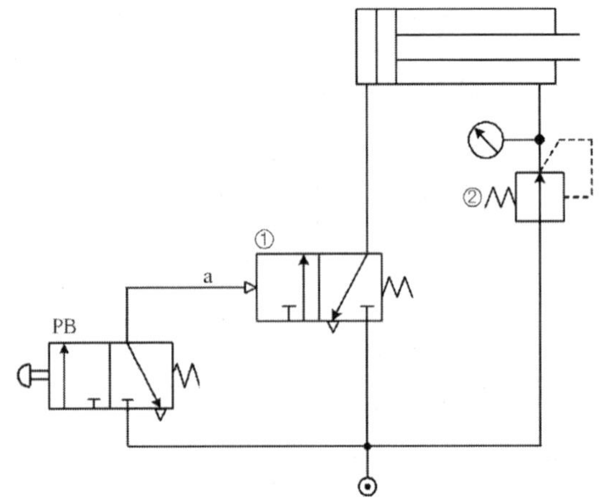

그림 6-31 **복동 실린더의 차압 작동 회로**

3) 중간 정지 회로

중간 정지 회로는 실린더의 동작 중 정지가 필요시 정지시키는 회로이다. 이 회로는 긴급 정지, 공작물의 임의 위치 이동, 시운전시의 미동 조작 및 금형의 세팅 등을 할 때 이용한다. 중간 정지시키는 방법은 실린더 양단에 공압을 동시에 배기하거나 공기의 통로를 막아서 할 수 있으며, 같은 압력을 양단에 공급하여도 가능하다.

◎ 실린더 양단의 공압 배기를 이용한 중간 정지 회로

그림 6-32는 실린더 양단의 공압 배기를 이용한 중간 정지 회로이다. 이 회로를 보면 5포트 3위치 밸브를 사용하여 중간 정지하는 회로이다. 신호 a, b의 유무에 따라 실린더는 전진 혹은 후진을 하다가 유사시 중간 정지 신호가 들어오면 3위치 밸브는 중간위치에 오게 한다. 이때 실린더 헤드와 로드에 잔류해 있던 공기는 배기 된다. 이때 만약 실린더가 수평으로 설치되었다면 중간 정지 후에 피스톤 로드를 손으로 움직일 수 있으나, 수직으로 설치하여 적용하기는 어렵다.

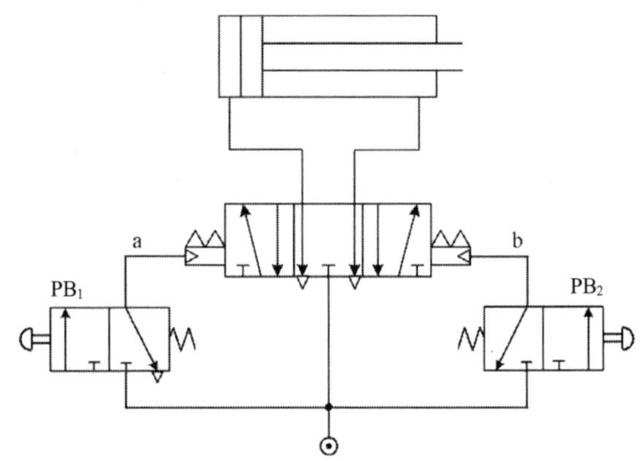

그림 6-32 **실린더 양단의 공압 배기를 이용한 중간 정지 회로**

◎ 실린더 양단의 포트 차단을 이용한 중간 정지 회로

그림 6-33은 단동 실린더 포트 차단을 이용한 중간 정지 회로이다. 이 회로를 보면 3포트 3위치 밸브를 사용하여 중간 정지하는 회로이다. 신호 a, b의 유무에 따라 실린더는 전진 혹은 후진을 하다가 유사시 중간 정지 신호가 들어오면 3위치 밸브는 중간위치에 오게 한다. 이때 실린더 헤드에 잔류해 있던 공기는 챔버 속에 머무르고 스프링의 복원력과 평형을 이루므로 피스톤은 그 자리에서 멈추게 된다. 이 상태에서는 실린더의 피스톤을 움직일 수 없고 부하나 외력이 있어도 현 위치를 유지할 수 있다. 따라서 이 방법은 수직으로 실린더를 사용하여야 할 경우에도 중간 정지를 적용할 수 있는 회로이다. 하지만 실린더 내부나 배관, 관이음 등에 누설이 있으면 적용이 곤란하다.

그림 6-34는 실린더 양단의 포트 차단을 이용한 중간 정지 회로이다. 이 회로는 5포트 2위치 밸브 1개와 2포트 2위치 밸브 2개를 사용하여 중간 정지하는 회로이다. 신호 a의 유무에 따라 5포트 2위치 밸브 ①의 위치가 변환되면서 실린더는 전진 혹은 후진 동작을 한다. 유사시 중간 정지 신호 b가 들어오면 2위치 밸브, ②(NO), ③(NO)은 각각의 정상 상태에서 위치가 차단으로 바뀐다. 이 회로에서 2포트 밸브를 실린더에 가깝게 설치함으로써 정지 위치의 정밀도를 개선할 수 있다.

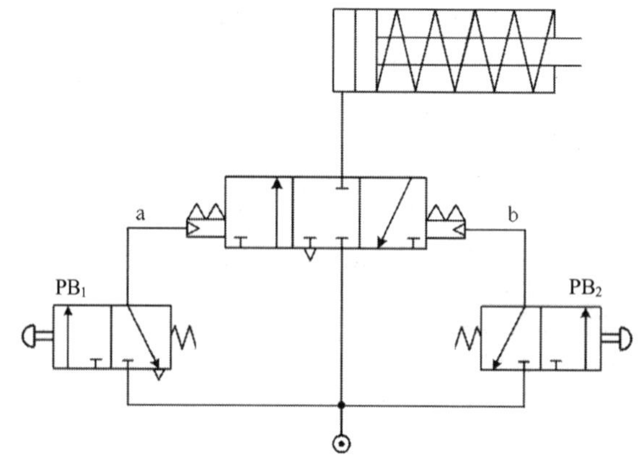

그림 6-33 단동 실린더 포트 차단을 이용한 중간 정지 회로

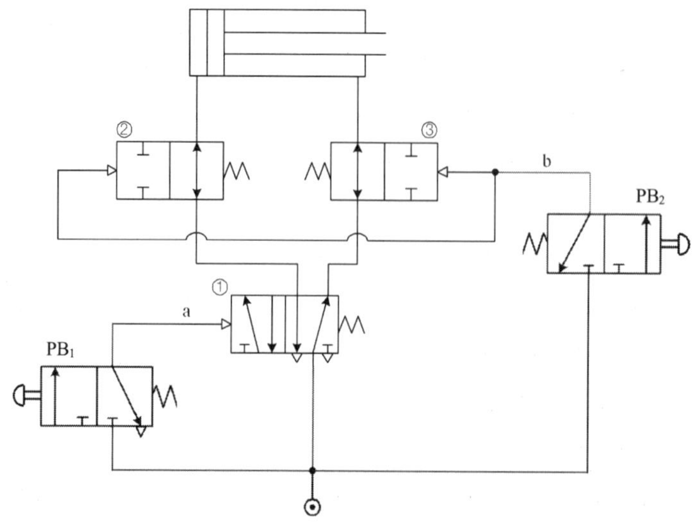

그림 6-34 실린더 양단의 포트 차단을 이용한 중간 정지 회로

◎ 실린더 양단의 공압 공급을 이용한 중간 정지 회로

그림 6-35는 실린더 양단에 공압 공급을 이용한 중간 정지 회로이다. 이 회로는 5포트 3위치 밸브를 사용하여 중간 정지하는 회로이다. 신호 a, b의 유무에 따라 5포트 2위치 밸브의 위치가 변환되면서 실린더는 전진 혹은 후진 동작을 한다. 유사시 중간 정지 신호가 들어오면 3 위치 밸브는 중간 위치(PAB 접속)로 바뀌고 공압이 양로드 실린더의 양쪽 입구로 들어간다. 양로드 실린더는 수압 면적이 같으므로 양측에 동일한 압력이 공급되어 실린더는 정지된다.

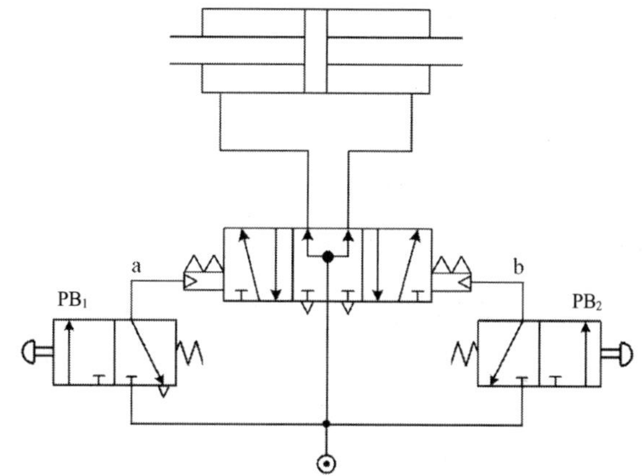

그림 6-35 **실린더 양단에 공압 공급을 이용한 중간 정지 회로**

4) 왕복 작동 회로

◎ 단동 실린더의 자동 복귀회로

그림 6-36은 단동 실린더 자동 복귀 회로이다. 이 회로는 3포트 2위치 밸브와 OFF Delay회로를 사용하여 실린더가 전진후 일정시간 후에 복귀하는 회로이다. 즉, 이 회로는 신호 a가 들어와서 계속 ON을 유지할 경우에 성립하는 회로이다. 신호 a가 ON되면 3포트 2위치 밸브 ①이 전환되고 출력이 나가므로 실린더가 전진한다. 한편 입력 신호는 교축 밸브 ②를 통해서 탱크 ③을 채우는데 일정 시간이 걸린다. 탱크의 압력이 올라가면 이 압력으로 밸브 ④가 전환되고 실린드에 공압이 차단되고 이곳의 공기는 배기된다. 이때 실린더는 후진하므로 전진과 복귀 과정이 끝난다.

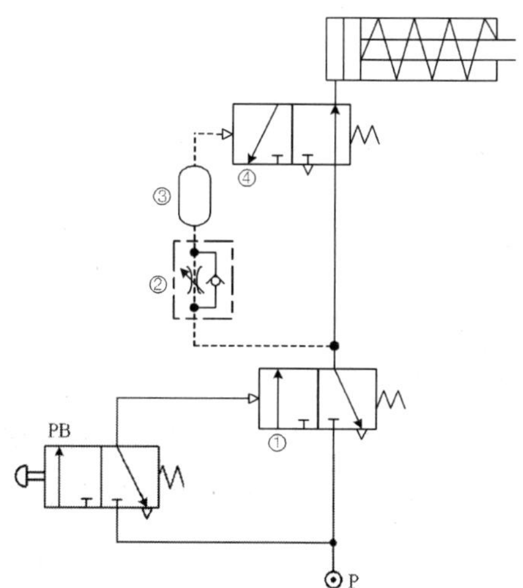

그림 6-36 **단동 실린더 왕복 작동 회로**

◎ 복동 실린더의 교번 작동 회로

이 회로는 입력버튼을 한번 누를 때마다 전진 또는 후진을 하는 회로이다. 그림 6-37은 복동 실린더의 교번 작동 회로이다. 먼저 푸시 버튼 ①을 눌렀다 떼면, 공압이 밸브 ②를 통해서 Z_2 신호로서 가해진다. 그러면 밸브 ③이 전환되고 실린더는 전진한다. 이때 출력 신호에 공통으로 연결된 교축 밸브④를 통해서 공기가 밸브 ⑤에 도착할 시점에는 입력신호가 소멸 단계에 접어들어서 밸브⑤가 복귀되어 있으므로 이곳을 통과하여 밸브②를 전환시킨다. 푸시 버튼 ①을 다시 눌렀다 떼면 공압은 밸브②를 경유하여 Y_2 신호로 작용하고 밸브③을 전환시킨다. 그러면 공압이 피스톤 로드 쪽으로 들어가 피스톤을 후진시킨다.

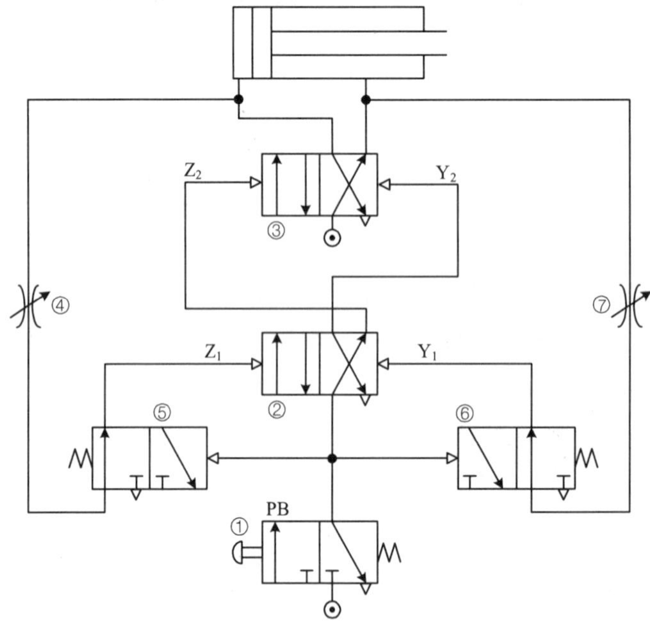

그림 6-37 **복동 실린더의 교번 작동 회로**

◎ 복동 실린더의 왕복 작동 회로

누름 버튼을 한번 누르면 실린더가 전진했다가 후진하는 회로이다. 이러한 회로 기능을 갖기 위해서는 리밋 스위치나 시간 지연 밸브 또는 시퀀스 밸브가 필요하다. 그림 6-38은 리밋 스위치를 이용한 왕복 작동 회로이다. 이 회로는 플립플롭형 4포트 2위치 밸브를 사용한 왕복작동 회로이다. 푸시 버튼을 누르면 공압이 Z에 공급되어 메모리 밸브 MV가 전환되고 공압은 실린더 헤드에 공급되어 피스톤이 전진한다. 전진 끝단에서 도그가 리밋 스위치 밸브 LV에 접촉하면 LV가 즉시 전환되어 Y에 공압이 공급된다. Y에 의해 MV가 전환되고 실린더는 후진하게 된다.

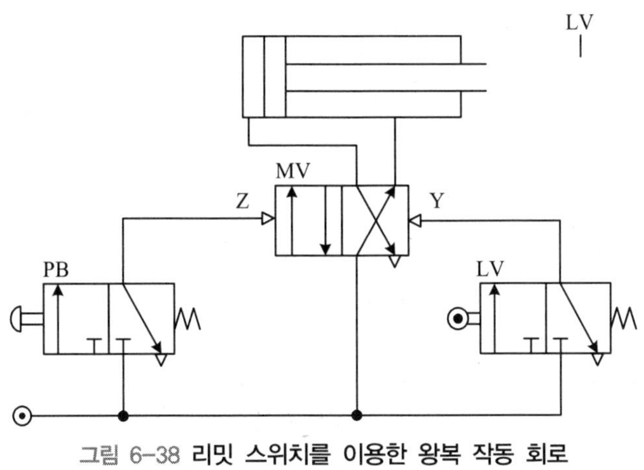

그림 6-38 리밋 스위치를 이용한 왕복 작동 회로

그림 6-39는 ON Delay 회로를 이용한 왕복 작동 회로이다. 이 회로는 리밋 스위치 밸브 대신에 ON Delay 회로를 이용한 왕복 작동 회로이다. 앞서 설명한 바와 같이 ON Delay 회로는 신호가 입력된 후 일정 시간 후에 출력이 얻어지므로, 이 시간과 피스톤이 전진을 시작하여 완료하는 시간을 잘 맞추면 피스톤 전진 후에는 ON Delay 회로의 압력에 의한 후진이 가능하다. 즉, 전진하는 시간 동안에 배관 X를 통해서 탱크 압력이 올라가 이것이 복귀용 밸브 XV를 전환시키고, MV를 전환시키면 피스톤은 후진이 시작된다. 이 회로는 시간을 일치시키기가 어려운 단점도 있으나 리밋 스위치 설치가 곤란한 장소에서 사용이 가능하다.

그림 6-40은 자동 2회 왕복 작동 회로이다. 그림에서 수동 조작 밸브 PB를 전환하면 공압은 릴레이 밸브 RV_1과 셔틀 밸브 SV_1를 거쳐서 실린더 헤드측에 공급되므로 피스톤은 전진한다. 한편 유량제어 밸브 FV_1에서 교축된 공기가 사전에 설정된 임의 시간 경과 후 RV_1을 전환시키고, 릴레이 밸브 RV_2와 셔틀 밸브 SV_2를 통과해서 로드 측에 가해지므로 피스톤은 후진한다. 이때 실린더 헤드의 공기는 RV_1을 통해 대기로 방출된다. 유량제어 밸브 FV_2에서 교축된 공압은 설정 시간 후 RV_2를 전환시켜 RV_3 와 SV_1을 통과한 공압은 다시 실린더 헤드 측에 가해져서 피스톤은 전진한다. 그리고 FV_3로서 교축된 공기가 미리 설정된 시간 후에 RV_3을 전환시키므로 공압은 RV_3와 SV_2을 통과하고 다시 실린더 로드 측에 가해져서 피스톤은 후진한다. 이때 실린더 헤드의 공기는 RV_3에서 대기로 방출된다. 이렇게 하여 자동 2회 왕복이 완료된다.

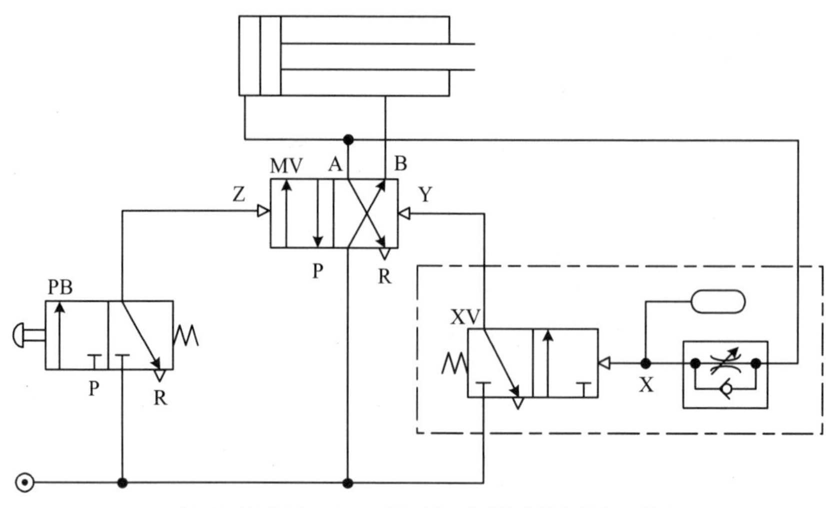

그림 6-39 ON Delay 회로를 이용한 왕복 작동 회로

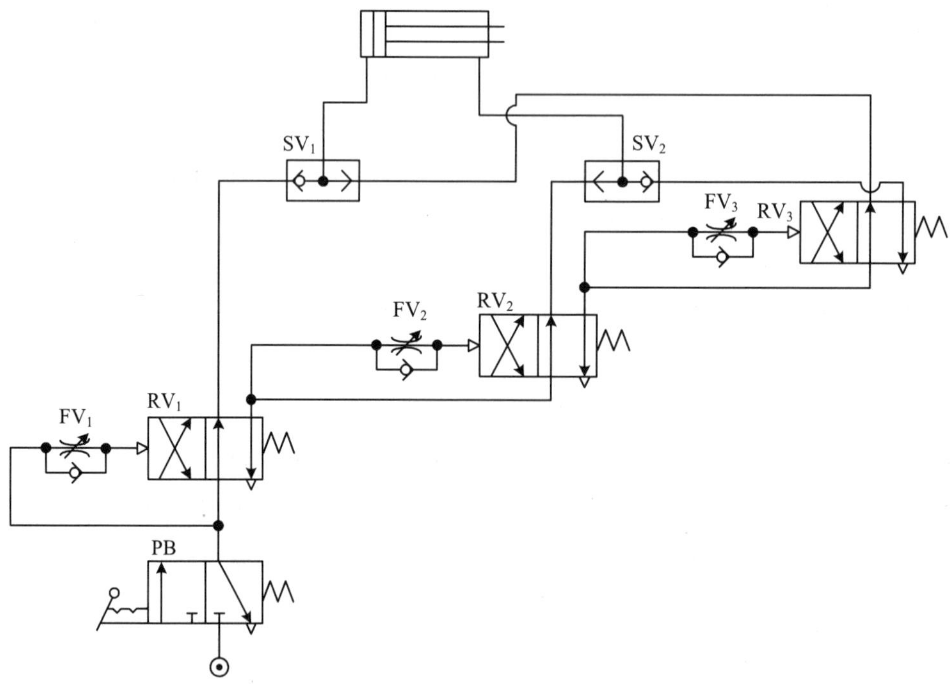

그림 6-40 자동 2회 왕복 작동 회로

5) 연속 왕복 작동 회로

연속 왕복 작동 회로의 종류에는 유지형 누름 버튼을 사용한 회로, 플립플롭 밸브를 사용한 회로, 시간 지연 회로를 이용한 회로 등이 있다.

◎ 레버 조작 밸브를 이용한 연속 왕복 작동 회로

그림 6-41은 레버 조작 밸브와 리밋 밸브를 이용한 연속 왕복 작동 회로이다. 그림에서 실린더는 후진한 상태이고 리밋 밸브 LV_1을 누르고 있는 상태이다. 이때 레버 조작 밸브, HV를 전환하면 파일럿 신호에 의해 메모리 밸브 MV가 전환되고 피스톤은 전진한다. 실린더의 기동과 동시에 LV_1은 OFF되고 MV를 전환시켰던 공압은 HV와 LV_1를 경유해 배기된다. 이때 메모리 밸브 MV는 플립플롭형으로 현 위치를 그대로 유지한다. 이후 피스톤이 전진을 완료하면 LV_2가 ON되므로 이 밸브가 전환되고 MV가 전환되어 피스톤은 후진을 시작한다. 후진과 동시에 LV_2는 OFF되지만 MV는 그대로 유지되고 실린더는 후진을 계속한다. 후진 완료시점에 다시 LV_1이 ON되면 위와 동일한 과정이 반복된다. 레버 조작 밸브, HV를 OFF시키면 후진까지 완료 후 정지한다.

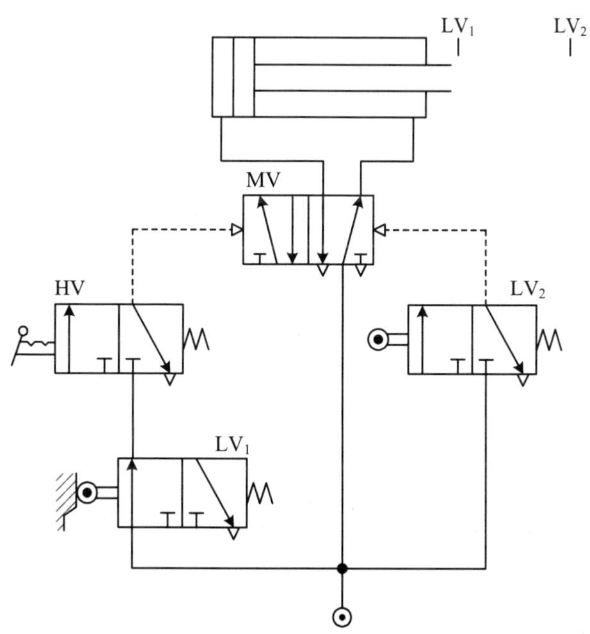

그림 6-41 **레버 조작 밸브를 이용한 연속 왕복 작동 회로**

• 리밋 스위치 밸브
기계적인 접촉이 있으면 스위치가 ON되고 동시에 밸브 위치가 전환되는 하나의 밸브이다. 이 교재에서는 편의상 '리밋 밸브'로 칭하여 설명한다.

○ 플립플롭형 연속 왕복 작동 회로

그림 6-42는 플립플롭형 연속 왕복 작동 회로이다. 이 회로는 리밋 밸브 2개를 사용하여 플립플롭을 구성하고 있다. 그림에서 레버 조작 밸브, HV를 ON시키면 LV_1을 통해서 파일럿 신호가 MV에 입력되어 MV가 전환된다. 그러면 피스톤은 전진하고 LV_1이 OFF되면 파일럿 신호는 차단되어 있으므로 MV의 위치가 유지되므로 전진을 계속할 수 있다. 전진이 완료되면 LV_2의 전환이 일어나고 이때 파일럿 공기가 대기로 방출되므로 MV가 스프링 힘으로 복귀되어 후진을 시작한다. 후진이 완료되면 다시 LV_1이 ON되어 MV가 전환되고 피스톤은 전진을 시작한다. 이와 같은 동작은 레버 조작 밸브, HV를 OFF시킬 때까지 계속된다.

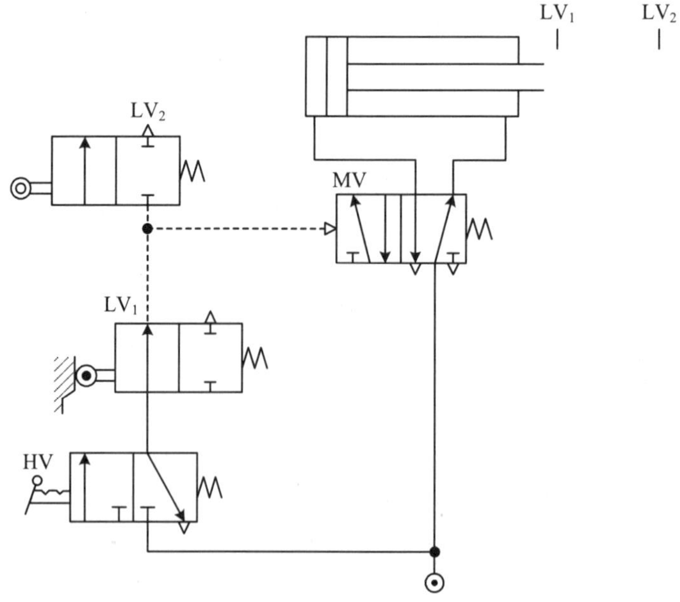

그림 6-42 **플립플롭형 연속 왕복 작동 회로**

◎ 리밋 밸브가 없는 연속 왕복 작동 회로

그림 6-43은 리밋 밸브가 없는 연속 왕복 작동 회로이다. 이 회로는 유량 제어 밸브를 사용하여 적절한 시간 지연을 시킴으로써 왕복 행정을 계속 할 수 있다. 먼저 레버 조작 밸브, HV를 ON하면 ①번 밸브를 통과한 공압이 MV를 전환하고 피스톤은 전진을 시작한다. 이때 전진단의 공압과 연결된 유량 제어 밸브 ④의 교축 밸브를 통해서 공기가 ②번 밸브 쪽으로 넘어와 피스톤의 전진이 완료되는 시점에서 ②번 밸브가 전환되고 이것이 MV에 대한 파일럿 신호로 작용하여 MV가 전환된다. 그러면 다시 피스톤은 후진을 시작하여 후진을 완료한다. 이와 동시에 밸브 ③의 교축 밸브를 통해서 압축 공기가 ①번 밸브의 위치로 넘어가 피스톤이 후진 후에 이를 전환하면 다시 MV가 위치 전환되고 피스톤의 전진이후 왕복은 계속된다. 여기서 레버 조작 밸브, HV를 OFF시키면 피스톤이 정지하는데 OFF시의 피스톤 운동 방향에 따라 정지 위치가 결정된다.

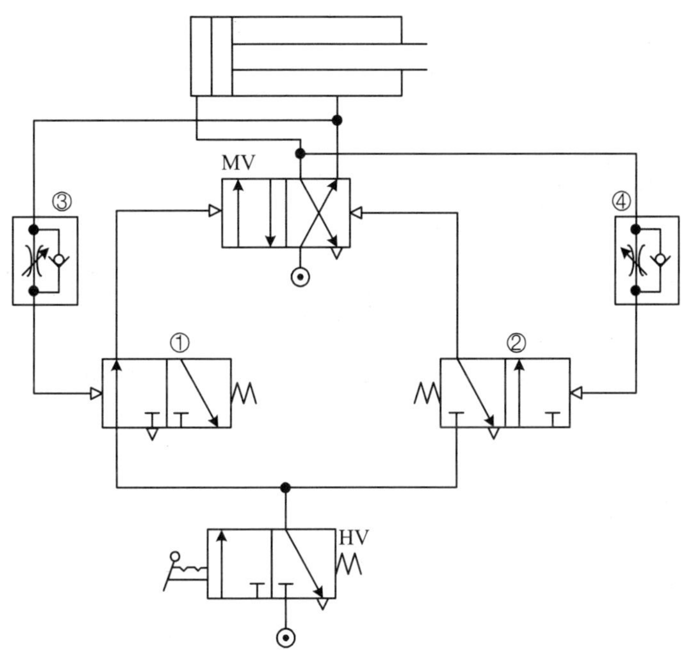

그림 6-43 **리밋 밸브가 없는 연속 왕복 작동 회로**

◎ ON Delay 밸브를 적용한 연속 왕복 작동 회로

그림 6-44는 ON Delay 밸브를 적용한 연속 왕복 작동 회로이다. 이것은 ON Delay 밸브를 2개 사용하여 이들을 각각 전진 또는 후진 행정 시간에 맞춰 메모리 밸브, MV위치를 전환하여 피스톤을 동작 시키는 회로이다. 먼저 레버 조작 밸브, HV를 ON하면 HV에

도달해 있는 공압에 의해 MV가 전환되고 공압은 유량 제어 밸브 ③의 교축 밸브를 통해서 전진단으로 들어가 피스톤을 전진시킨다. 전진 행정 중에는 전진단과 연결된 ON Delay 밸브 ①의 교축 밸브를 통해서 탱크에 공압이 저장되고 압력이 올라간다. 그러면 이 압력에 의해 MV가 전환되고 피스톤은 후진을 시작하고 후진 행정 동안에는 같은 방법으로 ON Delay 밸브 ②에 의해 MV가 다시 전환되는 과정을 반복한다. 만약 전진 도중 HV를 OFF하면 후진 완료 후 정지한다.

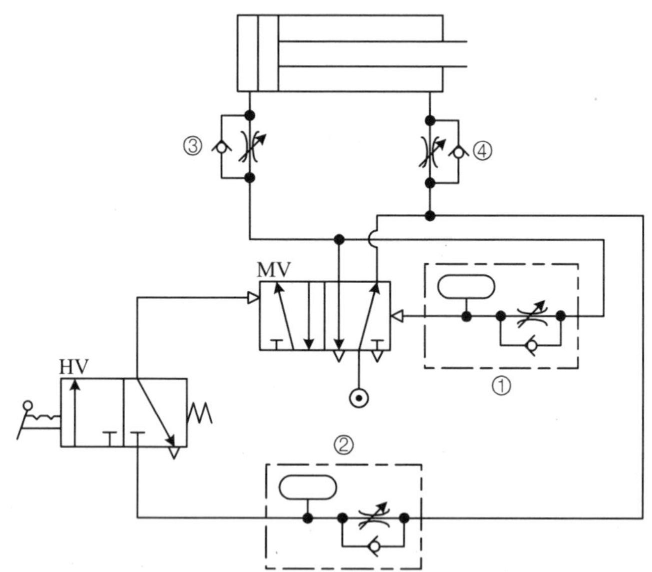

그림 6-44 ON Delay 밸브를 적용한 연속 왕복 작동 회로

6.1.3 전공압 시퀀스 회로

1) 시퀀스 제어

공압을 응용하는 자동화 시스템에서 다수의 액츄에이터(실린더)를 사용할 경우 장치의 작동 순서에 따라 실린더의 동작을 순차적으로 작동시킬 필요가 있다. 이때 다수의 실린더 동작을 미리 프로그램 해 놓은 순서에 따라 각 단계별 출력이 다음 단계의 입력으로 작용하여 순차적으로 진행되는 제어를 시퀀스 제어(Sequence Control)라고 한다. 이 시퀀스제어에는 순서제어, 타임 제어 및 조건 제어 등으로 나눈다.

순서 제어는 전단계의 작업 완료를 확인하고 다음 작업을 수행하게 한다. 전단계의 작업 완료 유무는 리밋 스위치나 각종 센서 등을 이용하여 확인한 후 다음 단계의 작업을 수행하는 방법이다. 이 방법은 동작의 이행 상태가 명확하기 때문에 대부분의 시퀀스 제어에서 활용하고 있다.

타임 제어는 검출기의 신호를 사용하지 않고 시간의 경과에 따라 작업의 각 단계를 순차적으로 진행시켜 나가는 제어이다. 공압 분야에서는 시간 일치가 어렵고 시간 지연 밸브가 고가이므로 이 방법의 적용이 어렵다.

조건 제어는 입력 조건에 따라 여러 패턴으로 나누어 제어하는 것으로 위험 방지 제어나 엘리베이터 제어 등에 적용된다.

2) 동작상태 표시법

공압 실린더 여러 개를 순서 제어할 경우 그 회로가 복잡하고 이해도 어려우므로 이를 쉽게 하기 위해 동작 순서의 스위칭 조건을 도표로 나타내는 각종 선도를 이용한다.

◎ 동작의 시간 순서에 따른 서술적 표현법

그림 6-45는 컨베이어 간 이송 장치의 설명도인데 여기서 각 동작의 순서를 다음과 같이 정리할 수 있다.

- 제1컨베이어에 의해 상자가 도착하면 실린더 A가 상승하여 상자를 들어 올린다.
- 실린더 B가 전진하여 상자를 제2컨베이어로 밀어 넣는다.
- 실린더 A가 내려온다.
- 실린더 B가 후진한다.

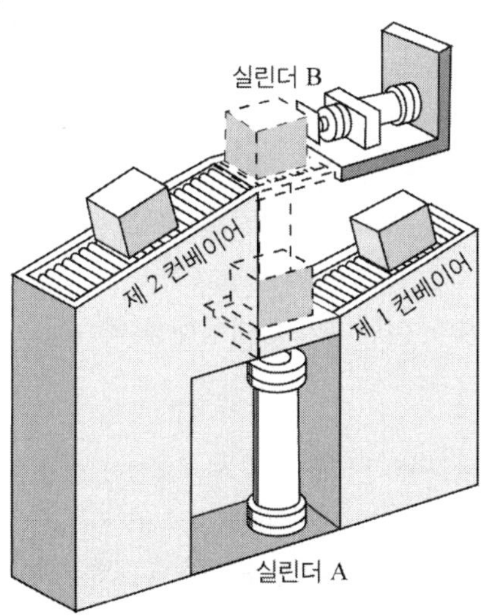

그림 6-45 **컨베이어 간 이송 장치 설명도**

이 방법은 장치의 각 공정별 작업 상태를 서술적으로 표현한 것으로 장치의 동작 특성을 명확히 설명할 수 있으나 장치가 복잡해지면 동작 순서를 정리하기가 쉽지 않다.

◎ 기호에 의한 표시법

정해진 기호에 의해 동작상태를 나타내는 방법으로 동작 순서 표시법으로 많이 활용된다. 실린더의 전진이나 모터의 정회전을 (+)로 나타내고 실린더의 후진이나 모터의 역회전을 (-)로 표시하면 시스템의 동작을 쉽게 표현할 수 있다.

그림 6-45의 컨베이어 간 이송 장치의 동작 순서를 이 방법으로 표시하면 다음과 같다.

A + B + A - B -

◎ 그래프에 의한 표시법

시스템의 작업 순서를 쉽게 표현하는 방법으로 선도가 많이 이용되며 선도에는 작동 선도, 타임 선도, 제어 선도가 있다.

❶ 작동 선도 작성법

작동 선도는 액츄에이터(실린더)의 동작 순서를 도표로 작성한 것이다. 이 작동 선도는 시스템의 동작 순서를 명확하게 나타낼 수 있으므로 유용한 방법이다. 한 예로 실린더 A가 전진하여 2 스텝 후 복귀하는 것을 변위-단계 선도로 그려보면 다음과 같다.

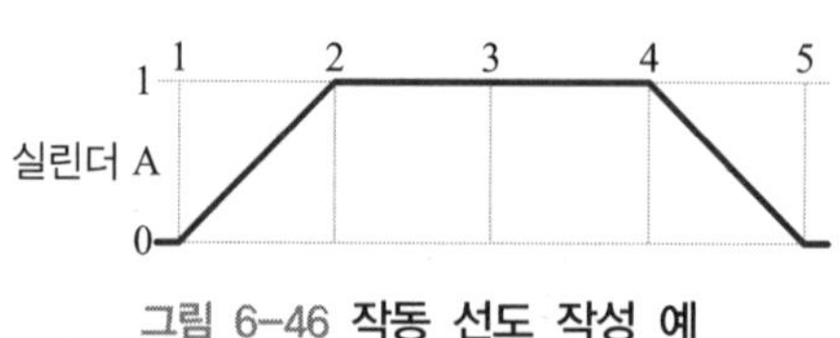

그림 6-46 **작동 선도 작성 예**

이 방법은 작업 단계에 따라 실린더의 동작상태를 약속된 기호로써 나타내며 다음과 같은 규칙이 있다.

- 각 사각형의 간격은 액츄에이터의 작동 시간과 관계없이 일정한 간격으로 그린다.
- 액츄에이터의 동작은 스텝번호선에서 변화하도록 그린다.
- 만약 2개 이상의 액츄에이터가 동시에 동작을 개시하고 종료시점이 다른 경우는 그 종료점은 각각 다른 스텝으로 그린다.

- 실린더의 행정 중간위치에서 리밋 스위치가 작동하거나 전진속도의 변화가 있을 경우 등과 같이 작동 중 시스템의 상태가 변화할 때에는 중간 스텝이 있어야 한다.
- 작동 상태의 표시는 실린더의 전진을 1, 후진을 0으로 나타내거나 전진 혹은 후진이라는 단어를 표기한다.

이상의 작성법으로 그림 6-45의 컨베이어 간 이송 장치의 변위-단계 선도를 작성하면 그림 6-47과 같다. 그림을 보면 1단계에서 실린더 A가 전진하고 실린더 B는 후진 상태로 되어 있다. 2단계에서는 실린더 A가 전진 상태이고, B는 전진하고 있다. 3단계에서는 실린더 A가 후진하고 있고, B는 전진 상태에 있다. 4단계에서는 실린더 A가 후진 상태이고, B는 후진하고 있다.

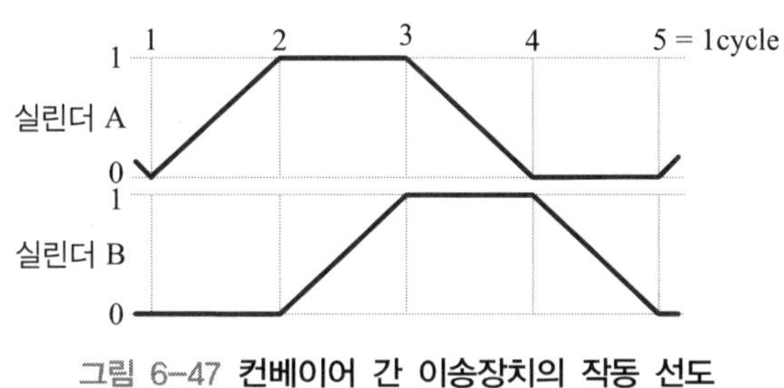

그림 6-47 **컨베이어 간 이송장치의 작동 선도**

❷ 시간 선도 작성법

액츄에이터의 운동 상태를 시간의 변화에 따라 나타내는 선도로서 장치의 시간 동작 특성과 속도변화를 파악할 수 있다. 즉, 이 선도의 작도법은 작동 선도의 작성법과 거의 같으나 작업의 각 단계를 동작 시간에 대응시켜 나타내야 한다. 그림 6-48은 컨베이어 간 이송장치의 시간 선도를 나타내고 있다.

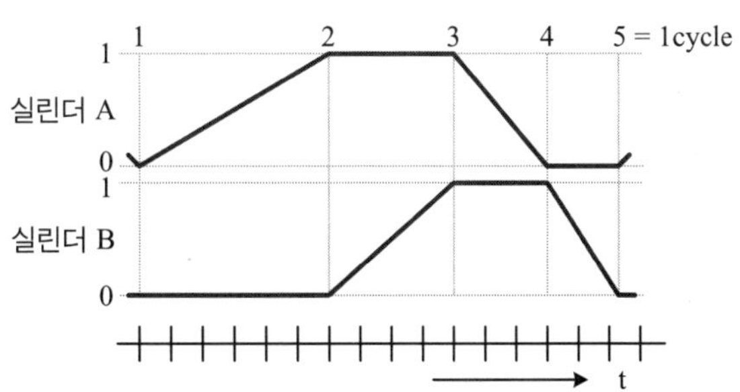

그림 6-48 **컨베이어 간 이송장치의 시간 선도**

❸ 제어 선도 작성법

제어 선도는 액츄에이터의 운동에 따른 제어 밸브의 동작상태를 나타내는 선도로서 신호의 중복 여부를 판단하는 데 유용한 선도이다. 따라서 이 제어선도를 앞서 설명된 작동 선도의 밑에 같이 그리면 제어 신호의 중복 여부를 판단하는데 용이하다. 제어 선도의 작성법은 작동 선도와 같이 가로축을 운동 스텝 단위로 표시하고 세로축은 밸브의 ON, OFF 상태 즉, 1과 0의 펄스 파형으로 그린다. 그림 6-49는 제어 선도의 예를 나타낸다.

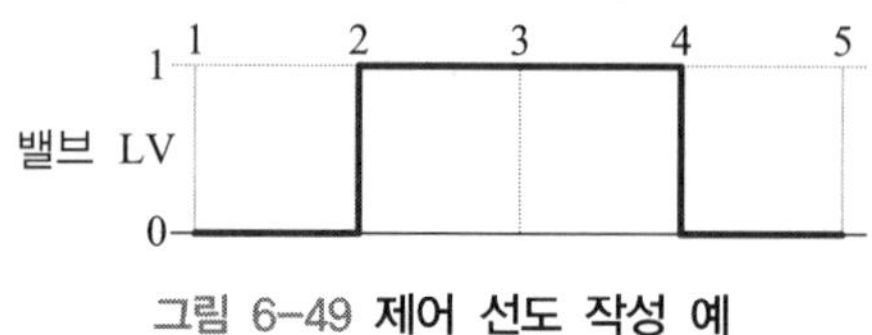

그림 6-49 **제어 선도 작성 예**

3) 전공압 시퀀스 회로의 특징

전공압 제어 방식은 제어 신호로서 공압을 이용한 것으로서 구동부, 제어부 및 검출부 등 모든 부분이 공압 에너지로써 작동되는 회로이다. 이 제어 방법은 기계적으로 작동되는 스풀 밸브, 포핏 밸브 등과 같은 가동형 소자로써 제어하는 방법과 기계적으로 움직이지만 가동부가 없는 순유체소자(fluidics)로 제어하는 방법이 있다. 하지만 전공압 제어 방식은 연산부에도 공압을 사용하므로 고속 연산이나 복잡한 연산 등은 할 수 없다. 따라서 최근에는 전공압 제어의 장점이 이루어지는 다음과 같은 한정된 분야에서만 이용되고 있다.

◎ 환경이 나쁜 작업장

습기, 먼지 및 절삭유 등이 많거나 자기장(磁氣場)이 강한 작업장 등에서 전기적 제어는 위험하므로 전공압 방식을 안전하게 사용할 수 있다.

◎ 방폭이 요구되는 작업장

도장 장치 혹은 세척 장치에서나 인화성 물질을 사용하는 장소에서의 전기적 제어 방식은 오작동이나 감전 등의 사고가 예상되므로 곤란하다. 이러한 환경에서는 전공압 시스템이 안전성과 가격면에서 유리하다.

◎ 단순 작업의 간이 자동화

절삭중의 칩 제거, 프레스 기계에서 소형 부품의 송출 및 공작물의 장착 및 탈착 등

단순 작업에 전공압 시스템을 적용하면 가격면에서 매우 유리하다.

◎ 기타 전기적 제어가 어려운 환경

누전, 정전 등 전기적 제어 방식을 적용 시 문제 발생의 가능성이 있을 때 공압 제어 방식을 사용한다.

4) 전공압 시퀀스 회로의 설계

시퀀스 회로의 설계 방법이나 순서는 신호의 중복 유무 및 장치의 특성에 따라 달라진다. 여기서는 순서 제어의 가장 일반적인 외부 검출 신호(리밋 밸브)로써 작동되는 회로의 설계법에 대해서 설명한다.

◎ 리밋 밸브 신호에 의한 A+B+A−B−의 제어 회로

- 액츄에이터(실린더)를 그린다.
- 실린더에 최종 제어 요소(마스터 밸브)를 그린다.
- 시작 밸브와 마지막 스텝인 B−완료 검출 신호인 LV_3을 직렬로 접속하여 첫째 스텝 신호선(마스터 밸브 sA)에 접속한다.
- 첫째 스텝 A+가 완료되었다는 검출 신호인 LV_2로 둘째 단계의 B+신호(마스터 밸브 sB)에 접속한다.
- 둘째 스텝 B+가 완료되었다는 검출 신호인 LV_4로 셋째 단계의 A−신호(마스터 밸브 rA)에 접속한다.
- 셋째 스텝 A−가 완료되었다는 검출 신호인 LV_1로 셋째 단계의 B−신호(마스터 밸브 rA)에 접속한다.

그림 6-50은 A+B+A-B-의 제어 회로인데 이것은 그림 6-45의 컨베이어 간 이송 장치를 제어할 수 있는 회로이다. 동작 순서를 살펴보면 현재의 그림은 초기상태를 나타내고 있는데, A, B는 후진 상태로서 리밋 밸브 LV_1, LV_3가 ON되어 있다. 장치를 동작시키기 위해서 레버 조작 밸브 HV를 ON시키면 LV_3가 ON되어 있기 때문에 A실린더의 마스터 밸브 MV_1의 sA방향으로 공압이 가해지므로 MV_1가 전환된다. 그러면 공압이 실린더 A의 헤드에 가해지므로 실린더 A가 전진한다. 실린더 A가 전진 완료하여 LV_2가 ON되면 LV_2를 통과한 공기가 B실린더의 마스터 밸브 MV_2의 sB방향으로 공압이 가해지므로 MV_2가 전환된다. 그러면 공압이 실린더 B의 헤드에 가해지므로 실린더 B가 전진한다. 실린더 B가 전진 완료하여 LV_4가 ON되면 LV_4를 통과한 공기가 A실린더의 마스터 밸브 MV_1의

rA방향으로 공압이 가해지므로 MV_1가 전환된다. 그러면 공압이 실린더 A의 로드에 가해지므로 실린더 A가 후진한다. 실린더 A가 후진 완료하여 LV_1이 ON되면 LV_1를 통과한 공기가 B실린더의 마스터 밸브 MV_2의 rB방향으로 공압이 가해지므로 MV_2가 전환된다. 그러면 공압이 실린더 B의 로드에 가해지므로 실린더 B가 후진한다. 이상과 같이 4단계 동작이 완료됨을 알 수 있다.

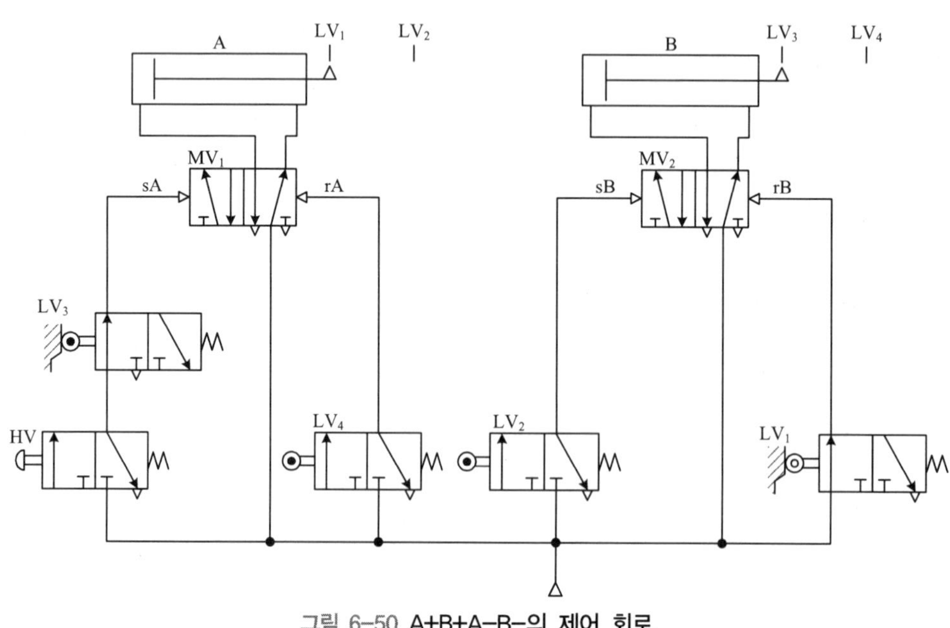

그림 6-50 **A+B+A−B−의 제어 회로**

◎ 리밋 밸브 신호에 의한 A+B+B−A−의 제어 회로

엑츄에이터 2개로서 동작시키는 기계 장치는 주로 단순 작업용이거나 반자동기 시스템에서 볼 수 있다. 이런 장치에서 쉽게 볼 수 있는 동작의 순서중 하나는 A+B+B-A-이다. 이러한 동작을 하는 드릴 장치를 예로 들면 시작 버튼을 누르면 실린더 A가 공작물을 밀어 넣고 클램핑하면 클램핑 신호를 받아 B실린더가 전진하여 구멍을 뚫고 이것이 완료가 되면 B실린더는 복귀하고 B실린더의 복귀 신호로써 A실린더가 후진한다. 두 개의 실린더로서 A+B+B-A-의 동작을 하기 위한 신호의 흐름은 다음과 같이 정리할 수 있다.

- 레버 조작밸브 HV를 누르면 실린더 A가 전진한다.
- 실린더 A가 전진을 완료하면 LV_2가 ON되고 이 신호는 다시 실린더 B를 전진시킨다.
- 실린더 B가 전진을 완료하면 LV_4가 ON되고 이 신호는 다시 실린더 B를 후진시킨다.

- 실린더 B가 후진을 완료하면 LV_3가 ON되고 이 신호는 다시 실린더 A를 후진시킨다. 그리고 실린더 A가 복귀 완료된 후에는 LV_1가 ON되고 연속 작업인 경우 이 신호는 다시 실린더 A를 전진시켜야 하므로 LV_1은 시동용 밸브와 직렬로 연결되어 있다. 이와 같은 논리로서 회로도를 작성하면 그림 6-51과 같다. 하지만 회로도를 잘 살펴보면 작동될 수 없다는 것을 알 수 있다. 왜냐하면 그림과 같은 초기상태에서 작업자가 레버 조작 밸브 HV를 누르면 A실린더가 전진해야 하나 LV_3가 ON되어 있으므로 rA에 공압이 들어가기 때문에 마스터 밸브 MV_1이 전환되지 않고 전진은 이루어지지 않는다. 같은 이유로 실린더 B도 복귀가 이루어지지 않는다. 그 이유는 실린더 A가 전진되어 LV_2를 ON시켰다면 이 신호에 의해 마스터 밸브 MV_2가 전환되어 실린더 B가 전진하지만 끝단에서 LV_4가 ON되면 마스트 밸브 MV_2의 양단에서 공압이 작용하므로 MV_2가 전환될 수 없기 때문이다.

이와 같이 최종 제어 요소인 하나의 마스트 밸브에 동시에 세트 신호와 리셋 신호가 존재할 경우를 신호 중복이라고 한다. 신호 중복이 되면 실린더의 동작이 제대로 되지 않는다. 따라서 회로도를 설계하기 전에는 제어 선도를 작성하여 신호 중복 여부를 판단한 후 수정하여야 한다.

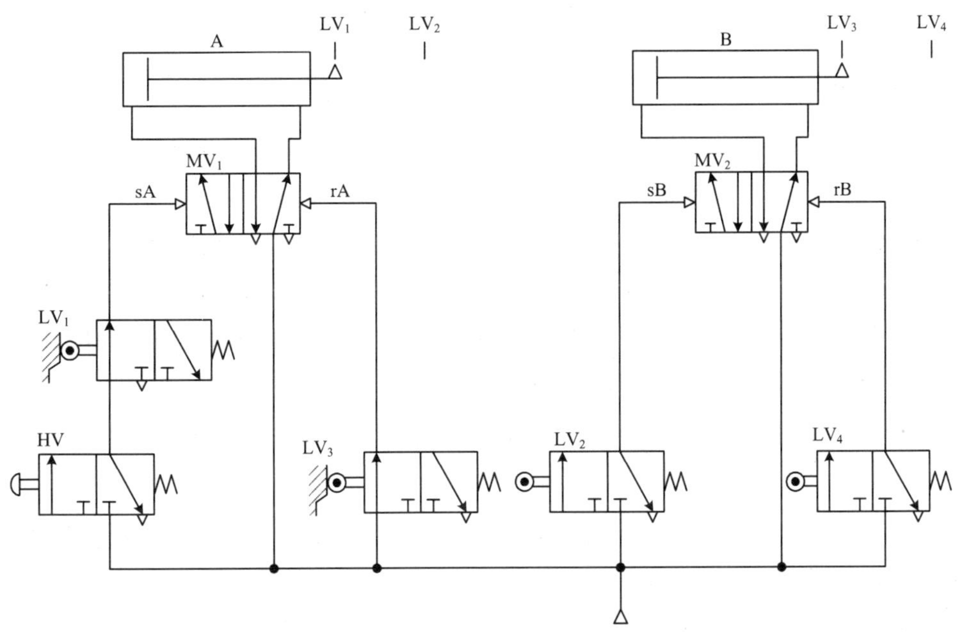

그림 6-51 A+B+B-A-의 제어 회로

◎ 순서 제어 회로와 신호 중복

❶ 신호 중복

앞선 A+B+B-A-의 제어 회로에서 보았듯이 신호 중복은 마스터 밸브에 서로 반대의 신호가 동시에 들어오는 경우이다. 이렇게 되면 실린더가 움직이지 않거나 임의로 작동하게 되며 전자 밸브에서의 신호 중복은 솔레노이드와 장치의 파손을 초래한다. 그림 6-52는 신호 중복을 설명하는 그림이다.

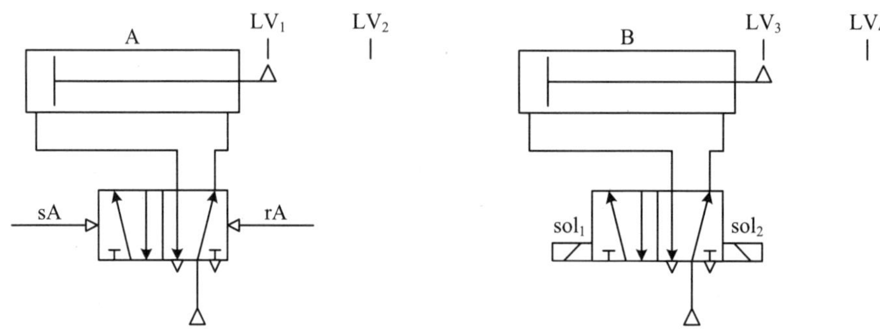

그림 6-52 **신호 중복의 설명도**

❷ 신호 중복 사례

그림 6-53은 A+B+B-A-의 작동 선도와 제어 선도로서 신호 중복을 파악하기 위한 것이다. 신호 중복은 최종 제어 요소인 마스트 밸브에 세트 신호와 리셋 신호가 동시에 존재하여 발생하므로 그림과 같이 제어 선도에서 신호를 분리하여 작성하면 된다.

실린더 A의 마스터 밸브의 세트 신호에 해당하는 HV와 LV_1이 직렬로 동시에 ON되어 있고, 리셋 신호인 LV_3이 1번 스텝에서 ON되어 있으므로 이것은 신호 중복에 해당되고 그림에서는 빗금으로 표시하였다.

실린더 B의 마스터 밸브의 세트 신호와 리셋 신호인 LV_2, LV_4가 3번 스텝에서 동시에 ON되어 있으므로 이것은 신호 중복에 해당된다.

이처럼 신호 중복인 경우에는 정상적인 동작이 불가하므로 이에 대한 대책을 아래의 경우처럼 세워야 한다.

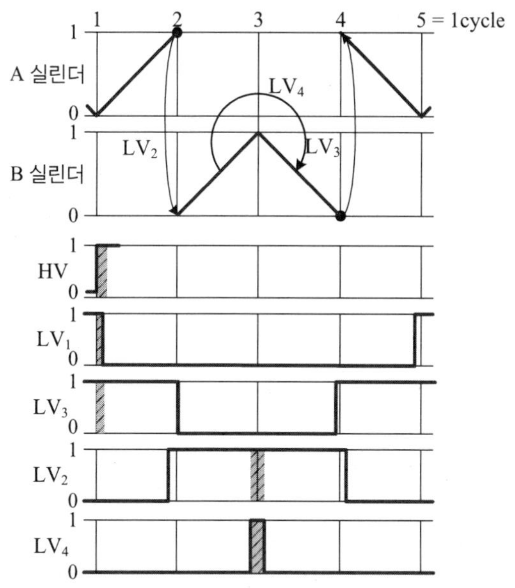

그림 6-53 A+B+B-A-의 작동 선도와 제어 선도

◎ 신호 중복 방지 대책

신호 중복에 대한 방지 대책으로는 마스터 밸브에 입력되는 불필요한 신호를 차단시키는 방법과 현재 입력 중인 신호보다 강력한 신호를 입력하여 기존 신호의 효과를 없애는 방법이 있다.

❶ 방향성 롤러 레버 밸브에 의한 신호 제거법

불필요한 리밋 밸브 신호를 제거하는 방법으로 일방향 작동 롤러 레버를 사용해서 제거할 수 있다. 일방향 작동 롤러 레버는 접촉물(캠 또는 도그)이 왕복 시 어느 한 방향으로만 밸브가 작동하게 하는 레버이다. 그림 6-51에서 신호가 꺼지지 않았던 LV_2, LV_3 대신에 이 레버를 설치한 것이 그림 6-54 회로이다. 그림에서처럼 일방향 작동 롤러 레버를 설치하면 이들은 진행 방향에 따라서 일순간 동안만 ON을 유지하다가 OFF로 바뀌므로 신호 중복을 피할 수 있다. 이 방법은 회로 구성이 간단하나 밸브의 행정 끝에 설치하지 못하므로 스위칭 회로나 시간 지연 회로 등에는 사용이 불가능하고, 신호 발생 시간(펄스폭)이 짧아서 실린더 속도가 고속일 경우 밸브의 작동이 되지 않을 수도 있다.

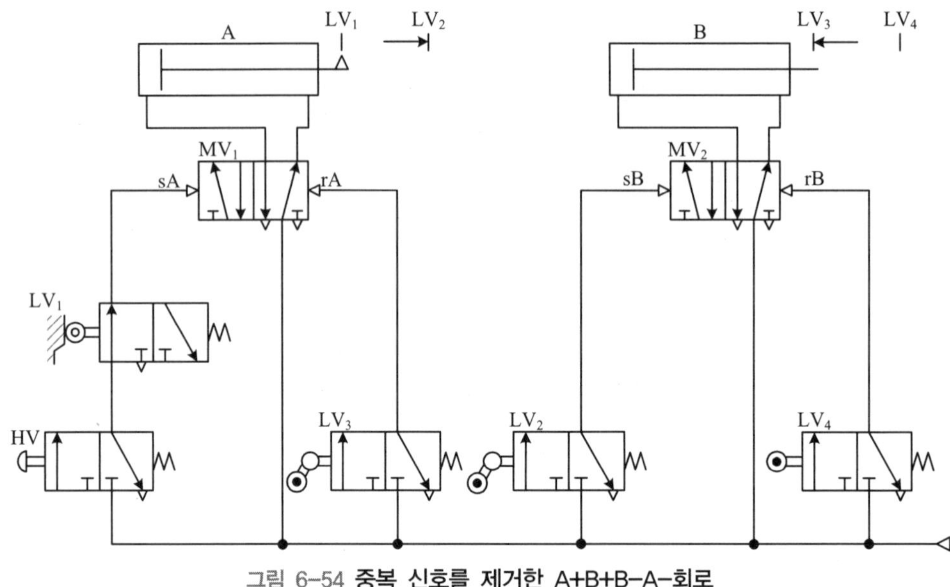

그림 6-54 **중복 신호를 제거한 A+B+B-A-회로**

❷ 시간 지연 밸브에 의한 중복 신호 제거법

한번 ON되면 OFF가 되지 않는 신호를 OFF-Delay형 시간 지연 밸브로써 OFF시킬 수 있다. 그림 6-55는 공압 시간 지연 밸브의 입력에 대한 출력 파형이다. 입력 신호가 ON을 유지하려 할 때 즉, 신호 중복이 일어나면 이 시간 지연 밸브로서 차단할 수 있음을 나타내고 있다.

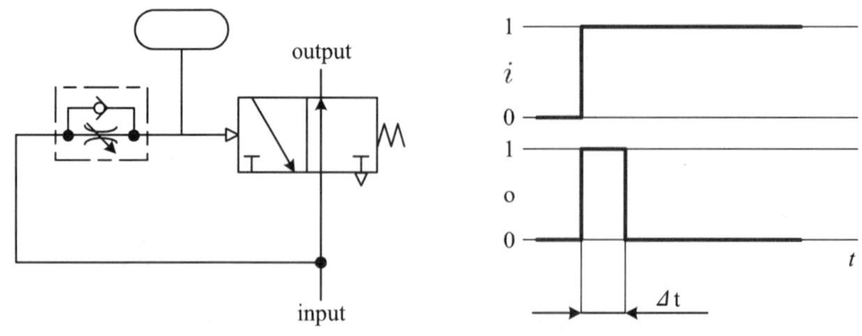

그림 6-55 **시간 지연 밸브의 입력에 대한 출력 파형**

그림 6-56은 A+B+B-A- 회로를 시간 지연 밸브를 사용하여 중복 신호를 제거한 것이다. 앞선 그림에서 LV_3과 시간 지연 밸브가 직렬로 연결되어 있어서 LV_3이 계속 ON을 유지하려 할 때 이 시간 지연 밸브가 공압을 끊어 줌으로서 신호 중복을 제거하고 있다. 하지만

이 방법은 고가의 부품을 추가로 사용해야 하므로 비경제적이다.

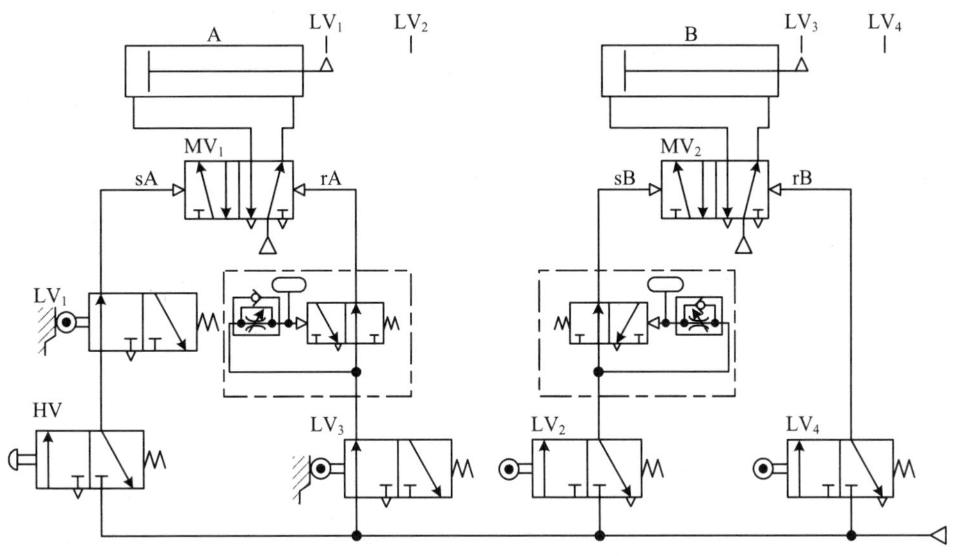

그림 6-56 **시간 지연 밸브로서 중복 신호를 제거한 A+B+B-A- 회로**

❸ 메모리 밸브(Memory Valve)에 의한 중복 신호 제거

실린더를 공압으로 순차적으로 제어 시 밸브가 적게 소요되도록 설계하는 것이 경제적인 측면에서 좋겠지만 이는 설계와 보수가 모두 어려운 단점이 있다. 따라서 설계 시 밸브가 다소 소요되더라도 신뢰성이 높고 정비가 가능하도록 공압 제어 체인을 구성하여 신호 중복을 방지하도록 하였다. 메모리 밸브를 사용하여 신호 중복을 차단하는 방법은 다음과 같은 조건을 만족하여야 한다. 이러한 조건을 만족할 때 작성할 수 있는 회로도가 그림 6-57에 나타나 있다.

- 입력과 출력의 수는 같아야 한다.
- 시스템의 입력 신호는 반드시 한 개의 입력 신호가 순차적으로 작용해야 한다.
- 시스템에 작용하는 출력 신호도 반드시 한 개의 출력 신호만 작용해야 한다.
- 하나의 입력 신호는 하나의 출력 신호에 정확히 할당되어야 한다.
- 출력 신호는 1회에 한하여 전 출력 신호를 제거할 수 있어야 한다.
- 메모리 기능을 갖추어야 한다.

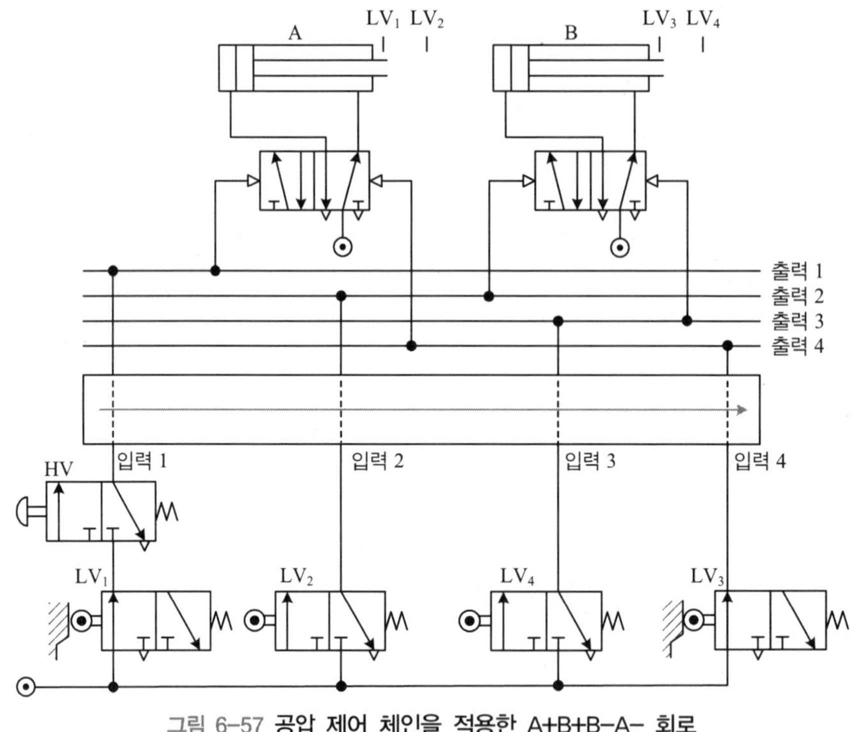

그림 6-57 **공압 제어 체인을 적용한 A+B+B-A- 회로**

6.1.4 공압 캐스캐이드 제어 회로의 설계

캐스케이드 제어란 플립플롭형 밸브와 같은 여러 제어 요소를 접속할 때 전단의 출력 신호를 다음단의 입력 신호에 차례로 직렬 연결한 것으로 각 제어 요소는 다음 단에 있는 제어 요소의 작동을 규제하는 제어 체인으로 캐스케이드란 말은 계단식 밸브 연결을 의미한다.

이러한 캐스캐이드 공압 회로의 설계 방법을 몇 가지 경우의 예를 들어 단계별로 설명한다.

1) 캐스캐이드 공압 회로 설계법 예 (I)

작업자가 밴딩 장치에 소재를 수동으로 고정시킨다. 그리고 실린더 B가 전진하여 1차 밴딩을 한 후 후진한다. 이어서 실린더 B가 전진하여 2차 밴딩을 한 후 후진하면 작업이 완료되며 작업자는 소재를 제거한다.

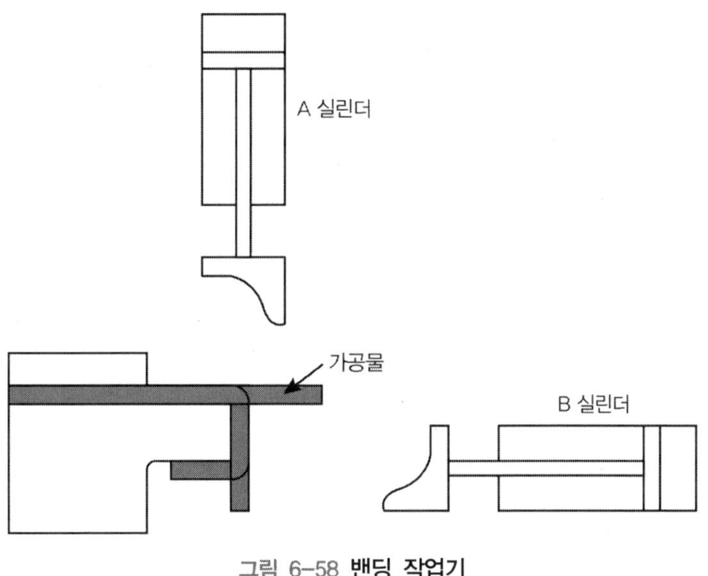

그림 6-58 **밴딩 작업기**

◎ 간략표시법으로 동작 시퀀스를 작성한다.

A+ A- B+ B-

◎ 작동 순서를 그룹으로 나눈다.

동작 간의 간섭을 제거하기 위하여 동일 액츄레이터의 전·후 동작이 한 그룹에 포함되지 않도록 해야 한다.

A+	A-　　　　B+	B-
I 그룹	II 그룹	III 그룹

◎ 아래의 실린더 A, B의 작동 순서에 따라 작동 요소를 결정한다.

그룹 내에서 작동하는 신호는 위에, 그룹을 변환시키는 신호는 아래에 표시한다.

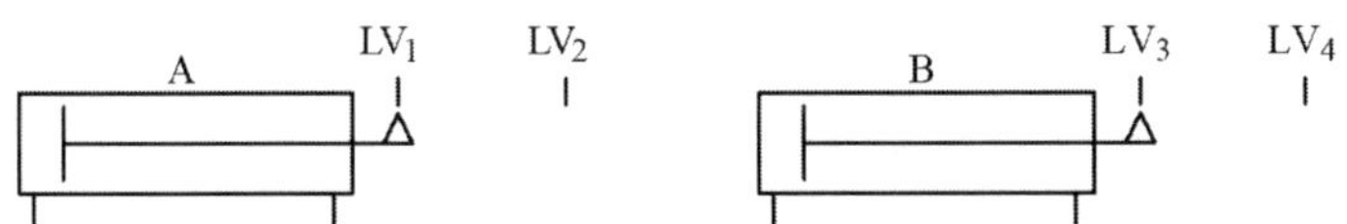

	LV_1			
A+	A-	B+	B-	
ST LV$_2$		LV$_4$	LV$_3$	
Ⅰ 그룹	Ⅱ 그룹		Ⅲ 그룹	

← 그룹내 신호(그룹 유지)

←그룹 변환

◯ 그룹을 전환시키는 입력신호를 결정한다. (여기서 ST는 시작 버턴, LV_1, LV_2, LV_3, LV_4는 리밋 벨브임).

– 입력 신호의 수(i)는 그룹 수와 같다.

입력 i = ST, LV_3

입력 i = LV_2

입력 i = LV_4

• 캐스케이드 회로 설계 원칙

① 입력의 수와 출력 라인의 수는 같아야 한다.

② 입력 신호(i)는 항상 한 개의 입력 신호가 순서대로 살아야 한다. ($i_1 \rightarrow i_2 \rightarrow i_3$)

③ 출력 라인(O)도 항상 1개의 출력 라인만 순서대로 살아야 한다. ($O_1 \rightarrow O_2 \rightarrow O_3$)

④ 하나의 입력 신호는 하나의 출력 신호에 정확히 할당 되어야 한다.
예) $i_1 \rightarrow O_1$, $i_2 \rightarrow O_2$, $i_3 \rightarrow O_3$

⑤ 초기상태에서 마지막 출력 라인(O_3)은 살아 있어야한다

⑥ 밸브는 메모리 기능을 갖추어야 한다.

◯ 작동 요소인 실린더와 이를 제어하는 마스터 밸브를 그린다.

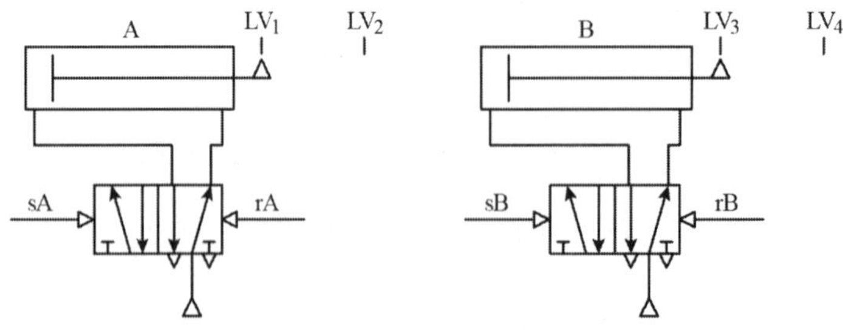

◯ 출력 라인과 메모리 밸브를 그린다.

- 출력 라인 수(O) = 그룹 수 = 3

- 메모리 밸브 수 = 그룹 수 - 1 = 2

* 메모리 밸브는 출력 라인 기준으로 아래쪽에 배치한다.
* 입력 신호 입력 i_1은 좌측 하부에, 입력 i_2, i_3는 우측 상부로부터 아래쪽으로 내려가면서 지정한다.

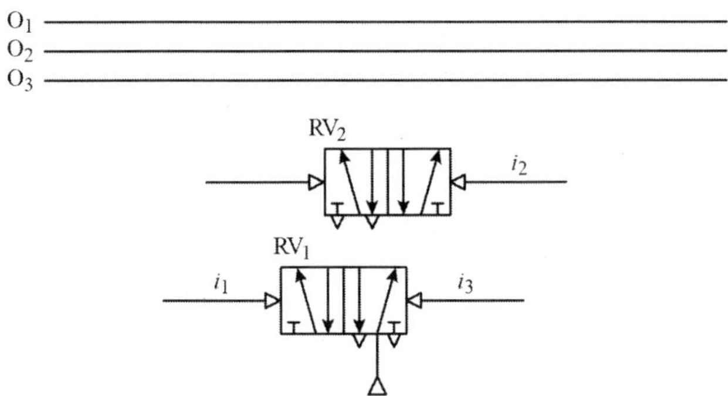

◎ 출력 라인(O)을 기준으로 위쪽은 실린더 전 · 후진 제어 밸브이며, 출력 라인(O)을 기준으로 아래쪽은 그룹 전환 제어 밸브가 배치된다.

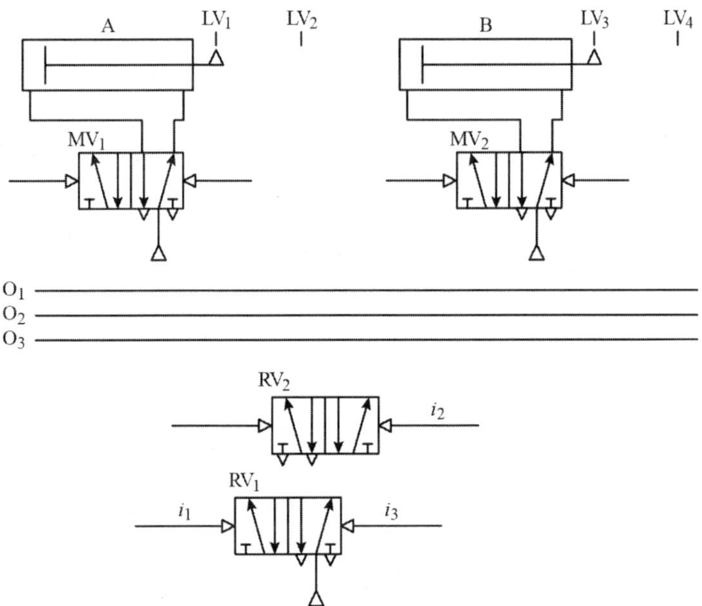

◎ 리밋 밸브의 배치

- 그룹 내 신호(LV_1) : 출력 라인 위쪽에
- 그룹 변환 신호(ST, LV_3 / LV_2 / LV_4) : 출력 라인 아래쪽에 배치한다.

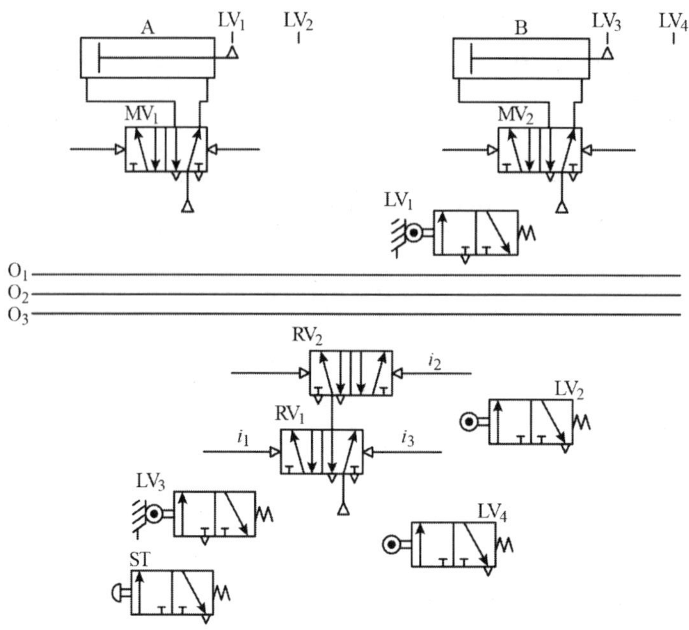

◎ 출력 라인에 의한 실린더 제어 설계

Ⅰ그룹의 첫 번째 실린더 작동신호(A+)는 출력 O_1에서,

Ⅱ그룹의 첫 번째 실린더 작동신호(A-)는 출력 O_2에서,

Ⅲ그룹의 첫 번째 실린더 작동신호(B-)는 출력 O_3에서 각각 공급 되도록 설계한다.

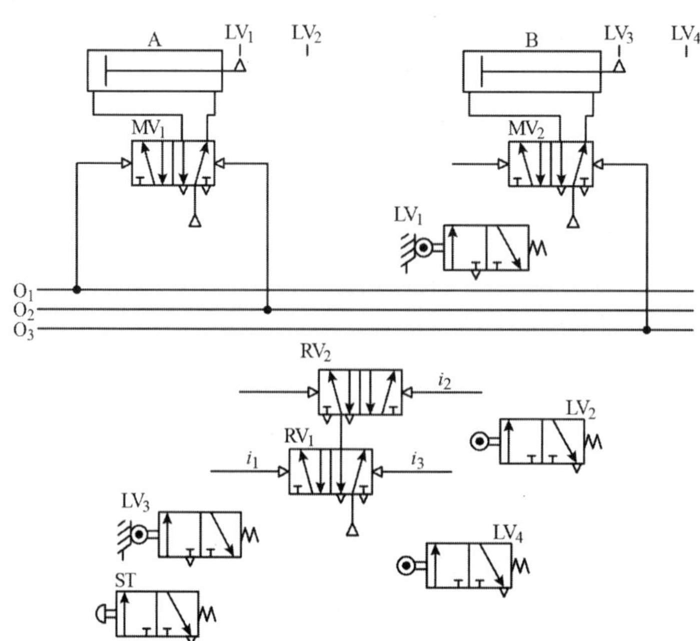

◎ 그룹 전환 신호에 의한 출력 라인 제어

입력 i_1의 신호에 의해 O_1 라인(O_3 배기)에,

입력 i_2의 신호에 의해 O_2 라인(O_1 배기)에,

입력 i_3의 신호에 의해 O_3 라인(O_2 배기)에 압축 공기가 각각 공급 되도록 설계한다.

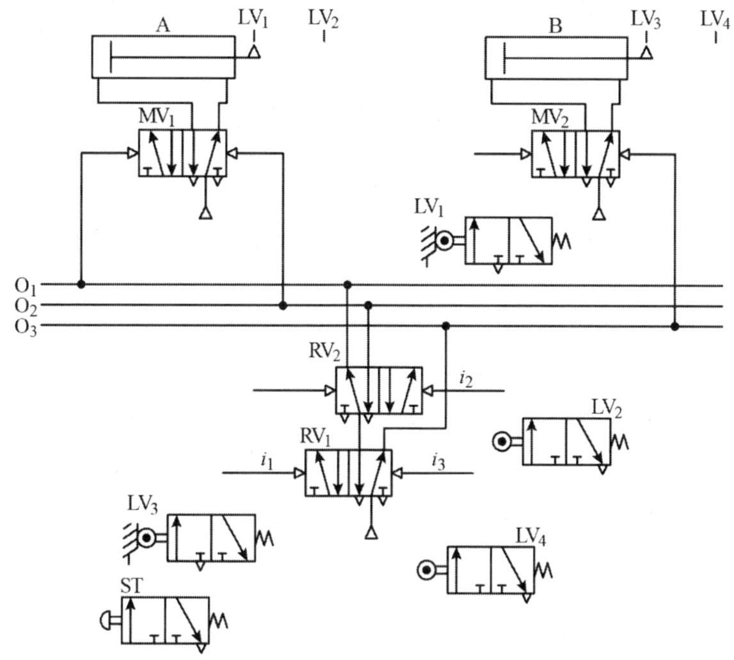

◎ 입력 신호 i_1, i_2, i_3에 ST · LV_3, LV_2, LV_4의 출력 포트를 각각 연결한다. RV_2의 왼쪽 제어 신호는 최종 출력인 O_3와 연결한다.

◎ 리밋 밸브(ST · LV_3, LV_2, LV_4)의 공급 포트는 전 단계 출력 라인과 각각 연결시킨다.

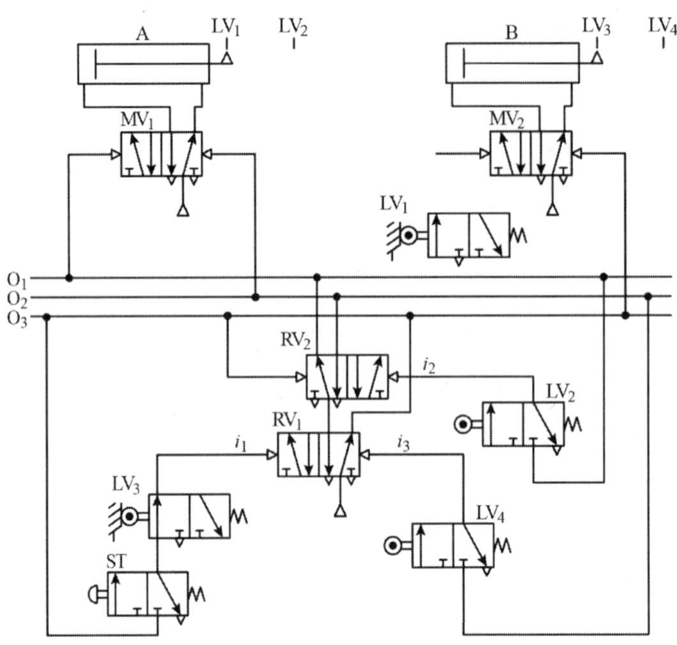

- 출력(O_1, O_2, O_3)은 작동 순서에 따라 최종제어요소인 마스터 밸브(MV_1, MV_2)와 직결하거나 리밋 밸브(LV_1)를 통하여 마스터 밸브(MV_2)와 연결하여 완성한다.
- 만약 한 그룹에서 여러 스텝이 동작될 경우에는 전 스텝 완료 신호와 AND로 접속하여 완성한다(여기서는 해당 사항 없음).

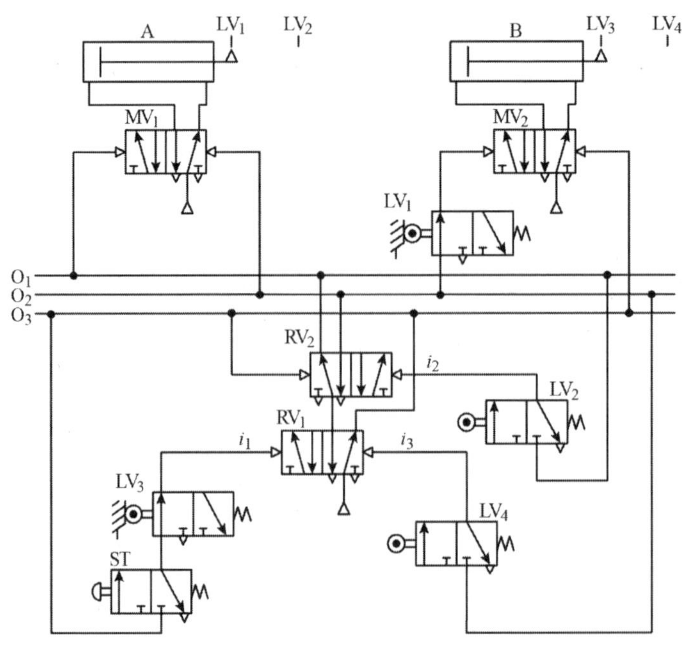

- 캐스케이드 공압 회로 설계 요약
  ① 초기상태에서 마지막 출력 라인은 살아있어야 함
  ② 밸브는 메모리 기능이어야 함
  ③ 출력 라인 수 = 그룹수
  ④ 메모리 밸브 수 = 그룹수 - 1
  ⑤ 실린더와 마스터 밸브는 출력 라인의 위에 배치
  ⑥ 메모리 밸브는 출력 라인 아래에 배치
  ⑦ 입력 신호 i_1은 좌측 하부에, i_2, i_3는 우측 상부부터 아래로 내려가면서 배정함
  ⑧ 그룹의 첫 번째 작동 신호 A+, A-, B-는 출력 O_1, O_2, O_3에서 각각 공급함
  ⑨ 그룹 전환 신호에 의한 출력 라인 제어
  - i_1에 의해 O_1라인 제어(O_3 배기)
  - i_2에 의해 O_2라인 제어(O_1 배기)
  - i_3에 의해 O_3라인 제어(O_2 배기)

  ⑩ 입력 신호(i_1, i_2, i_3)에 각각 ST · LV_3, LV_2, LV_4를 연결시킴
  ⑪ 리밋 밸브(ST · LV_3, LV_2, LV_4)의 공급 포트는 전 단계 출력 라인과 연결시킴
  ⑫ 출력은 작동 순서에 따라 직결 하거나 리밋 밸브를 통하여 최종제어요소인 마스터 밸브와 연결함
  ⑬ 만약 한 그룹에서 여러 스텝이 동작될 경우에는 전 스텝 완료 신호와 AND로 접속하여 완성함

2) 캐스케이드 공압 회로 설계법 예(II)

공작물을 수동으로 작업대에 장착하고 실린더 A가 공작물을 작업 위치까지 이송하면 실린더 B가 전진하여 공작물에 스탬핑 작업 후 복귀한다. 이어서 실린더 A가 후진한다.

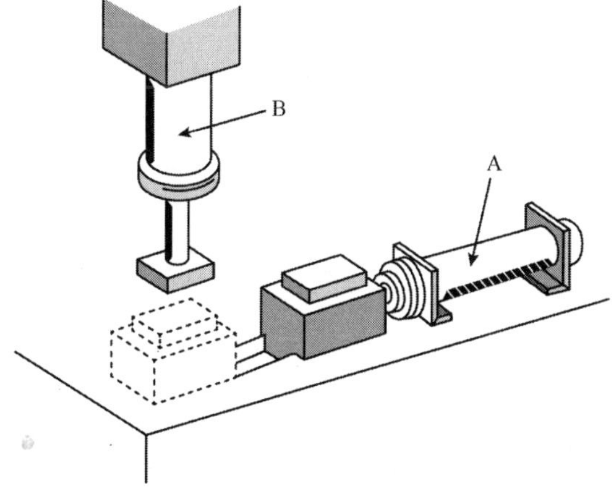

그림 6-58 **스탬핑 작업기(I)**

◎ 간략표시법으로 동작 시퀀스를 작성한다.

A+ B+ B- A-

◎ 작동 순서를 그룹으로 나눈다.

동작 간의 간섭을 제거하기 위하여 동일 액츄레이터의 전·후 동작이 한 그룹에 포함되지 않도록 해야 한다.

A+	B+	B-	A-
Ⅰ 그룹		Ⅱ 그룹	

◎ 아래의 실린더 A, B의 작동 순서에 따라 작동 요소를 결정한다.

그룹 내에서 작동하는 신호는 위에, 그룹을 변환시키는 신호는 아래에 표시한다.

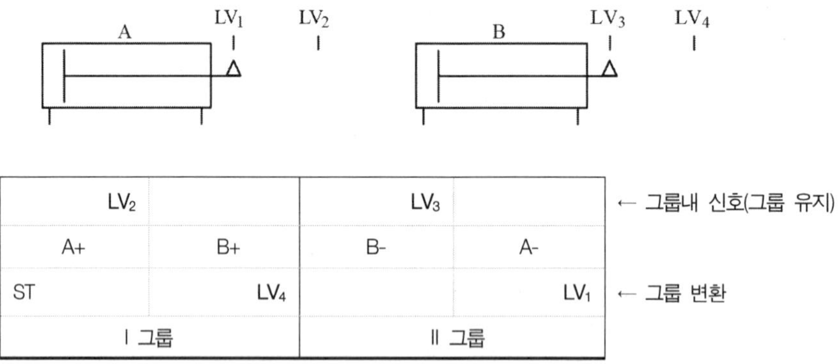

LV_2		LV_3		← 그룹내 신호(그룹 유지)
A+	B+	B-	A-	
ST	LV_4		LV_1	← 그룹 변환
Ⅰ 그룹		Ⅱ 그룹		

◎ 그룹을 전환시키는 입력신호를 결정한다(여기서 ST는 시작 버턴, LV_1, LV_2, LV_3, LV_4는 리밋 벨브임).

- 입력 신호의 수(i_1)는 그룹 수와 같다.
  입력 i_1 = ST, LV_1
  입력 i_2 = LV_4

◎ 작동 요소인 실린더와 이를 제어하는 마스터 밸브를 그린다.

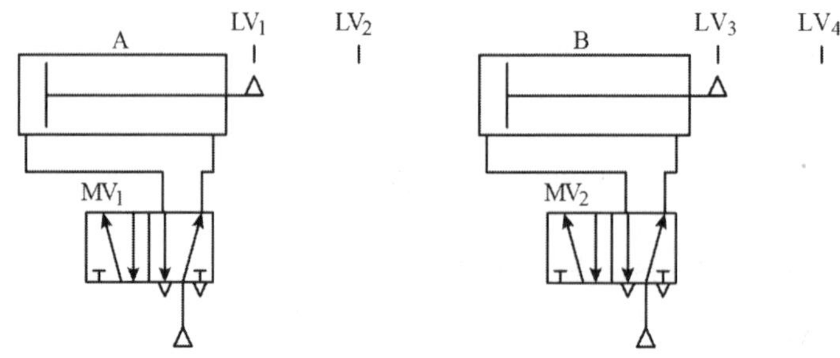

출력 라인과 메모리 밸브를 그린다.

- 출력 라인 수(O) = 그룹 수 = 2
- 메모리 밸브 수 = 그룹 수 - 1 = 1

* 메모리 밸브는 출력 라인 기준으로 아래쪽에 배치한다.

* 입력 신호 입력 i_1은 밸브의 좌측에, 입력 i_2는 우측에 각각 지정한다.

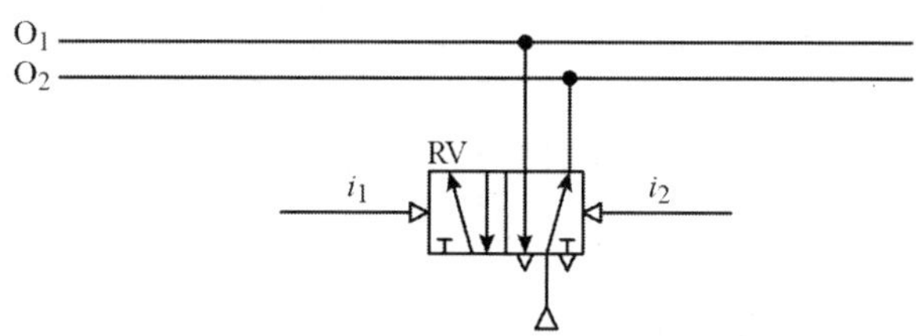

출력 라인(O)을 기준으로 위쪽은 실린더 전 · 후진 제어 밸브이며, 출력 라인(O)을 기준으로 아래쪽은 그룹 전환 제어 밸브가 배치된다.

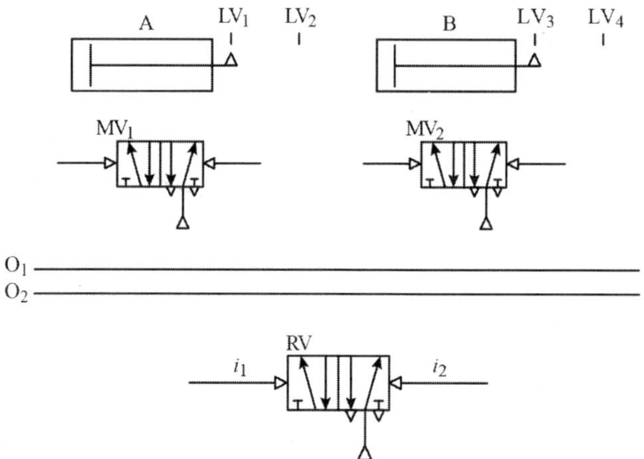

리밋 밸브의 배치

- 그룹 내 신호 (LV_2, LV_3) : 출력 라인 위쪽에
- 그룹 변환 신호(ST, LV_1 / LV_4) : 출력 라인 아래쪽에 배치한다.

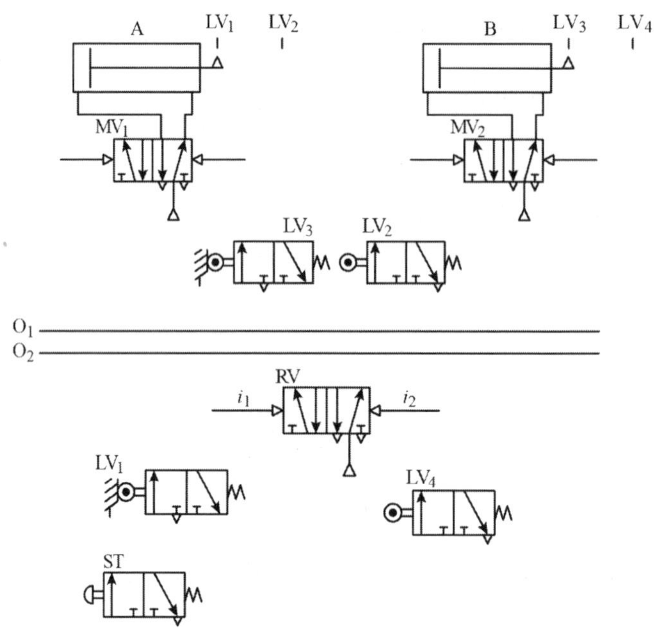

◎ 출력 라인에 의한 실린더 제어 설계

Ⅰ그룹의 첫 번째 실린더 작동신호(A+)는 출력 O_1에서,

Ⅱ그룹의 첫 번째 실린더 작동신호(B-)는 출력 O_2에서 각각 공급되도록 설계한다.

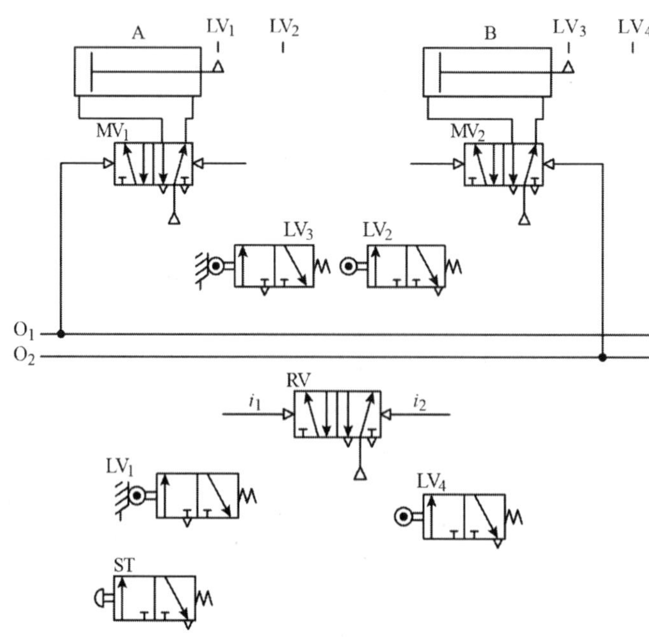

◎ 그룹 전환 신호에 의한 출력 라인 제어

입력 i_1의 신호에 의해 O_1 라인(O_2 배기)에,

입력 i_2의 신호에 의해 O_2 라인(O_1 배기)에 압축 공기가 각각 공급되도록 설계한다.

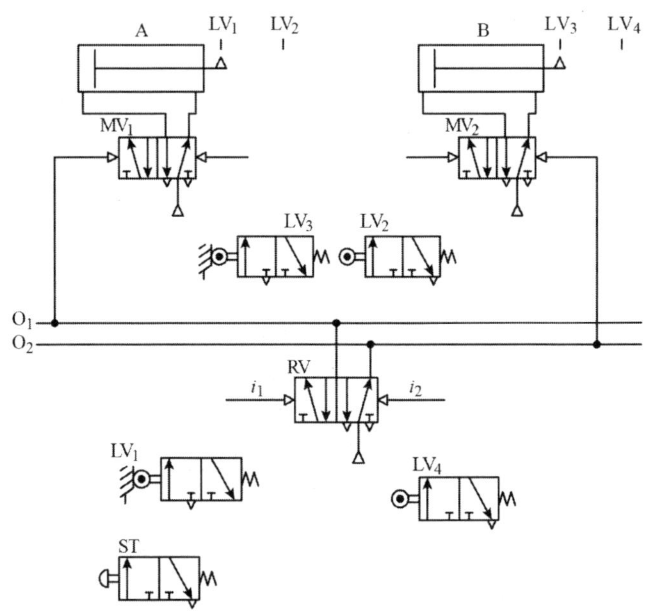

◎ 입력 신호 i_1, i_2에 ST · LV_1, LV_4의 출력 포트를 각각 연결한다.

◎ 리밋 밸브(ST · LV_1, LV_4)의 공급 포트는 전 단계 출력 라인과 각각 연결시킨다.

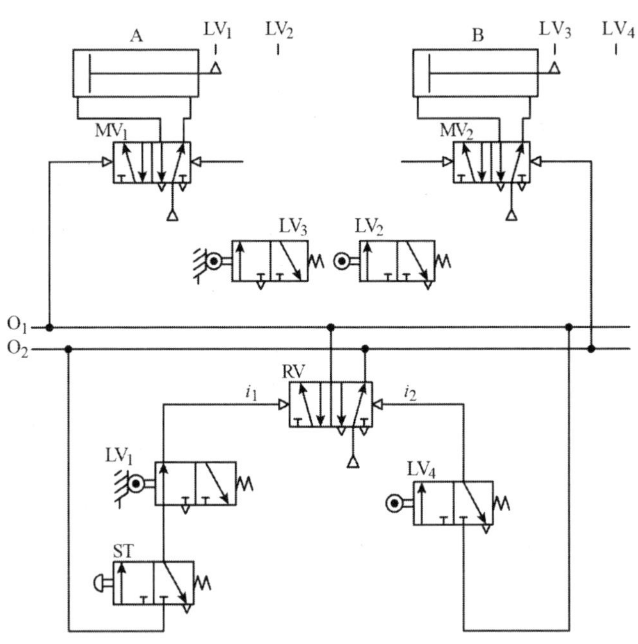

◎ 출력(O_1, O_2)은 작동 순서에 따라 최종제어요소인 마스터 밸브(MV_1, MV_2)와 직결하거나 리밋 밸브(LV_2, LV_3)를 통하여 최종제어요소인 마스터 밸브(MV_2, MV_1)에 각각 연결하여 완성한다.

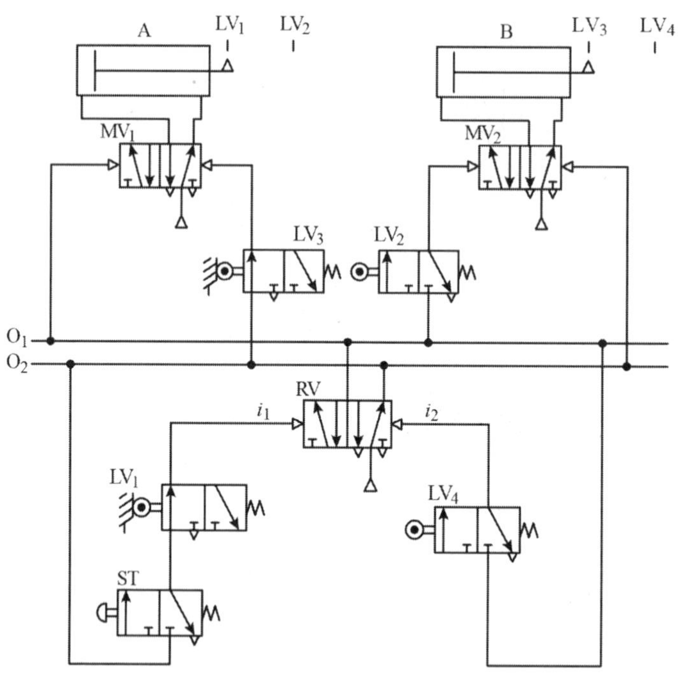

3) 캐스캐이드 공압 회로 설계법 예(Ⅲ)

그림 6-59에서 실린더 A가 전진하여 작업물을 이송시켜 클램핑(clamping)하면, 실린더 B가 전진하여 스탬핑(stamping) 작업을 한다. 실린더 B가 작업을 마치고 되돌아가면 실린더 A는 후진하며, 작업이 완료되면 실린더 C가 전진과 후진하여 가공물을 배출시킨다.

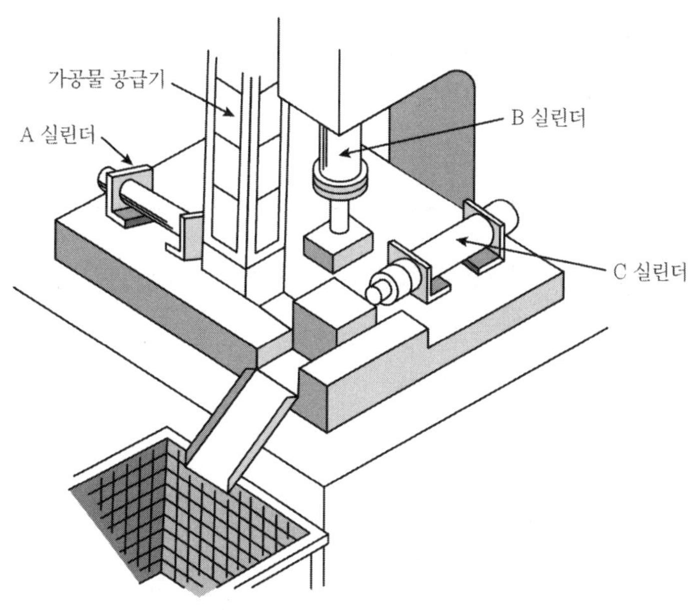

그림 6-59 **스탬핑 작업기(II)**

◎ 간략표시법으로 동작 시퀀스를 작성한다.

A+ B+ B- A- C+ C-

◎ 작동 순서를 그룹으로 나눈다.

동작 간의 간섭을 제거하기 위하여 동일 액츄레이터의 전·후 동작이 한 그룹에 포함되지 않도록 해야 한다.

A+	B+	B-	A-	C+	C-
I 그룹		II 그룹			III 그룹

◎ 아래의 실린더 A, B, C의 작동 순서에 따라 작동 요소를 결정한다.

그룹 내에서 작동하는 신호는 위에, 그룹을 변환시키는 신호는 아래에 표시한다.

A LV_1 LV_2　　B LV_3 LV_4　　C LV_5 LV_6

LV_2		LV_3	LV_1			← 그룹내 신호
A+	B+	B-	A-	C+	C-	
ST	LV_4			LV_6	LV_5	← 그룹 변환
I 그룹		II 그룹			III 그룹	

◎ 그룹을 전환시키는 입력신호를 결정한다(여기서 ST는 시작 버턴, LV_1, LV_2, LV_3, LV_4, LV_5, LV_6은 리밋 벨브임).

- 입력 신호의 수(i_1)는 그룹 수와 같다.

  입력 i_1 = ST, LV_5

  입력 i_2 = LV_4

  입력 i_3 = LV_6

◎ 작동 요소인 실린더와 이를 제어하는 마스터 밸브를 그린다.

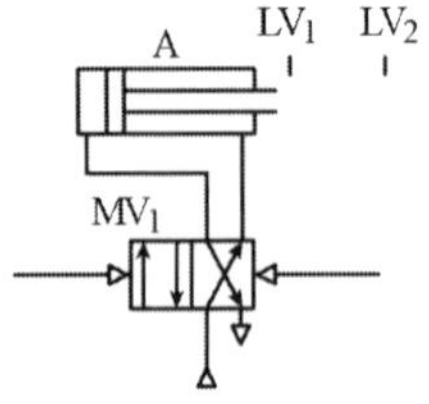

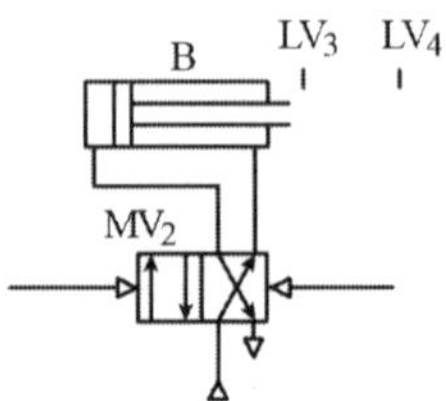

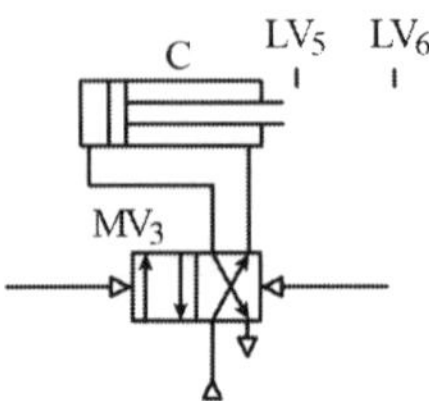

◎ 출력 라인과 메모리 밸브를 그린다.

- 출력 라인 수(O) = 그룹 수 = 3
- 메모리 밸브 수 = 그룹 수 - 1 = 2

  * 메모리 밸브는 출력 라인 기준으로 아래쪽에 배치한다.

  * 입력 신호 입력 i_1은 좌측 하부에, 입력 i_2, i_3는 우측 상부로부터 아래쪽으로 내려가면서 지정한다.

O_1
O_2
O_3

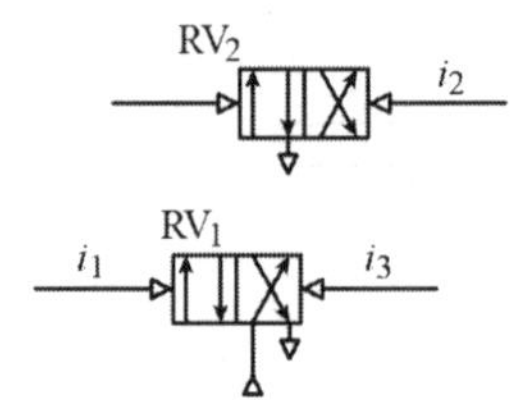

◎ 출력 라인(O)을 기준으로 위쪽은 실린더 전 · 후진 제어 밸브이며, 출력 라인(O)을 기준으로 아래쪽은 그룹 전환 제어 밸브가 배치된다.

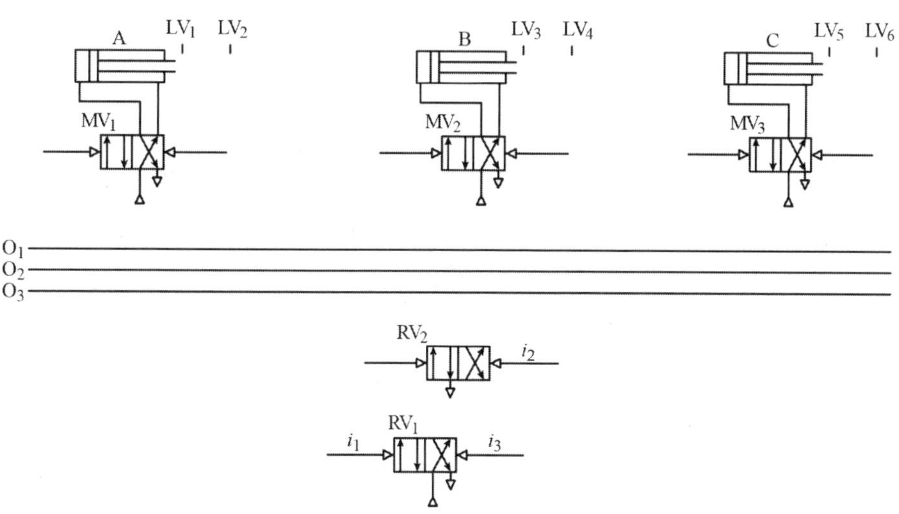

◎ 리밋 밸브의 배치

- 그룹 내 신호 (LV_1, LV_2, LV_3) : 출력 라인 위쪽에
- 그룹 변환 신호(ST, LV_4, LV_5, LV_6) : 출력 라인 아래쪽에 배치한다.

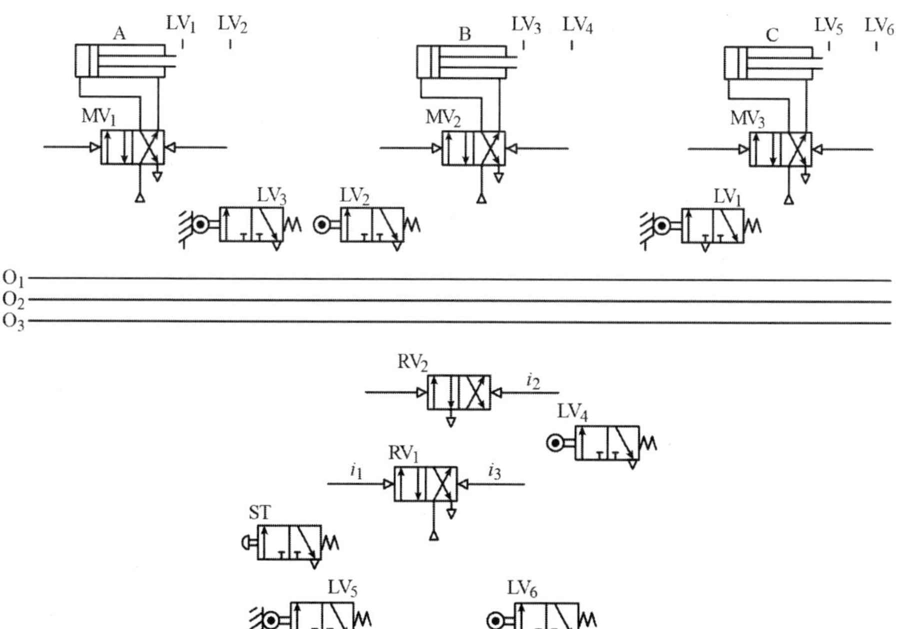

◎ 출력 라인에 의한 실린더 제어 설계

Ⅰ그룹의 첫 번째 실린더 작동신호(A+)는 출력 O_1에서,

Ⅱ그룹의 첫 번째 실린더 작동신호(B-)는 출력 O_2에서,

Ⅱ그룹의 첫 번째 실린더 작동신호(C-)는 출력 O_3에서, 각각 공급되도록 설계한다.

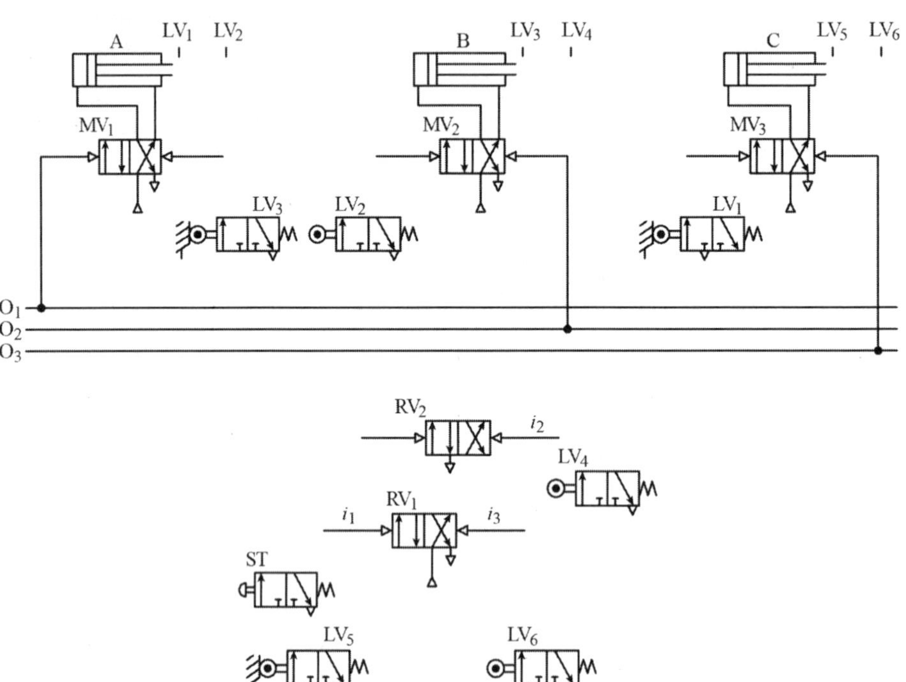

◎ 그룹 전환 신호에 의한 출력 라인 제어

입력 i_1의 신호에 의해 O_1 라인(O_3 배기)에,

입력 i_2의 신호에 의해 O_2 라인(O_1 배기)에,

입력 i_3의 신호에 의해 O_3 라인(O_2 배기)에 압축 공기가 각각 공급되도록 설계한다.

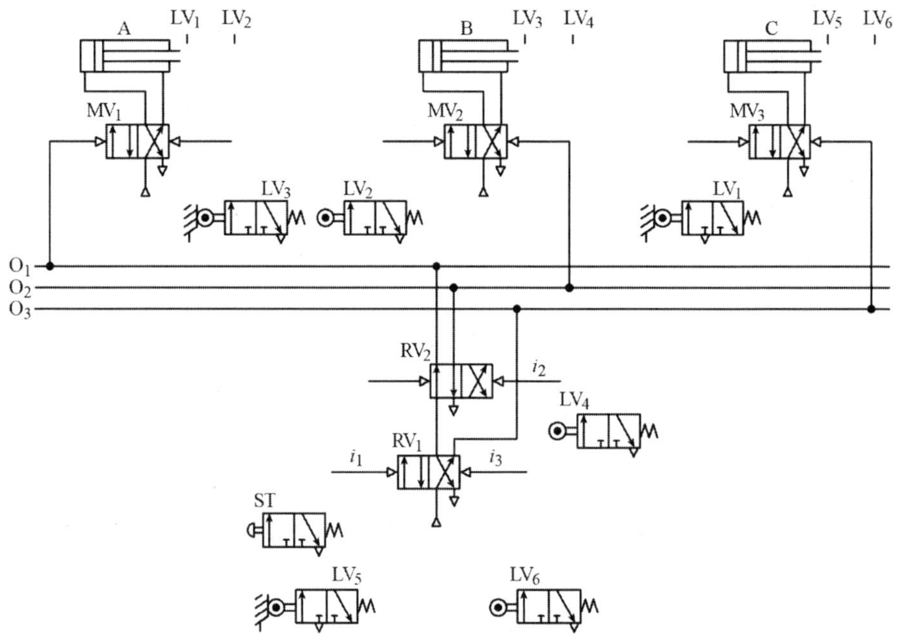

◎ 입력 신호 i_1, i_2, i_3에 LV_5 · ST, LV_4, LV_6의 출력 포트를 각각 연결한다. RV_2의 왼쪽 제어 신호는 최종 출력인 O_3와 연결한다.

◎ 리밋 밸브(LV_5 · ST, LV_4, LV_6)의 공급 포트는 전 단계 출력 라인과 연결시킨다.

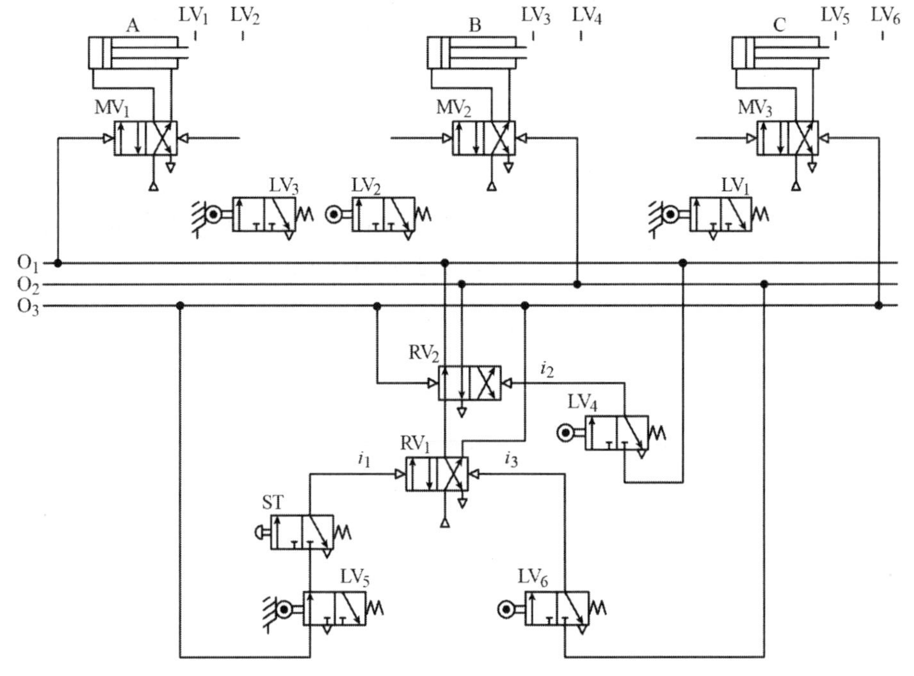

◎ 출력(O_1, O_2, O_3)은 작동 순서에 따라 최종제어요소인 마스터 밸브(MV_1, MV_2, MV_3)와 직결하거나 리밋 밸브(LV_2, LV_1 ,LV_3)를 통하여 마스터 밸브(MV_2, MV_3, MV_1)에 각각 연결하여 완성한다.

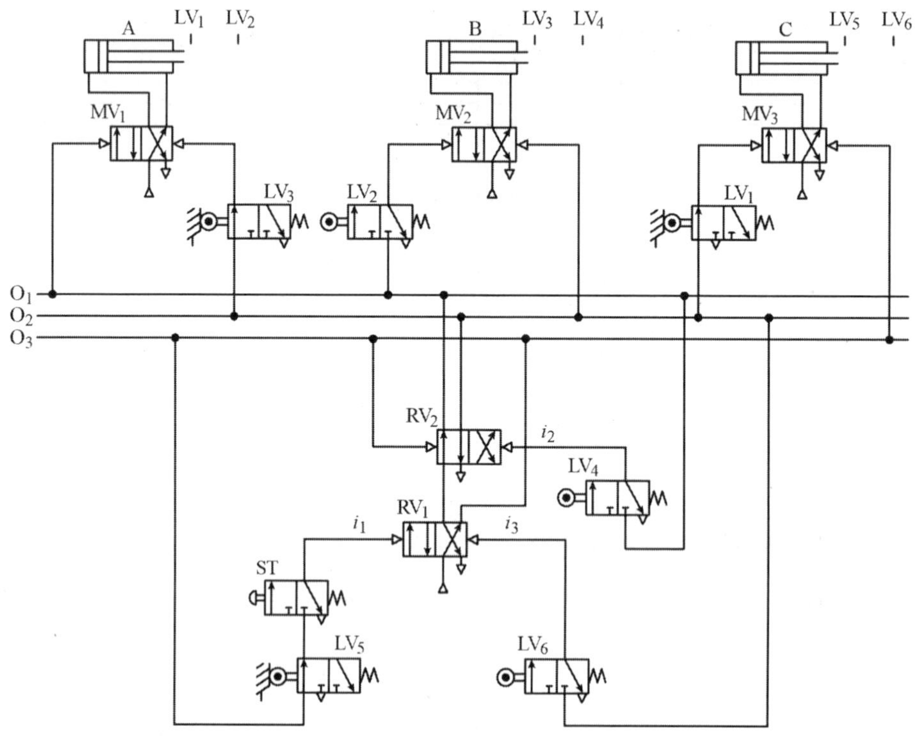

4) 캐스케이드 공압 회로 설계법 예(Ⅳ)

실린더 A가 전진하여 소재를 이송시키면, 실린더 B가 전진하여 소재를 고정한다. 그 다음에 실린더 A는 후진하고, 실린더 C가 전진 중에 밀링작업을 하고 가공작업이 완료되면, 실린더 B 후진하고, 실린더 D가 전진하여 가공물을 배출시키고, 실린더 C 후진하여 작업을 완료한다.

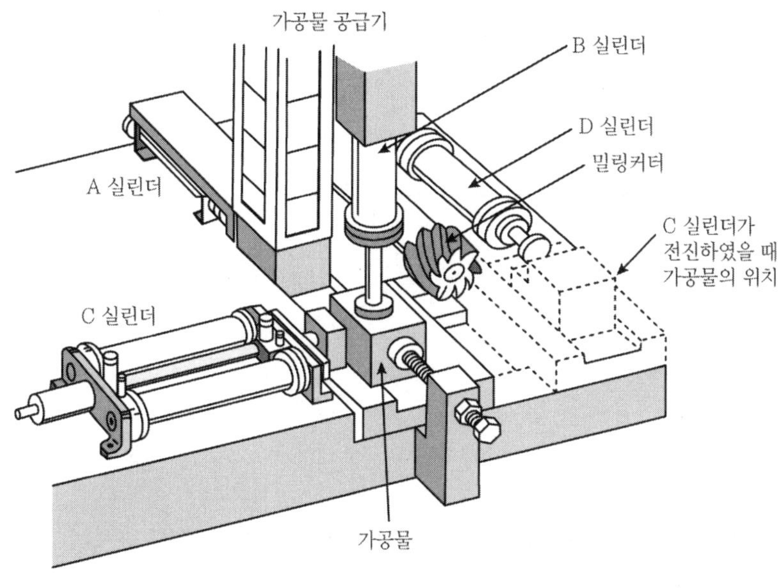

그림 6-60 **밀링 장치**

◎ 간략표시법으로 동작 시퀀스를 작성한다.

A+ B+ A- C+ B- D+ D- C-

◎ 작동 순서를 그룹으로 나눈다.

동작 간의 간섭을 제거하기 위하여 동일 액츄레이터의 전·후 동작이 한 그룹에 포함되지 않도록 해야 한다.

A+	B+	A-	C+	B-	D+	D-	C-
Ⅰ 그룹		Ⅱ 그룹				Ⅲ 그룹	

◎ 아래의 실린더 A, B, C, D의 작동 순서에 따라 작동 요소를 결정한다.

그룹 내에서 작동하는 신호는 위에, 그룹을 변환시키는 신호는 아래에 표시한다.

A LV_1 LV_2 B LV_3 LV_4 C LV_5 LV_6 D LV_7 LV_8

LV2		LV1	LV6	LV3		LV7		← 그룹내 신호
A+	B+	A-	C+	B-	D+	D-	C-	
ST	LV4				LV8		LV5	← 그룹 변환
Ⅰ 그룹		Ⅱ 그룹				Ⅲ 그룹		

◯ 그룹을 전환시키는 입력신호를 결정한다.

- 입력 신호의 수(i_1)는 그룹 수와 같다.

  입력 i_1 = ST, LV_5

  입력 i_2 = LV_4

  입력 i_3 = LV_8

◯ 작동 요소인 실린더와 이를 제어하는 마스터 밸브를 그린다. MV_3과 실린더 C 사이에 속도 제어 밸브를 달아서 전진시 속도 제어 기능을 추가했다.

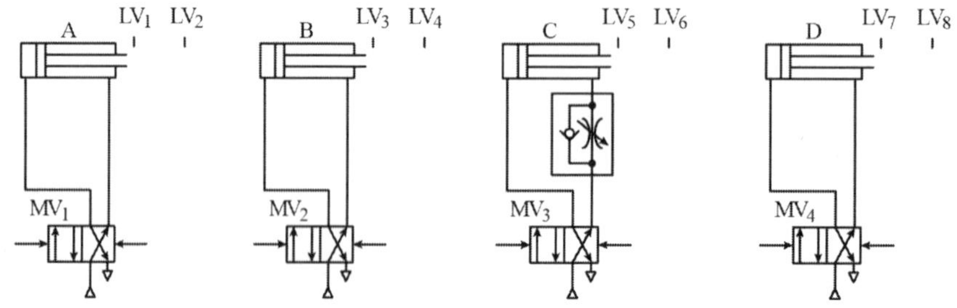

◯ 출력 라인과 메모리 밸브를 그린다.

- 출력 라인 수(O) = 그룹 수 = 3
- 메모리 밸브 수 = 그룹 수 - 1 = 2

  * 메모리 밸브는 출력 라인 기준으로 아래쪽에 배치한다.
  * 입력 신호 i_1은 좌측 하부에, 입력 i_2, i_3는 우측 상부로부터 아래쪽으로 내려가면서 번호가 증가된다.

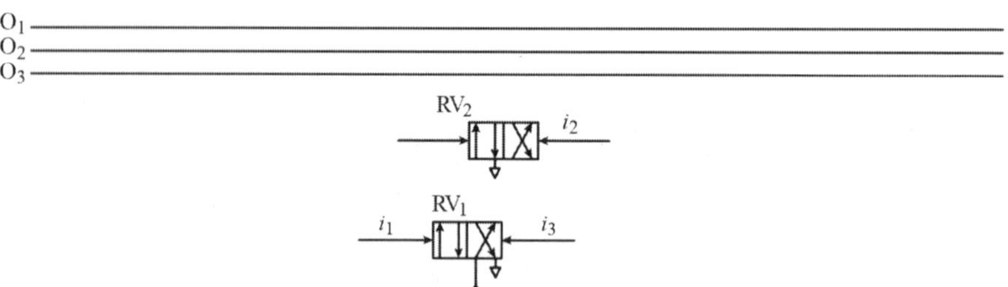

◎ 출력 라인(O)을 기준으로 위쪽은 실린더 전 · 후진 제어 밸브이며, 출력 라인(O)을 기준으로 아래쪽은 그룹 전환 제어 밸브가 배치된다.

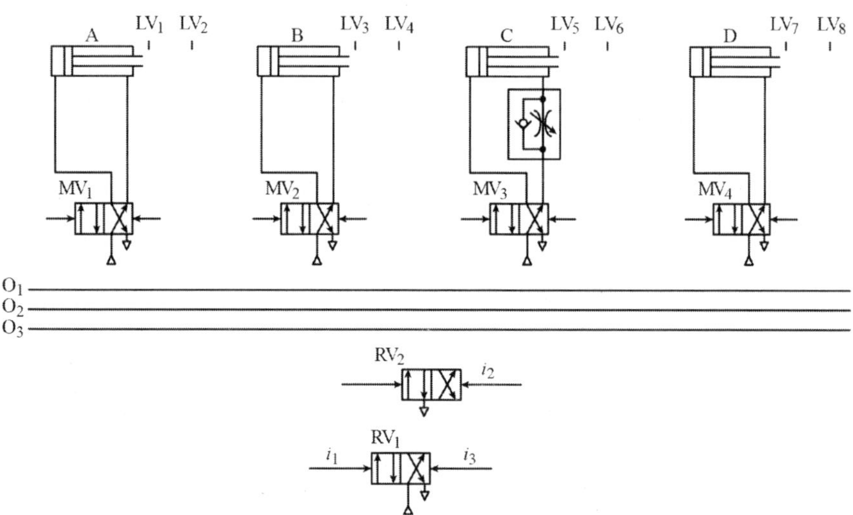

◎ 리밋 밸브의 배치

- 그룹 내 신호 (LV_1, LV_2, LV_3, LV_6, LV_7) : 출력 라인 위쪽에
- 그룹 변환 신호(ST, LV_4, LV_5, LV_8) : 출력 라인 아래쪽에 배치한다.

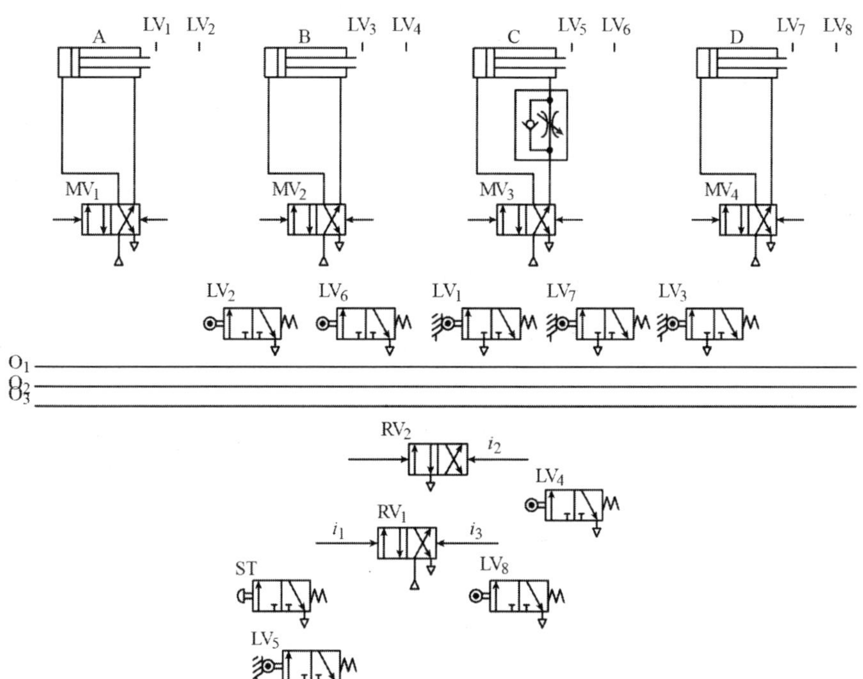

◎ 출력 라인에 의한 실린더 제어 설계

I 그룹의 첫 번째 실린더 작동신호(A+)는 출력 O_1에서,

II 그룹의 첫 번째 실린더 작동신호(A-)는 출력 O_2에서,

III 그룹의 첫 번째 실린더 작동신호(D-)는 출력 O_3에서, 각각 공급 되도록 설계한다.

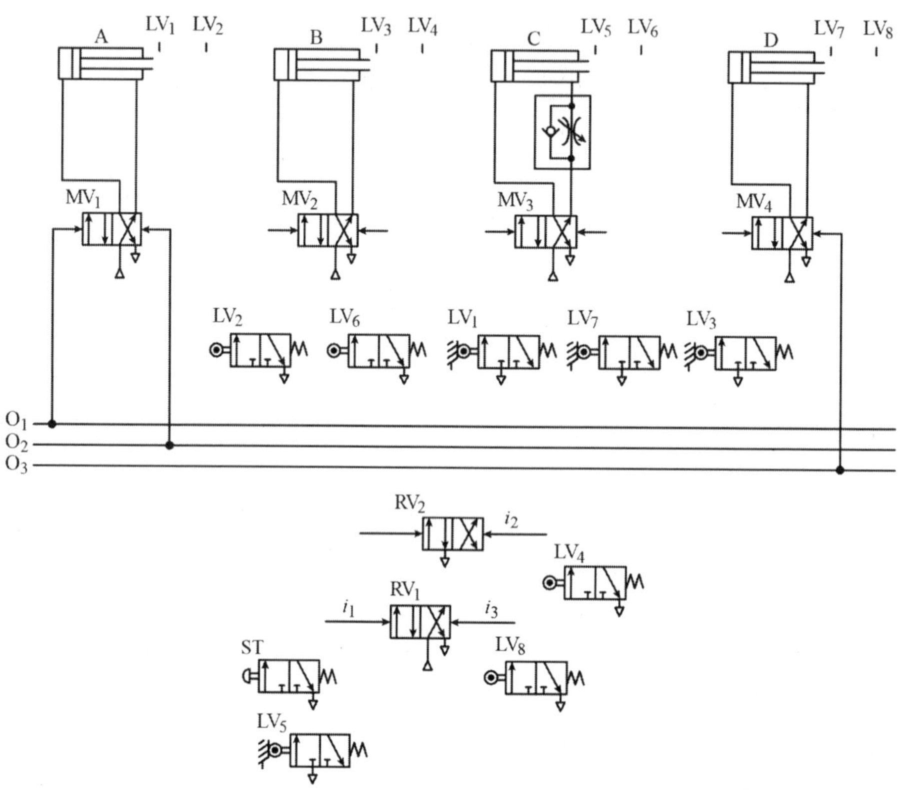

◎ 그룹 전환 신호에 의한 출력 라인 제어

입력 i_1의 신호에 의해 O_1 라인(O_3 배기)에,

입력 i_2의 신호에 의해 O_2 라인(O_1 배기)에,

입력 i_3의 신호에 의해 O_3 라인(O_2 배기)에 압축 공기가 각각 공급 되도록 설계한다.

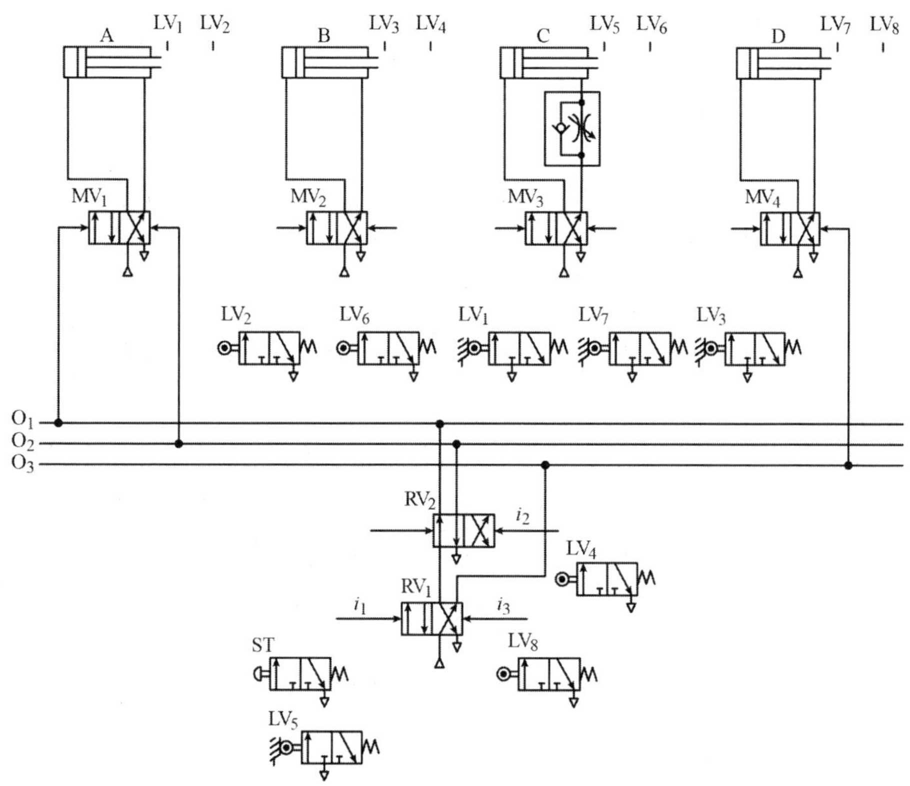

◎ 입력 신호 i_1, i_2, i_3에 LV_5 · ST, LV_4, LV_8의 출력 포트를 각각 연결한다. RV_2의 왼쪽 제어 신호는 최종 출력인 O_3와 연결한다.

◎ 리밋 밸브(LV_5 · ST, LV_4, LV_8)의 공급(P) 포트는 전 단계 출력 라인과 연결시킨다.

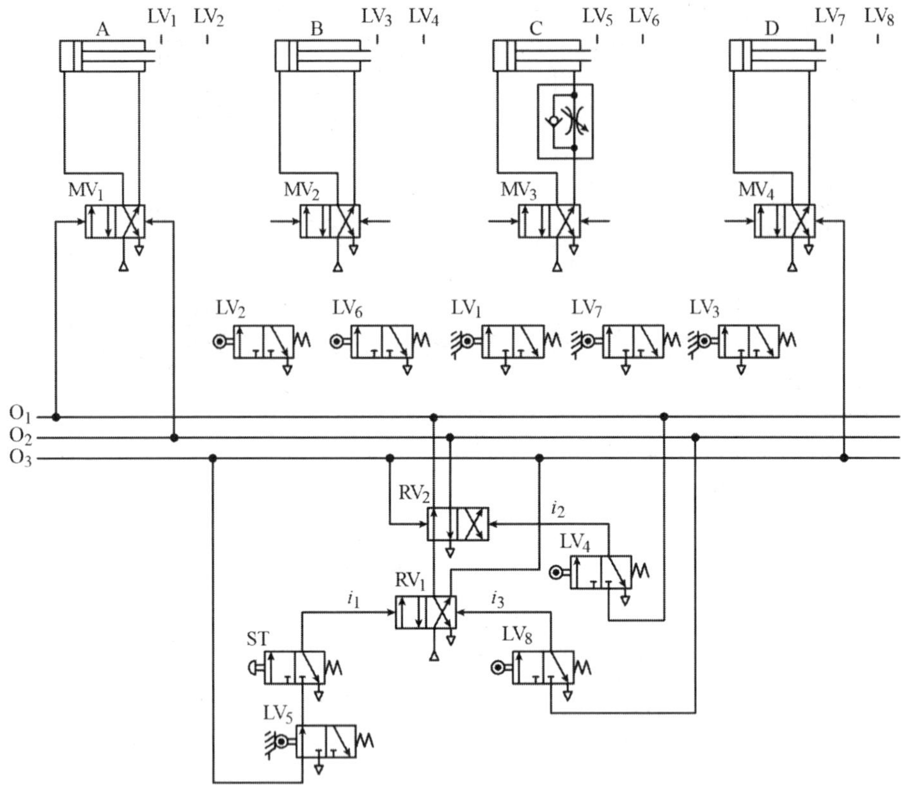

◎ 출력(O_1, O_2, O_3)은 작동 순서에 따라 최종제어요소인 마스터 밸브(MV_1, MV_4)와 직결하거나 리밋 밸브(LV_2, LV_1, LV_6, LV_3, LV_7)를 통하여 마스터 밸브(MV_2, MV_3, MV_4)에 각각 연결하여 완성한다.

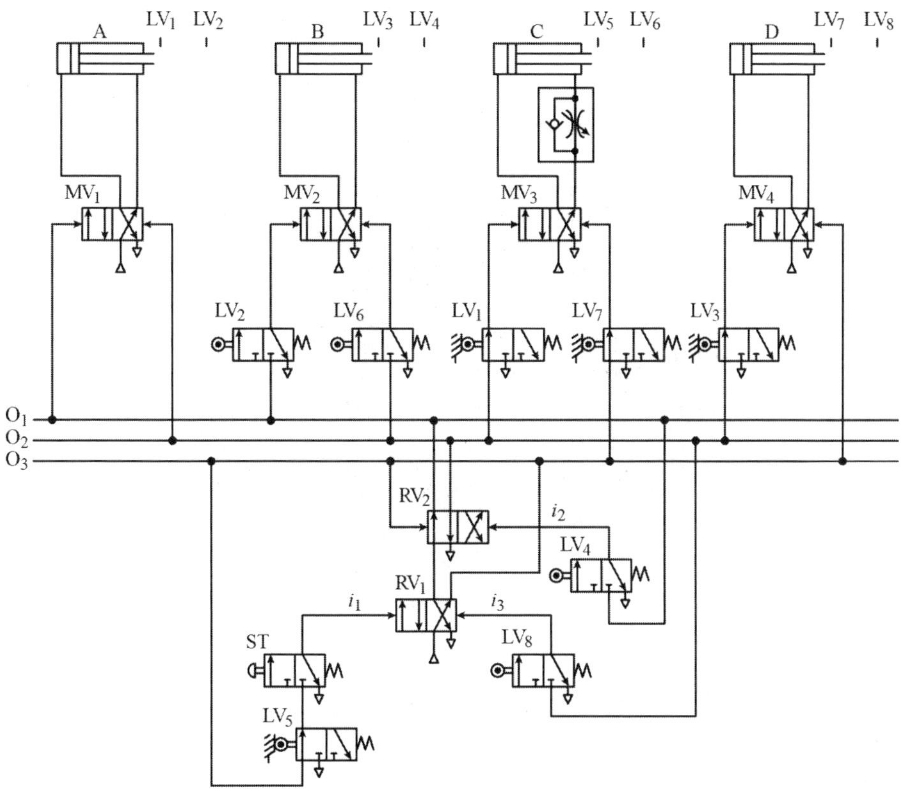

5) 캐스케이드 공압 회로 설계법 예(V)

매거진 내의 공작물을 드릴 장치 내에서 드릴 작업을 실행하기 위한 장치이다. 실린더 A를 전진시켜 매거진 내의 공작물을 작업 위치까지 이송시키면, 실린더 B가 전진하여 공작물의 제1의 위치에 드릴 작업을 한 후 후진한다. 그리고 제2의 위치에 또 다른 드릴 가공을 위해 실린더 C를 전진(실린더 A와 매거진도 함께 이동)시킨 후 실린더 B가 전진하여 동일한 드릴 작업을 하고 후진한 후 실린더 C가 후진(실린더 A와 매거진도 함께 이동)한다. 그리고 최종적으로 실린더 A가 후진하여 한 사이클이 완료된다.

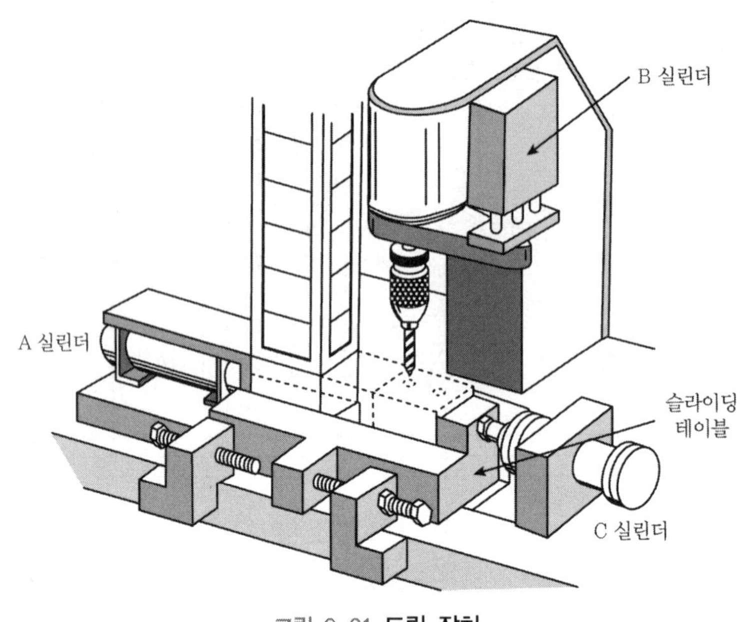

그림 6-61 **드릴 장치**

- 간략표시법으로 동작 시퀀스를 작성한다.

A+ B+ B- C+ B+ B- C- A-

- 작동 순서를 그룹으로 나눈다.

동작 간의 간섭을 제거하기 위하여 동일 액츄레이터의 전·후 동작이 한 그룹에 포함되지 않도록 해야 한다.

A+	B+	B-	C+	B+	B-	C-	A-
Ⅰ 그룹		Ⅱ 그룹		Ⅲ 그룹	Ⅳ 그룹		

- 아래의 실린더 A, B, C의 작동 순서에 따라 작동 요소를 결정한다.

그룹 내에서 작동하는 신호는 위에, 그룹을 변환시키는 신호는 아래에 표시한다.

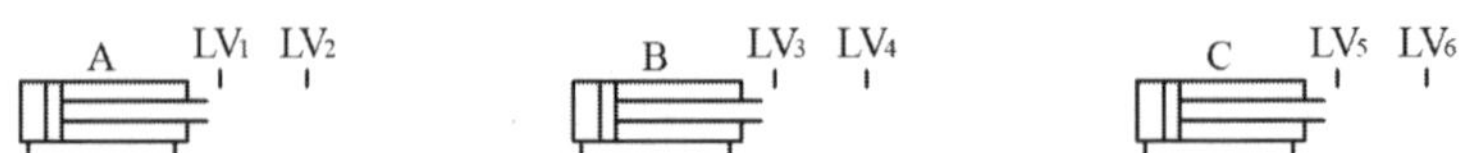

LV_2		LV_3			LV_3	LV_5		← 그룹내 신호
A+	B+	B-	C+	B+	B-	C-	A-	
ST	LV_4		LV_6	LV_4			LV_1	← 그룹 변환
Ⅰ 그룹		Ⅱ 그룹		Ⅲ 그룹	Ⅳ 그룹			

그룹을 전환시키는 입력신호를 결정한다.

- 입력 신호의 수(i_1)는 그룹 수와 같다.

입력 i_1 = ST, LV_1

입력 i_2 = LV_4

입력 i_3 = LV_6

입력 i_4 = LV_4

작동 요소인 실린더와 이를 제어하는 마스터 밸브를 그린다.

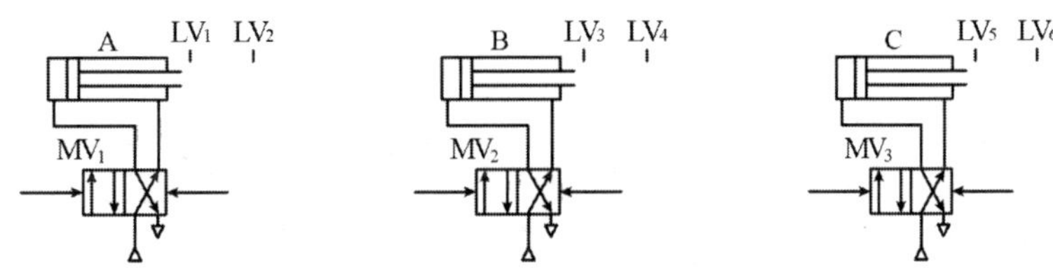

출력 라인과 메모리 밸브를 그린다.

- 출력 라인 수(O) = 그룹 수 = 4
- 메모리 밸브 수 = 그룹 수 - 1 = 3

* 메모리 밸브는 출력 라인 기준으로 아래쪽에 배치한다.

* 입력 신호 i_1은 좌측 하부에, 입력 i_2, i_3, i_4는 우측 상부로부터 아래쪽으로 내려가면서 지정한다.

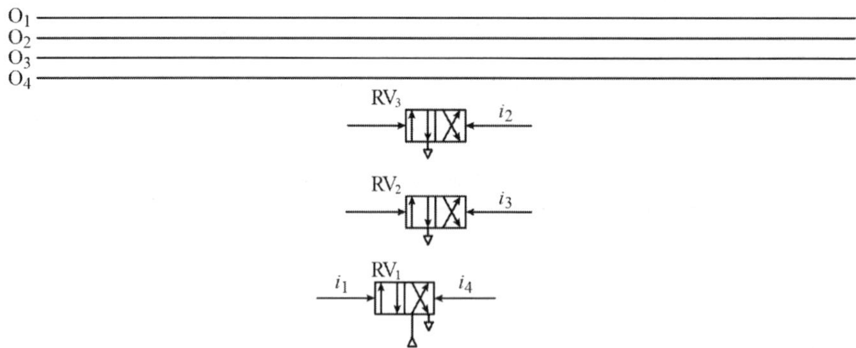

출력 라인(O)을 기준으로 위쪽은 실린더 전 · 후진 제어 밸브이며, 출력 라인(O)을 기준으로 아래쪽은 그룹 전환 제어 밸브가 배치된다.

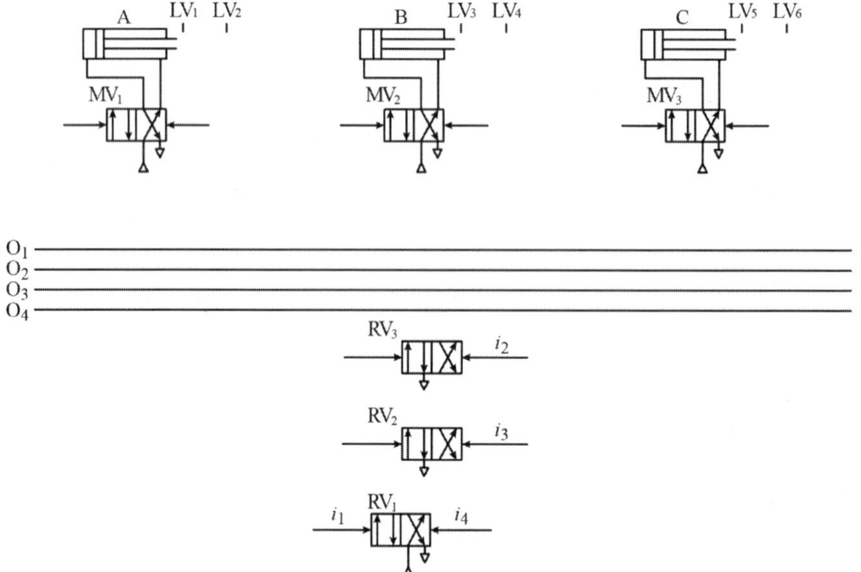

리밋 밸브의 배치

- 그룹 내 신호 (LV_2, LV_3, LV_5)는 출력 라인 위쪽에 배치하고, B+, B- 동작이 각각 두 번씩 일어나므로 OR 밸브를 사용하여 해결한다(첫 번째 B+와 두 번째 B+를 분리하기 위해서는 첫 번째 동작 조건, LV_2 * I그룹(O_1)과 두 번째 동작 조건, III그룹(O_3)을 각각 구분해서 동작하게 하면 된다). LV_3 신호는 두 번 사용되므로 AND 밸브로서 해결한다(이것은 두 신호를 곱한 값, LV_3 * II그룹(O_2) 또는 LV_3 * IV그룹(O_4)이 참이 되면 동작하게 된다).

- 그룹 변환 신호(ST, LV_1, LV_4, LV_6) : 출력 라인 아래쪽에 배치하고, LV_4 신호는 두 번 사용되므로 AND 밸브로써 해결한다.

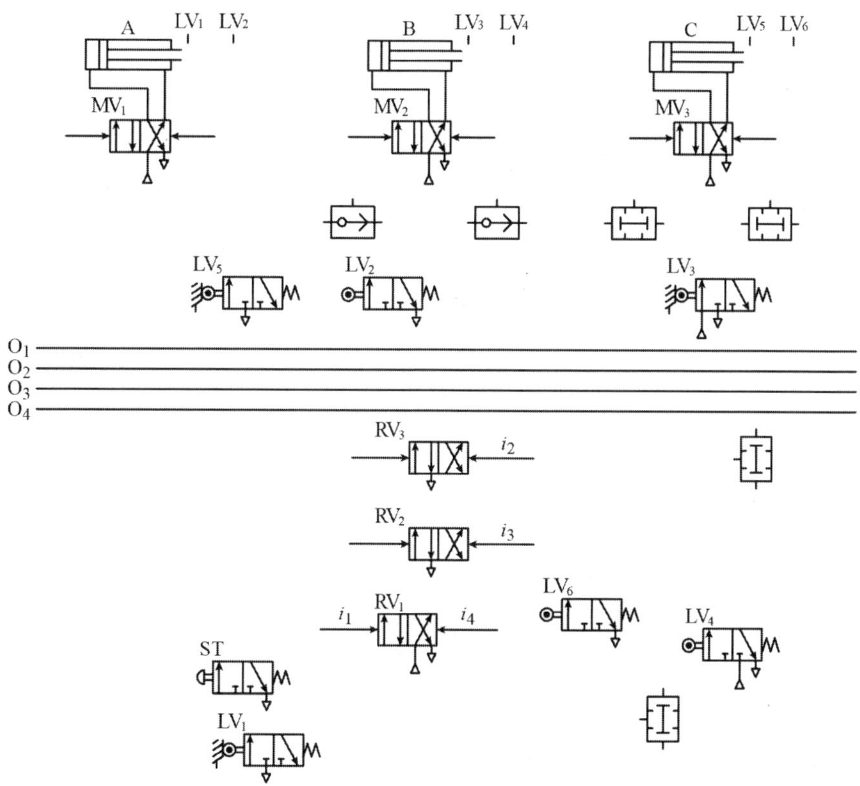

출력 라인에 의한 실린더 제어 설계

I 그룹의 첫 번째 실린더 작동신호(A+)는 출력 O_1에서,
II 그룹의 첫 번째 실린더 작동신호(B-)는 출력 O_2에서,
III 그룹의 첫 번째 실린더 작동신호(B+)는 출력 O_3에서,
IV 그룹의 첫 번째 실린더 작동신호(B-)는 출력 O_4에서, 각각 공급되도록 설계한다.

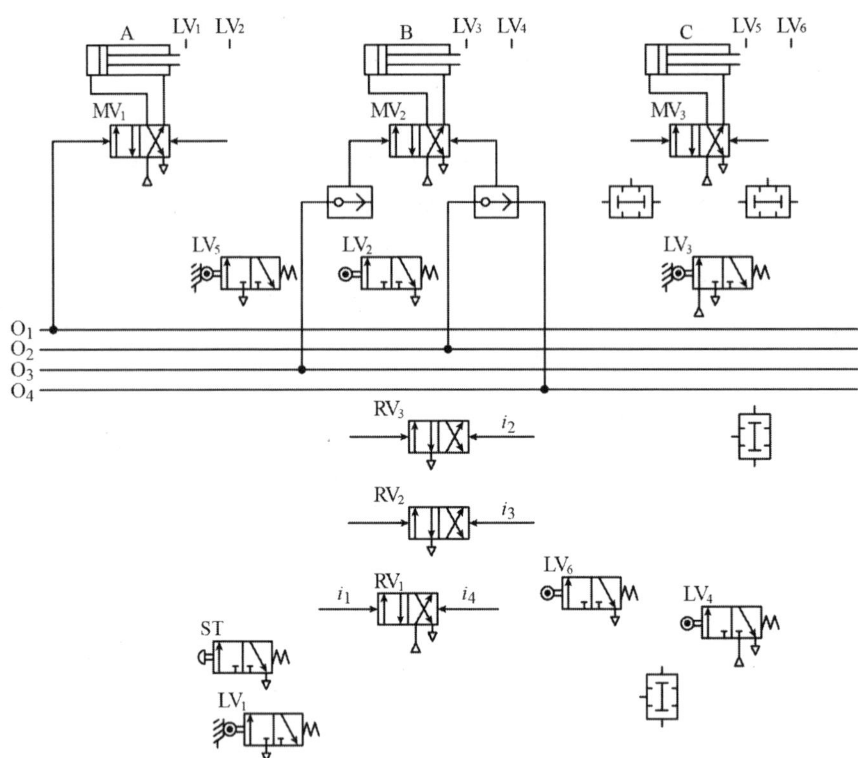

그룹 전환 신호에 의한 출력 라인 제어

입력 i_1의 신호에 의해 O_1 라인(O_4 배기)에,
입력 i_2의 신호에 의해 O_2 라인(O_1 배기)에,
입력 i_3의 신호에 의해 O_3 라인(O_2 배기)에,
입력 i_4의 신호에 의해 O_4 라인(O_3 배기)에 압축 공기가 각각 공급되도록 설계한다.

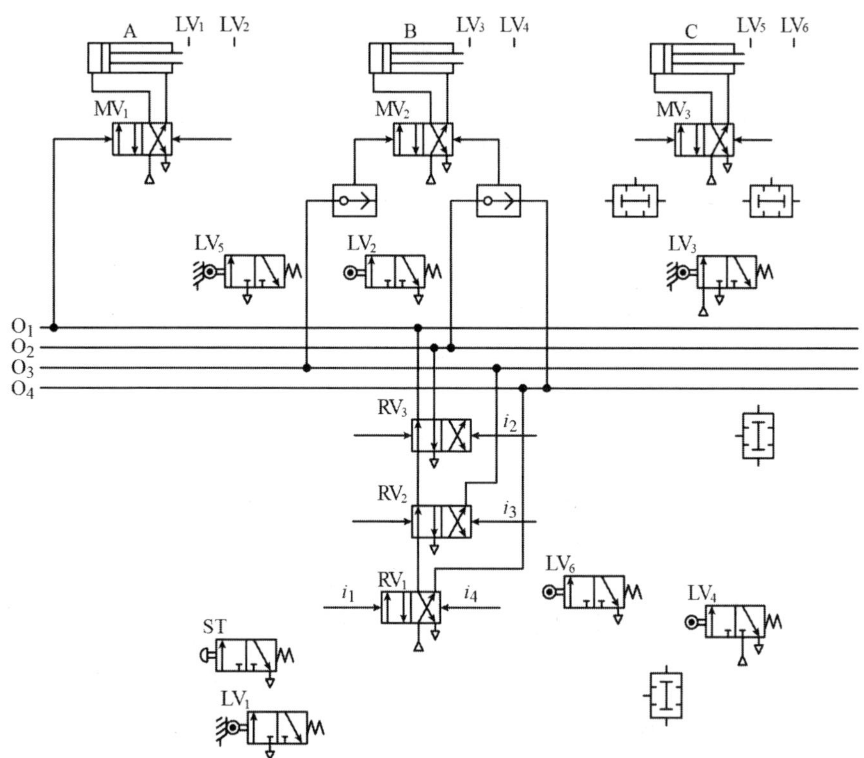

◎ 입력 신호 i_1, i_2, i_3, i_4에 ST · LV_1, LV_4 · O_1, LV_6, LV_4 · O_3의 출력 포트에 각각 연결한다. RV_2, RV_3의 왼쪽 제어 신호는 최종 출력인 O_4, O_3와 각각 연결한다.

◎ 리밋 밸브(LV_1 · ST, LV_6)의 공급(P) 포트는 전 단계 출력 라인(O_4, O_2)과 연결시킨다. 한편 LV_4는 2회 사용하므로 이를 구분하기 위해서 AND 부품 2개를 써서 그 입력에 LV_4와 O_1, LV_4와 O_3을 각각 연결한다.

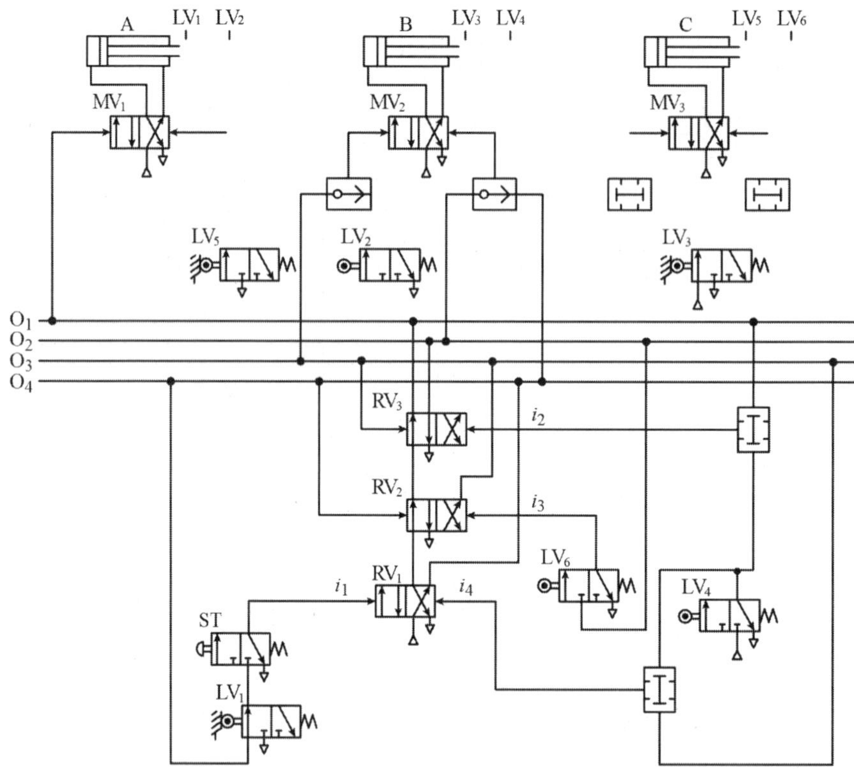

◎ A실린더의 경우 출력(O_1)은 작동 순서에 따라 마스터 밸브(MV_1) 좌측으로 직결한다. 마지막 단계에서 출력(O_4)은 작동 순서에 따라 리밋 밸브(LV_5)를 통하여 마스터 밸브(MV_1) 우측으로 연결한다.

◎ B실린더의 경우 이를 2회 사용되므로 OR 밸브를 2개 적용하되, I그룹(O_1)의 B+는 리밋 밸브(LV_2)를 통하고 OR 밸브를 경유하여 마스터 밸브(MV_2) 좌측에 연결하며, III그룹(O_3)의 경우는 OR 밸브를 경유하여 MV_2 좌측에 연결한다. 한편 B−의 경우 II그룹(O_2), IV그룹(O_4) 신호를 OR 밸브를 통하여 MV_2 우측에 직접 연결한다.

◎ C실린더의 경우 LV_3을 2회 사용되므로 AND 밸브를 2개 적용한다. 즉, II그룹(O_2), IV그룹(O_4) 신호를 공통 LV_3와 두 AND 밸브와 AND 결합시켜 MV_2의 좌 · 우측에 각각 연결한다.

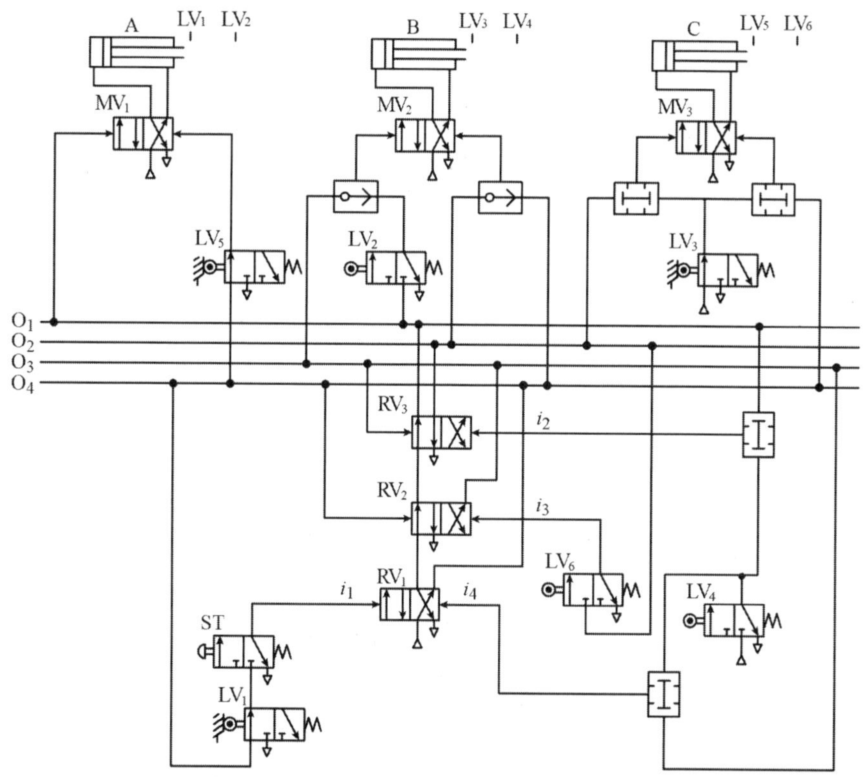
A
LV1 LV2
B
LV3 LV4
C
LV5 LV6
MV1
MV2
MV3
LV5
LV2
LV3
O1
O2
O3
O4
RV3
i2
RV2
i3
LV6
RV1
i1
i4
LV4
ST
LV1

07 전기 공압 회로 Chapter

이 단원을 공부하고 나면 나도 이 정도는 알 수 있습니다!

1. 시퀀스 회로에 사용되는 부품의 기능과 기호를 구분할 수 있다.
2. 기초적인 논리회로의 동작을 설명할 수 있다.
3. 복동 실린더에 대하여 연속 왕복 작동이 될 수 있게 제어 회로를 적용할 수 있다.
4. 시퀀스 회로의 작성법을 설명할 수 있다.

7.1 공압 회로

7.1.1 전기 제어의 기초 지식

1) 접점의 이해

제어 대상의 부품이나 장치에 전류를 통하게 하거나 차단하는 역할을 하는 것을 접점이라 한다. 접점에는 a접점과 b접점이 있으며 a접점은 그림 7-1과 같이 정상상태에서 개방(Normally Opened)인 접점을 말하고, b접점은 그림 7-2와 같이 정상상태에서 단락(Normally Closed)인 접점을 말한다.

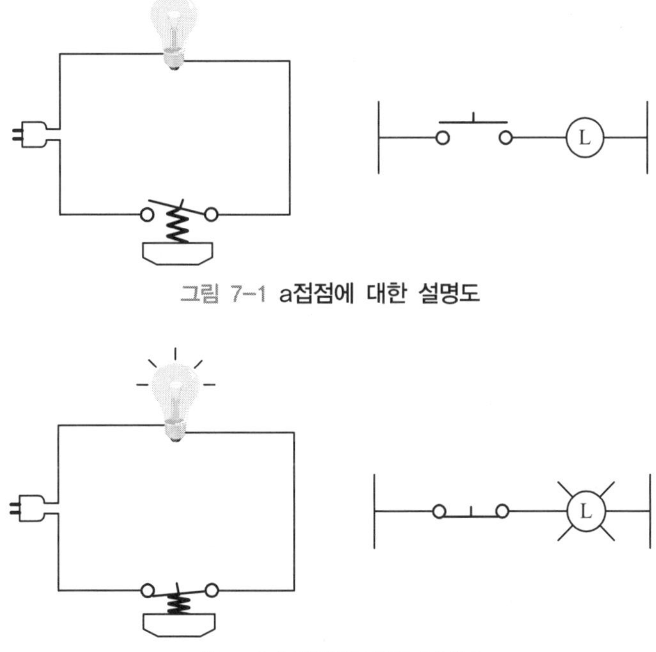

그림 7-1 **a접점에 대한 설명도**

그림 7-2 **b접점에 대한 설명도**

이러한 접점의 기능을 가지는 부품을 다음과 같이 4가지의 종류로 분류할 수 있다.

○ 자동 복귀 접점

누름 버튼 스위치 접점과 같이 누르고 있을 때는 ON 또는 OFF이지만 손을 떼면 스프링 등에 의해 원상태로 복귀하는 접점이다.

○ 수동 복귀 접점

한 번 변화시킨 후 원상태로 복귀시키려면 외력을 가해야 변환이 되는 접점으로 일반 가정의 점등 스위치를 예로 들 수 있다.

○ 수동 조작 접점과 자동 조작 접점

누름 버튼 스위치와 같이 손으로 누르는 방식을 수동 조작 접점이라고 하고, 릴레이 접점과 같이 전기 조작에 의해 개폐되는 접점을 자동조작 접점이라고 한다.

○ 기계적 접점

이 접점은 기계적인 운동부와 접촉하여 조작되는 접점으로 리밋 스위치가 그 예이다.

표 7-1은 제어 회로에 자주 사용되는 부품에 대한 명칭과 기호를 나타낸 것으로 회로도를 이해하는데 필요한 내용이다.

표 7-1 **제어용 부품의 명칭과 기호**

번호	명 칭	기 호	부 호
1	나이프 스위치		KS
2	퓨즈	개방형 포장형	FU
3	수동조작 자동복귀 접점 (누름 버튼 스위치)	a접점 b접점	BS PB
4	조작 스위치, 잔류 접점(선택 스위치)	a접점 b접점	SS
5	기계적 접점(리밋 스위치)	a접점 b접점	LS
6	Flow switch, 압력 스위치	a접점 b접점 동작에 따라 개방전환	FLTS PRS

7	릴레이	코 일	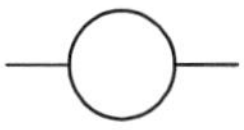	CR R
		자동 복귀 접점	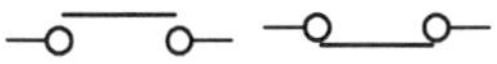 a접점 b접점	CR R
		자동 복귀 접점 (thermal 접점)	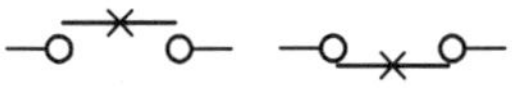 a접점 b접점	OL
8	타이머	코 일	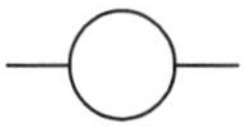	TLR
		한시 동작 접점(ON 딜레이)	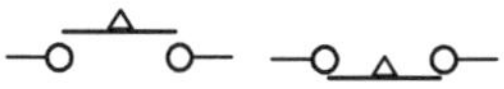 a접점 b접점	TLR
		한시 복귀 접점(OFF 딜레이)	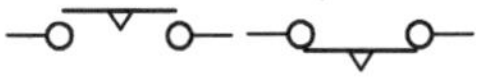 a접점 b접점	TR
		한시 동작, 한시 복귀 접점 (ON-OFF 딜레이)	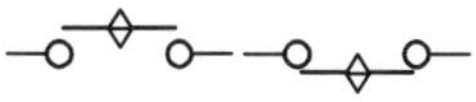 a접점 b접점	TR
9	전 동 기		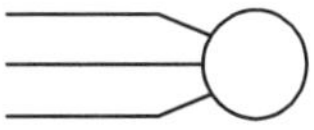	M
10	변 압 기		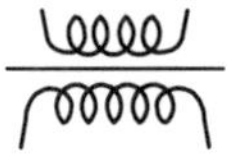	T
11	전 자 코 일 (솔레노이드)			SOL
12	전자 코일(클러치, 브레이크)			MC MB
13	저항	고 정		RES
		가 변		RH
14	다 이 오 드			RF
15	Thermal 릴레이 히터			OL
16	경 보 기		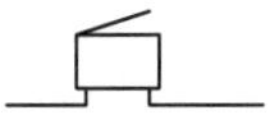	BZ
17	표 시 등		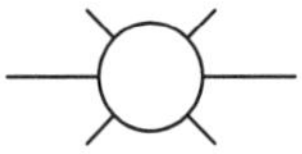	SL
18	배선의 교차		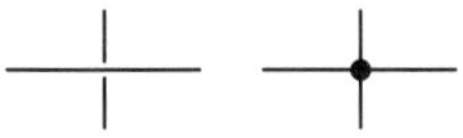 연결 안됨 연결됨	-

7.1.2 회로에 사용되는 부품

전기 회로를 이해하려면 여기에 사용되는 부품에 대한 기본 지식이 필요하므로 이러한 것에 대한 내용을 정리한 것이 표 7-2에 나타나 있다.

표 7-2 **전기 회로에 사용되는 전기 부품**

분 류	종 류
검출용 스위치	마이크로 스위치, 압력 스위치, 온도 스위치, 습도 스위치, 광전 스위치, 근접 스위치, 리밋 스위치 등
조작용 스위치	누름 버튼 스위치, 셀렉터 스위치, 로타리 스위치, 나이프 스위치, 풋 스위치
제어용 부품	제어용 릴레이, 타이머, 카운터, 전자 접촉기, 전자 개폐기, 열동 릴레이 등
작동 부품	전동기, 전자 밸브, 전자 브레이크, 전자 클러치, 솔레노이드 등
표시 및 경보 부품	표시등, 부저, 경보기
기 타	변압기, 정류기, 저항기 등

1) 검출용 스위치

검출용 스위치는 각종 제어 장치의 입력 데이터로서 제어를 할 수 있는 근거를 제공하며, 제어 대상 시스템의 상태를 파악할 수 있게 하는 위치, 레벨, 온도, 압력, 속도, 힘, 빛, 소리 등의 값을 나타내는 소자이다. 그림 7-3에 여러 가지 검출용 스위치의 형상이 나타나 있다.

(a) 마이크로 스위치 (b) 기계식 압력 스위치 (c) 오일 압력 스위치 (d) 온도 스위치
(e) 습도 스위치 (f) 광전 (카운터) 스위치 (g) 근접 스위치 (h) 리밋 스위치

그림 7-3 **검출용 스위치 형상**

그림 7-3(a)는 마이크로 스위치의 한 제품이다. 이것은 리밋 스위치와 함께 접속식 센서 중에서 활용도가 가장 높은 부품에 속하며 비교적 소형 기계 장치의 검출기용으로 사용된다.

그림 7-3(b)와 (c)는 각각 기계식 압력 스위치와 오일 압력 스위치이며 이들은 압력이 기준치를 벗어날 경우를 감지해 주고 있다.

그림 7-3(d)와 (e)는 각각 온도 스위치와 습도 스위치이며 이들은 온도와 습도의 상태를 감지해 주고 있다.

그림 7-3(f)는 적외선을 이용한 광전 스위치로서 사무실 안으로 들어오고 나가는 사람의 수를 헤아려서 전등을 ON/OFF하는 스위치이다. 광전 스위치는 투광기의 광원으로부터 나온 광을 수광기에서 받아 그 변화를 읽어내는 스위치이다. 즉, 검출체의 접근에 따라 광의 변화를 검출하여 스위칭 동작을 얻어내는 센서로서 빛을 투과시키는 물체를 제외하고는 모든 물체의 검출이 가능하다. 또한 검출 거리도 몇 mm에서 수십 m에 이를 정도로 길고 검출 기능도 물체의 유무, 통과 여부, 대소 판별, 형체 판단, 색체 판단 등 다양한 검출을 할 수 있으므로 자동 제어, 계측, 품질 관리 등 모든 산업 분야에서 활용되고 있다.

그림 7-3(g)는 근접 스위치의 형상이다. 근접 스위치는 고주파 발진형 근접 스위치와 정전 용량형 근접 스위치의 두 가지 형태가 있다. 고주파 발진형 근접 스위치는 검출면 내부에 발진용 검출 코일이 있으며, 이 코일 가까이에 금속 물체가 존재하거나 접근하면 전자 유도 작용으로 금속체 내에 유도 전류가 흘러 검출 코일의 인덕턴스가 변화되는 것을 검출하여 출력 신호를 발생한다.

정전 용량형 근접 스위치는 검출부에 유도 전극을 가지고 있어 이 전극과 대지 간에 물체가 존재하거나 접근하면 유도 전극과 대지간의 유전율 변화로 인해 정전 용량이 변화하므로 그 변화량을 검출하여 출력 신호를 발생시키는 근접 스위치이다.

이와 같은 근접 스위치는 내부 부품들이 주형 수지로 고정되어 몰드 케이스화 되어 있어 환경이 나쁜 장소에서도 사용이 가능하고 내 진동 내 충격성이 우수하다. 그리고 가동 부분이 없고 수명이 길고 보수가 필요 없는 장점이 있지만 검출 거리가 짧은 것이 단점이다.

그림 7-3(h)는 리밋 스위치의 형상을 나타내고 있다. 리밋 스위치는 단단한 다이캐스트 케이스에 마이크로 스위치를 내장한 것으로서 완전히 밀봉되어 있으므로 내수, 내유, 방진 등에 문제가 없다. 따라서 내구성이 요구되는 장소나 외력으로부터 기계적 보호가 필요한 생산 설비 등에 사용된다.

2) 조작용 스위치

그림 7-4는 조작용 스위치의 형상으로 작업자가 손으로 스위치를 조작하여 ON/OFF를 선택하는 스위치이다.

(a) 푸쉬 버튼 스위치 (b) 셀렉터 스위치 (c) 로타리 스위치

(d) 나이프 스위치 (e) 풋 스위치

그림 7-4 **조작용 스위치 형상**

그림 7-4(a)는 푸쉬 버튼 스위치의 형상으로 작업자가 손으로 스위치를 누르면 ON이 되는 스위치이다. 그림 7-4(b)는 셀렉터 스위치의 형상으로 작업자가 좌우로 스위치를 돌려서 ON/OFF를 조작하는 스위치이다. 그림 7-4(c)는 로타리 스위치의 형상으로 작업자가 손으로 스위치를 돌려서 ON/OFF를 선택하는 스위치이다. 그림 7-4(d)는 나이프 스위치의 형상으로 작업자가 손으로 스위치를 밀고 당겨서 ON/OFF를 시키는 스위치이다. 그림 7-4(e)는 풋 스위치의 형상으로 작업자가 발로서 스위치를 밟아서 ON/OFF를 시키는 스위치이다.

3) 제어용 부품

제어용 부품은 그림 7-5에 나타난 바와 같이 제어용 릴레이, 타이머, 카운터, 전자 접촉기, 전자 개폐기, 열동 릴레이 등이 있다.

그림 7-5 **제어용 부품 형상**

릴레이

릴레이에 대하여 살펴보면 릴레이는 전자(電磁)계전기라는 명칭으로도 사용되며 입력 신호가 들어오면 코일에 전류가 흐르고 이 전류에 의해 자기장(磁氣場)이 발생하고 이에 따른 자기력이 가동 철편을 당겨서 스위치가 ON되며, 입력 신호가 차단되면 코일에 전류가 흐르지 않고 자기력이 없어지므로 스위치가 OFF되는 부품이다. 그림 7-6은 릴레이의 구조를 나타내고 있다. 그림은 코일에 신호가 들어오면 가동 접점이 a접점과 연결(ON)되고, 신호가 차단되면 가동 접점이 b접점과 연결(OFF)되는 원리이다.

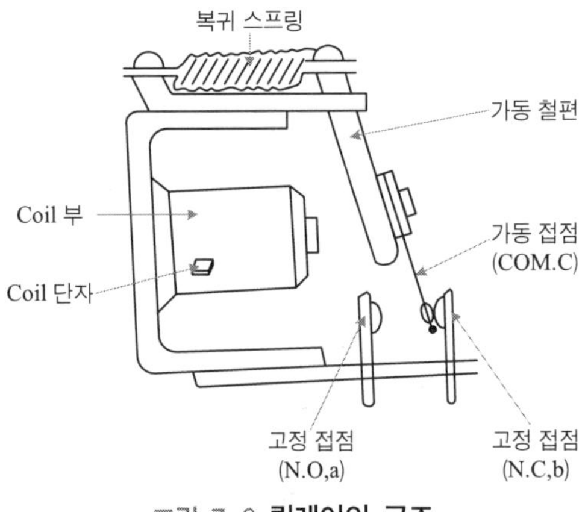

그림 7-6 **릴레이의 구조**

그림 7-7과 같이 릴레이의 종류는 그 구조에 따라 힌지 형과 플런저 형으로 나눌 수 있다. 힌지형은 통신기기용으로 개발 되어 접점이 원호 운동 상태로 작동하며 저전류용으로 사용된다. 플런저형은 접점이 전자석의 NS축과 평행하게 작동하고 비교적 용량이 크다.

릴레이 동작 시 외부에서 걸어주는 조작 전압은 교류는 110 *V*, 220 *V*이고 직류는 12 *V*, 24 *V*가 가장 많이 사용된다. 그리고 접점 용량이라고 하면 주회로 접점에 흐를 수 있는 전류 용량을 말한다. 이 접점 용량은 조작 회로에 비해 크게 되어 있는 것이 보통인데 이것이 바로 릴레이의 증폭 기능이다.

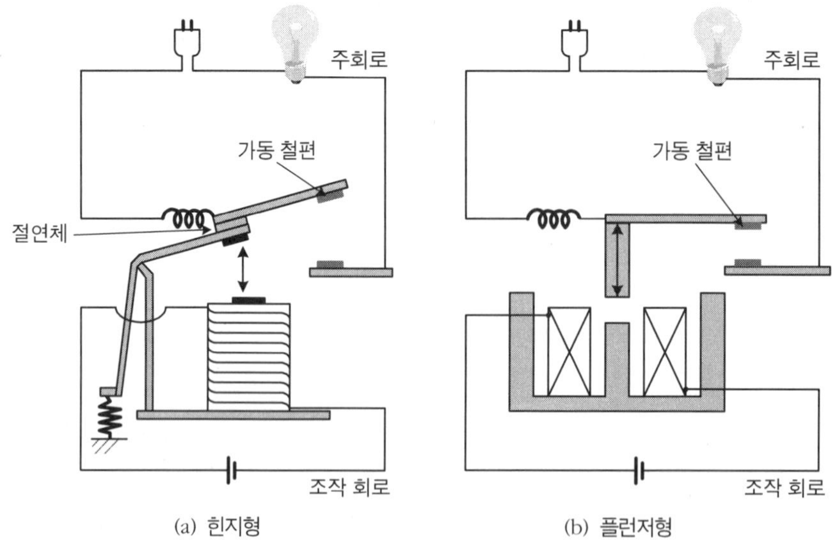

(a) 힌지형　　(b) 플런저형

그림 7-7 **힌지형 릴레이와 플런저 형 릴레이의 구조**

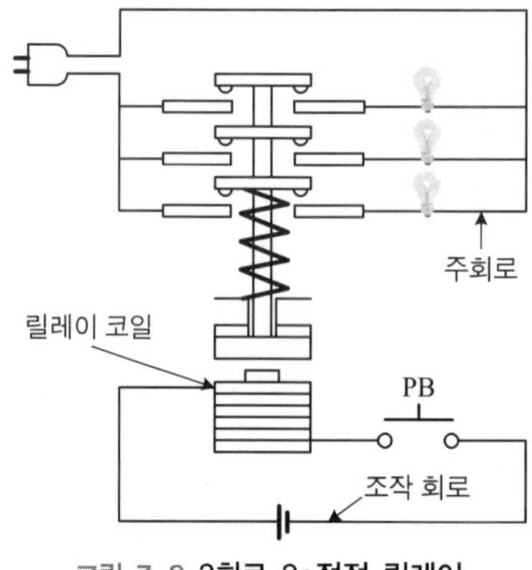

그림 7-8 **3회로 3a접점 릴레이**

그림 7-8은 3회로 3a접점 릴레이에 대한 것으로 릴레이의 주회로는 a접점과 b접점이 조합된 여러 가지의 종류가 있다. 만약 조작회로의 스위치가 ON되면 전자석의 여자(勵磁)에 의해 6개의 접점이 동시에 ON되어 3회로가 형성된다. 이와 같이 릴레이 1개로서 동시에 여러 개의 회로가 동시에 조작되는 기능을 가진 릴레이를 다회로 동시조작 기능이라고 한다.

- 여자(勵磁)
  철심에 코일을 감아서 코일에 전류를 흘리면 철심에 자기장(磁氣場)이 생기면서 자석과 같이 되는 것을 말한다.
- 소자(消磁)
  여자의 반대로 자석과 같은 기능을 잃어버리는 것을 말한다.

◎ 타이머

타이머는 입력 신호가 들어와도 곧바로 접점이 작동되지 않고 미리 설정해둔 설정시간 후에 ON되거나 OFF되는 부품을 말한다. 타이머의 종류에는 전자식, 모터식, 계수식, 공기식 등이 있다.

전자식 타이머는 저항(R)과 콘덴서(C)을 이용한 회로로서 R · C(시정수)의 크기에 따라 달라지는 충전 시간의 차이를 이용한 것으로 CR식이라고도 한다. 즉, 이 소자에 전압을 인가하면 가변 저항을 통해 전류가 흐르고 이 전류는 콘덴서에 충전되는데, 시간이 경과되어 콘덴서의 전위가 일정 레벨까지 도달하면 출력 신호가 나와서 내장된 릴레이를 ON시켜 접점을 동작시키는 원리이다.

모터식 타이머는 입력 신호가 차단된 상태에서는 전동기만 회전하다가 입력신호가 들어와 전자 클러치가 여자하면 이것과 마주보는 한 쌍의 클러치판이 서로 연결되어 이것과 연결된 회전원판이 천천히 회전하기 시작한다. 일정 시간이 지난 후 회전원판의 요철부가 가동 접점을 누르면 접점이 ON된다. 여기서 지연시간은 회전원판의 시작지점에서 요철부가 있는 지점까지의 각도에 의해 결정된다. 모터식 타이머는 설정시간이 최대 1주일까지 가능하다.

◎ 카운터

입력 신호의 수를 계수하는 부품으로서 기계 장치의 동작 횟수나 생산품의 수량을 파악하기 위한 용도로 사용된다. 이것은 동작원리에 따라서는 마이크로콘트롤러에 의한 전자(電子) 카운터와 전자석 흡인기를 이용한 전자(電磁) 카운터, 역학적인 힘을 가해서 구동하는 회전식 카운터가 있다. 그리고 기능에 따라서는 계수치 만을 표시하는 표시 전용 토털 카운터와 계수치는 물론 설정치에 도달 시 출력을 내보내는 프리셋(preset) 카운터 등이 있다.

◎ 전자 접촉기(電磁 接觸器)

기능적으로는 릴레이(relay)와 동일하지만, 릴레이에 비교하여 개폐하는 전기 에너지가 큰 전기 회로의 개폐장치에 사용된다. 여기에는 대용량의 전력을 사용함으로 이러한 용량의 개폐 조작에 견딜 수 있는 기계적 구조가 요구된다.

◎ 전자 개폐기(전자 개폐기)

전자기력에 의해 접점을 움직여 전류의 개폐 조작을 시키는 개폐기를 말하며, 과부하시 여기에 연결된 기기를 보호하기 위한 자동 차단 장치를 갖추고 있어서 일반 회로의 자동 개폐 조작이나 전동기 회로의 제어 등에 사용된다.

◎ 열동 계전기(열동 계전기)

전류에 의한 발열 작용을 이용한 시한(時限) 계전기로서 코일에 과전류가 흐르면 코일이 가열되고 이로 인해 바이메탈이 가열로 인해 휘어져 접점을 OFF시킨다.

• 바이메탈(bimetal)
열팽창계수가 매우 다른 두 종류의 얇은 금속판을 포개어 붙여 한 장으로 만든 막대 형태의 부품으로, 열을 가했을 때 휘는 성질을 이용하여 기기를 온도에 따라 제어하는 역할을 할 수 있다.

4) 작동 부품

그림 7-9는 작동 부품의 형상을 나타내고 있다.

먼저 전자 밸브는 솔레노이드(solenoid) 밸브라고도 하며, 전기 신호가 들어오면, 전자 코일의 전자기력(電磁氣力)에 의해 자동적으로 밸브가 개폐되는 것으로서 증기용, 물용,

냉매용 등이 있으며 용도에 따라서 구조가 다르다. 그리고 밸브의 동작에 따라 자동식과 파일럿식이 있다.

솔레노이드는 전선을 긴 원통 철심에 촘촘하게 감아 만든 구조로서 코일에 전류를 흘려주면 원통 내에 자기장이 발생한다. 즉, 코일에 직류 또는 교류 전류를 흘려주면 자기장이 발생하고 가동 철심은 코일 중앙으로 흡입되도록 힘을 받는다. 이것은 전기-기계 변환장치로서, 계전기 접점과 전자(電磁) 밸브의 개폐부 등을 제어하는데 사용된다.

전자 클러치는 2축의 결합을 임의로 단속(斷續)하는 장치로서 한 쪽 축에는 권선을 부착하고 다른 쪽 축에는 전자석을 부착한 것이다. 이것은 유도 전동기와 비슷한 원리로 회전하고, 여자(勵磁) 전류를 바꿈으로써 두 축의 분리나 속도 제어를 간단히 할 수 있다.

전자 브레이크는 전자력(電磁力)을 이용하여 브레이크 디스크에 브레이크 슈(brake shoe)를 압착시켜 제동하는 방식의 브레이크로서 전자 클러치와 유사하게 고정 장치에 브레이크 슈가 붙었다 떨어졌다 하는 브레이크이다.

그림 7-9 **작동 부품의 형상**

- 단속(intermittence, 斷續)
  끊어졌다 이어졌다 함을 의미한다.
- 브레이크 슈(brake shoe)
  보통 T형 단면으로 되어 있는 제동자로서, 초생달 모양으로 표면에 라이닝이 접착되어 있다. 재질은 소형은 강판(鋼板) 용접 또는 형강(形鋼)이고 대형은 주철, 주강 등으로 되어 있다.

5) 표시 및 경보 부품

그림 7-10은 표시 및 경보 부품 형상이다.

먼저 파일럿 램프는 표시등이라고도 하며, 어떤 장치에 공급된 전원이 공급되는지 차단되는지를 표시하는 기능을 한다. 예를 들어 먼 곳에 있는 스위치나 차단기, 공기밸브, 물밸브, 가스밸브 등의 개폐(開閉)가 어느 상태로 되어 있는지의 표시한다.

벨은 초인종이라고도 하며 그 구조는 코일(coil)에 전류가 흐르면 전자기력(電磁氣力)이 발생하고 이것이 철편(鐵片)을 당겨서 쇠망치처럼 종을 두드린다. 이때에 전기 신호의 ON/OFF에 따라서 전자기력은 생성과 소멸을 반복하므로 철편이 종을 연속적으로 때리게 된다.

부저는 벨과 마찬가지로 철심에 코일이 감겨져 있고 여기에 전류가 흐르면 전자기력이 발생하고 이로 인해 철심이 진동편(振動片)을 당겨서 소리를 내는 장치이다.

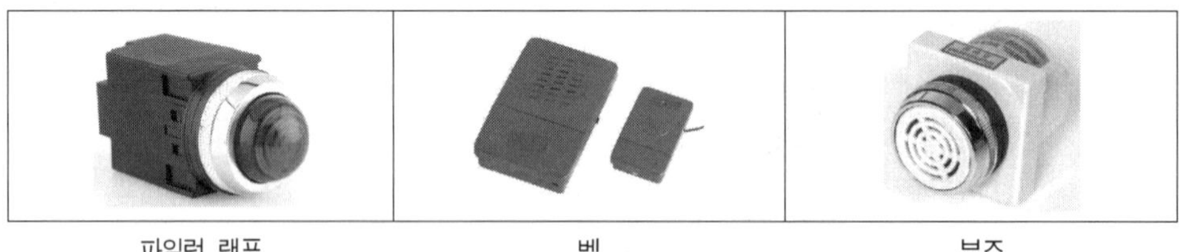

파일럿 램프 / 벨 / 부즈

그림 7-10 **표시 및 경보 부품 형상**

6) 기타

그림 7-11은 변압기, 정류기, 저항기의 형상이다. 변압기는 전압을 변환하는 장치이며 정류기는 교류를 직류로 바꿔주는 장치이다. 저항기는 전류를 제한하거나 전압을 분압해주는 용도로 사용되는 부품이다.

변압기 / 정류기 / 저항기

그림 7-11 **변압기, 정류기, 저항기의 형상**

7.1.3 시퀀스 회로 기초

1) 시퀀스도 작성 방법

시퀀스도는 그림 7-12의 그림과 같이 전기 기기의 기호를 사용하여 회로도로 나타내며 몇 가지 규칙에 따라서 작성하여야 한다.

- 먼저 횡서일 경우 전원선을 수직(종서일 경우는 수평)으로 평행하게 그리고 두 선 사이에 전기 기기의 기호를 좌에서 우로 그린다.
- 스위치, 검출기 및 접점 등의 입력 요소는 회로의 좌측(종서일 경우는 위쪽)에 그리고 릴레이 코일, 솔레노이드 및 표시등의 출력 요소는 우측(종서일 경우는 아래)에 그린다.
- 회로의 전개 순서는 제어 대상 장치의 동작 순서에 따라 위에서 아래로(종서일 경우는 좌측에서 우측으로) 그린다.
- 회로도의 기호는 동작전의 상태 또는 조작하지 않은 상태로 표시한다.
- 모터 제어의 경우 전력 회로는 위쪽에(종서일 경우는 좌측), 제어 회로는 아래쪽(종서일 경우는 우측)에 표시한다.
- 회로도를 보기 쉽게 하기 위해서는 선 번호, 부품 번호 등을 표시하면 좋다.

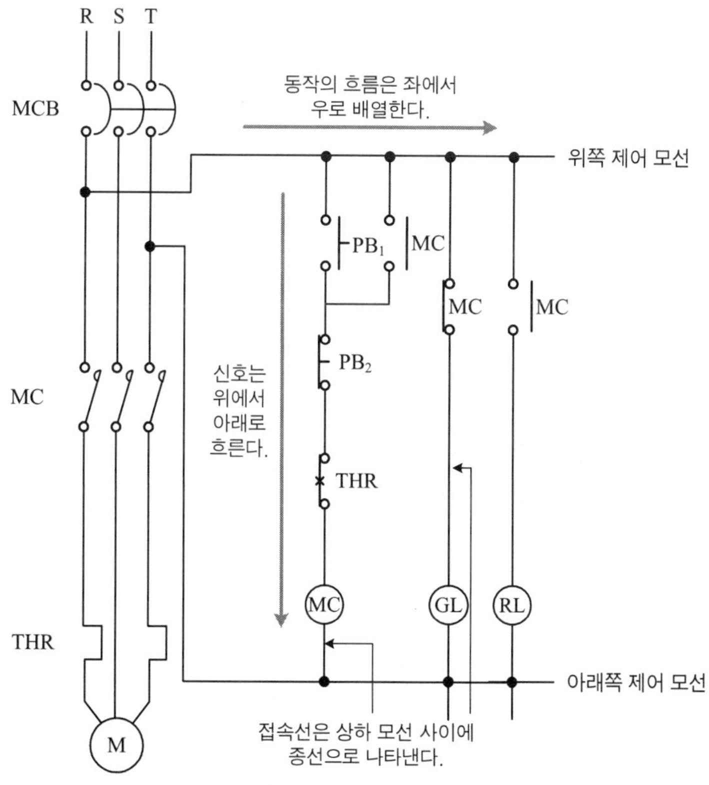

(a) 종서방식

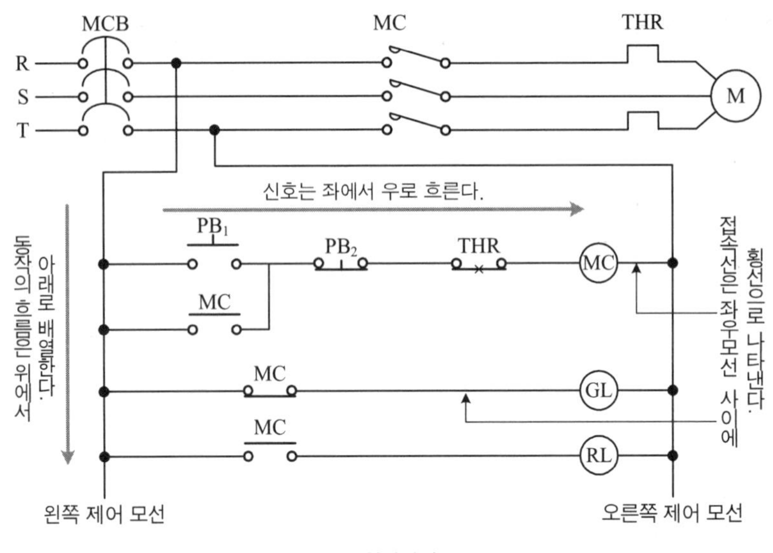

(b) 횡서방식

그림 7-12 **시퀀스도의 작성 방법**

2) AND 회로

여러 입력이 모두 1일 때만 출력이 1이 되는 회로이고 이러한 논리를 곱셈 논리라고 한다. 그림 7-13(a)에서 접점 A, B가 동시에 ON이면 출력 코일 R이 여자되고 R접점이 닫히므로 램프, L이 켜지는 회로이다. (b)는 타임 차트이고 (c)는 진리표를 나타낸다.

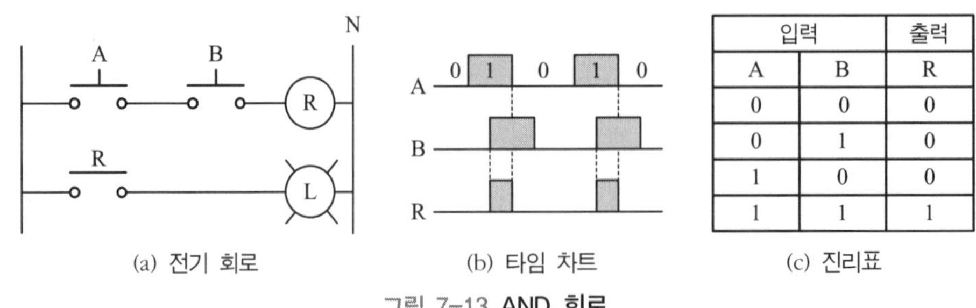

입력		출력
A	B	R
0	0	0
0	1	0
1	0	0
1	1	1

(a) 전기 회로　　(b) 타임 차트　　(c) 진리표

그림 7-13 **AND 회로**

3) OR 회로

여러 입력 중 어느 하나만 1이면 출력이 1이 되는 회로이고 이러한 논리를 덧셈 논리라고 한다. 그림 7-14(a)에서 접점 A 또는 B가 ON이면 출력 코일 R이 여자되고 R접점이 닫히므로 램프, L이 켜지는 회로이다. (b)는 타임 차트이고 (c)는 진리표를 나타낸다.

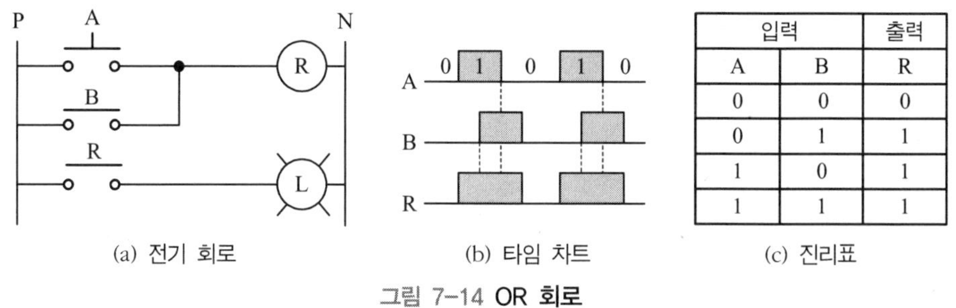

입력		출력
A	B	R
0	0	0
0	1	1
1	0	1
1	1	1

(a) 전기 회로 (b) 타임 차트 (c) 진리표

그림 7-14 **OR 회로**

4) NOT 회로

입력이 1일 때 출력은 0이 되는 회로로서 이러한 논리를 반전 논리라고 한다. 그림 7-15(a)에서 접점 A가 ON이면 출력 코일 R이 여자되고 R접점이 열리므로 램프, L이 꺼지는 회로이다. (b)는 타임 차트이고 (c)는 진리표를 나타낸다.

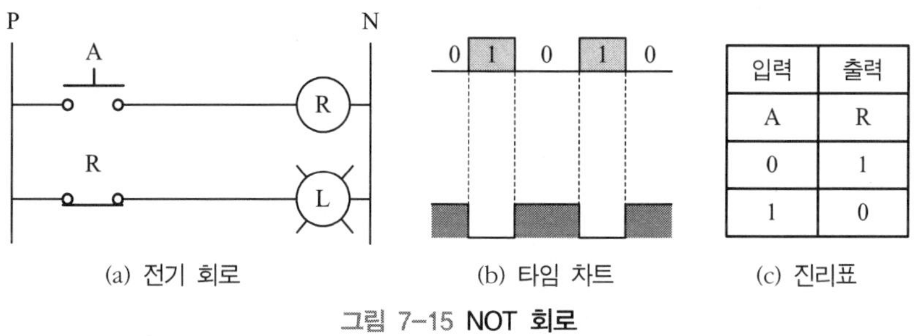

입력	출력
A	R
0	1
1	0

(a) 전기 회로 (b) 타임 차트 (c) 진리표

그림 7-15 **NOT 회로**

5) 자기 유지 회로

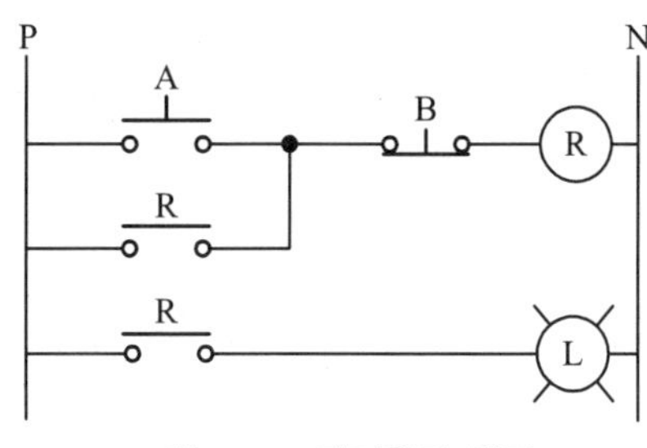

그림 7-16 **자기유지 회로**

그림 7-16은 자기유지 회로이다. 누름 버튼 스위치 A를 누르면 코일 R이 여자되고 이로 인해 R접점이 ON되므로 램프, L이 켜진다. 이때 누름 버튼 스위치 A에서 손을 떼더라도 전류는 병렬 연결된 R접점으로 계속 흐르므로 코일 R을 같은 상태로 유지할 수 있다. 이 회로에서 코일 R의 여자 상태를 소자 상태로 바꾸려면 누름 버튼 스위치 B를 누르면 된다.

6) 인터록(interlock) 회로

인터록 회로는 작업자의 안전을 위하여 각 장치의 동작을 나타내는 접점을 사용하여 동시에 두 개의 출력이 나가지 않도록 하는 회로이다. 그림 7-17에서 만약 누름 버튼 스위치 A가 ON되고 코일 R_1이 동작 하고 있을 때 R_2쪽에 R_1의 b접점을 달아놓아서 누름 버튼 스위치 A가 ON일 때 R_2는 항상 OFF가 되게 하고 있다.

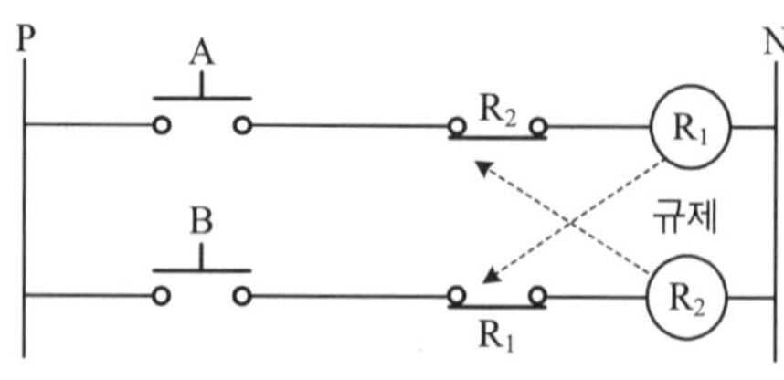

그림 7-17 **인터록 회로**

7) 온 딜레이(ON delay) 타이머 회로

시간 지연 회로로서 입력신호가 들어 간 후 설정 시간 후에 출력이 ON되는 회로이다. 그림 7-18에서 만약 누름 버튼 스위치 A가 ON되면 코일 R이 여자되어 이로 인해 접점 R이 ON되어 자기 유지가 된다. 동시에 타이머 T가 카운터를 시작하여 설정 시간만큼 지연된 후 타이머 T가 ON되면 접점 T가 ON되고 램프 L이 켜진다.

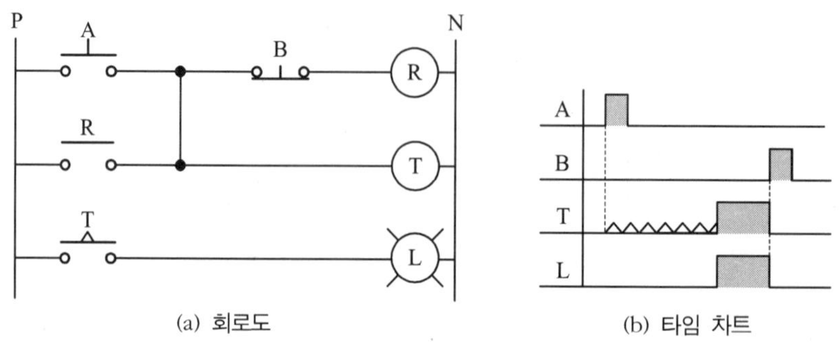

(a) 회로도 (b) 타임 차트

그림 7-18 **온 딜레이 회로**

8) 오프 딜레이(OFF delay) 타이머 회로

시간 지연 회로로서 입력신호가 ON되면 출력도 동시에 ON되어 유지되다가 입력이 OFF시 출력 신호가 바로 OFF되지 않고 설정 시간 후에 출력이 OFF되는 회로이다. 그림 7-19(a)에서 만약 누름 버튼 스위치 A가 ON되면 코일 R이 여자되어 이로 인해 접점 R이 ON되어 자기 유지가 된다. 동시에 타이머 T와 램프 L도 ON된다. 입력이 OFF되고 설정 시간만큼 기다리게 한 후 타이머 T가 OFF되면 T의 a접점이 OFF되고 램프 L이 꺼진다.

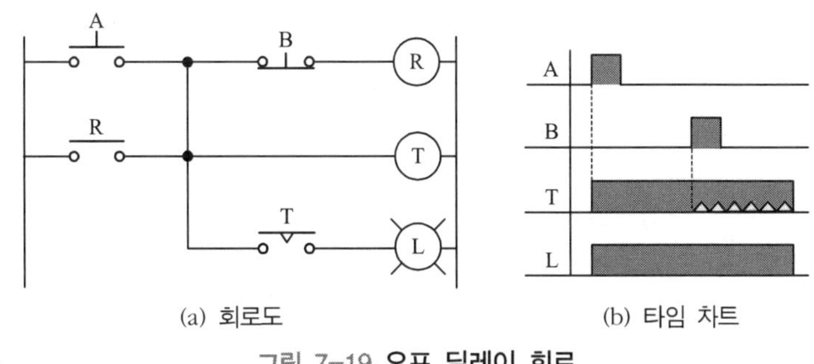

(a) 회로도 (b) 타임 차트

그림 7-19 **오프 딜레이 회로**

9) 일정 시간 동작(one shot) 회로

이 회로는 누름 버튼 스위치 A가 ON되면 타이머가 동작하기 시작하여 설정된 시간이 경과하면 자동으로 꺼지는 회로이다. 그림 7-20(a)에서 만약 누름 버튼 스위치 A가 ON되면 타이머 T가 ON되고 코일 R이 여자되어 이로 인해 접점 R이 ON되어 자기 유지가 된다. 동시에 램프 L은 ON되고 타이머 T의 설정시간이 지나면 타이머 T가 OFF되고 T의 a접점이 OFF되므로 램프 L이 꺼진다.

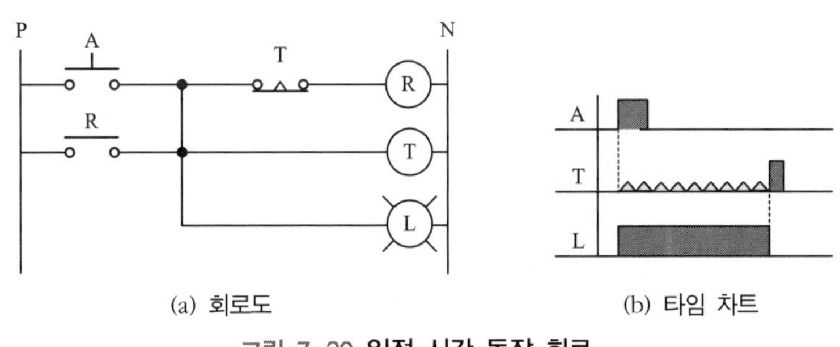

(a) 회로도 (b) 타임 차트

그림 7-20 **일정 시간 동작 회로**

7.2 전기 공압 회로

7.2.1 전자 밸브

1) 전자 밸브의 종류

전자(電磁)밸브는 솔레노이드 밸브라고도 한다. 이것은 원형 코일에 철심을 넣은 구조에 전류가 흐르면 자석의 성질을 띠게 되는 전자석(또는 솔레노이드) 부분과 방향전환 밸브 부분으로 구성된다. 표 7-3에 전자석의 종류와 그 특징에 대하여 나타내었다.

표 7-3 **전자석의 종류**

구 분	종 류	특 징
전자석의 종류	T 플런저 형	• 사이즈가 크고 소비전력이 크다. • 흡인력이 커서 행정 길이를 길게 할 수 있다.
	I 플런저 형	• 사이즈가 작다. • 파일럿 작동형에 주로 사용.
전원의 종류	DC 전원	• 작동이 원활하고 스위칭이 용이하다. • 수명이 길고 소음이 적다.
	AC 전원	• 스위칭 시간이 빠르다. • 흡인력이 세나 잡음이 있다.
조작 방식	직동 형	• 응답 특성이 좋다. • 소비 전력이 크다.
	파일럿 형	• 응답이 느리다. • 소비전력이 작다.

2) 3포트 2위치 전자 밸브

3.2.2절의 밸브 표시법에서는 전자 밸브를 기호로만 표시를 하였는데 여기서는 실제 단면 구조를 나타내고 있다.

그림 7-21은 3포트 2위치 파일럿 작동식의 구조이다. (a)는 전자석에 전기 신호가 들어오지 않은 상태로서 스프링에 의해 스풀이 좌측으로 밀려나 있으며, 공기의 흐름은 A에서 R로 흐르고 P는 차단 상태에 있다. (b)는 전자석에 전기 신호가 들어왔을 때를 나타내며 전자기력에 의해 플런저가 흡인되어 내부 공기 통로를 열어 주면 압축 공기의 힘에 의해 주 밸브인 스풀이 우측으로 밀려나 있으므로, 공기의 흐름은 P에서 A로 흐르고 R은 차단 상태에 있다. 이러한 3포트 밸브는 초기상태에서는 실린더의 공기를 외부로 배기하고 동작상태에서는 외부에서 실린더 쪽으로 공기를 공급하는 동작을 보인다.

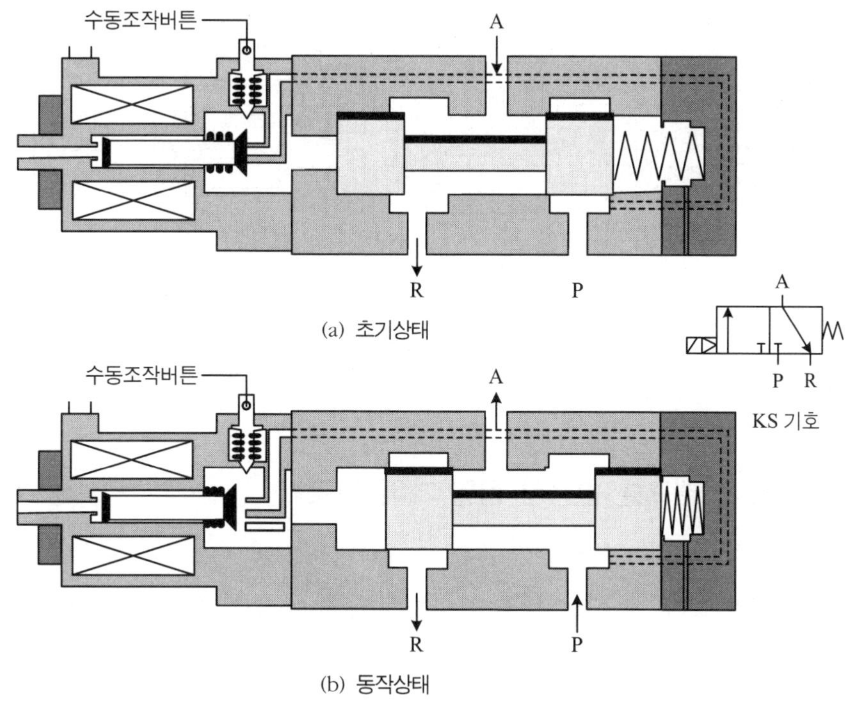

그림 7-21 **3포트 2위치 전자 밸브**

3) 5포트 2위치 전자 밸브

그림 7-22는 5포트 2위치 파일럿 작동식의 구조이다. (a)는 좌측의 전자석에만 전기 신호가 들어온 상태로서 전자기력에 의해 플런지가 흡인되어 내부 공기 통로를 열어 주면 압축 공기의 힘에 의해 주 밸브인 스풀이 우측으로 밀려나 있으므로, 공기의 흐름은 P에서 A로 흐르고 B에서 R_1로 배기된다. (b)는 우측 전자석에만 전기 신호가 들어왔을 때를 나타내며 스프링에 의해 스풀이 밀려나 있으며, 공기의 흐름은 A에서 R_2로 배기되고 P에서 B로 흐른다.

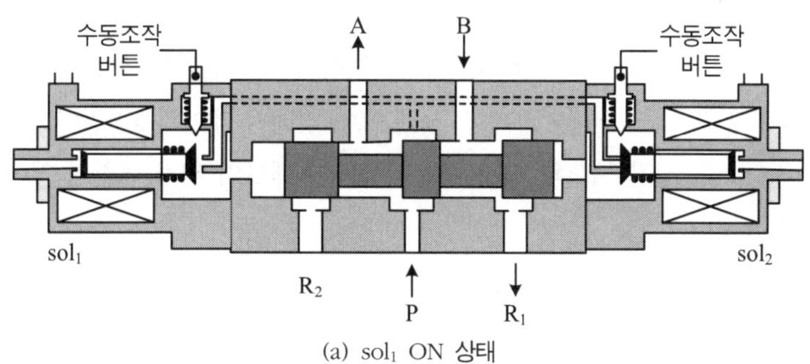

(a) sol_1 ON 상태

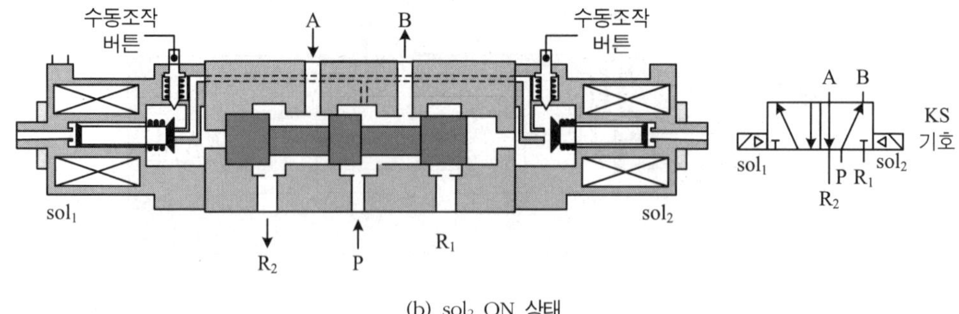

(b) sol_2 ON 상태

그림 7-22 **5포트 2위치 전자 밸브**

7.2.2 전자 밸브를 활용한 공압 제어 회로

1) 단동 실린더 제어 회로

그림 7-23에서는 단동 실린더를 제어하기 위해서 3포트 2위치 방향 전환 밸브를 사용하였다. 공압 실린더를 왕복 작동시키는 전기 회로에서는 그 사용 목적에 따라 회로도가 달라지므로 공압 회로와 전기 회로를 같이 표시하여야 한다.

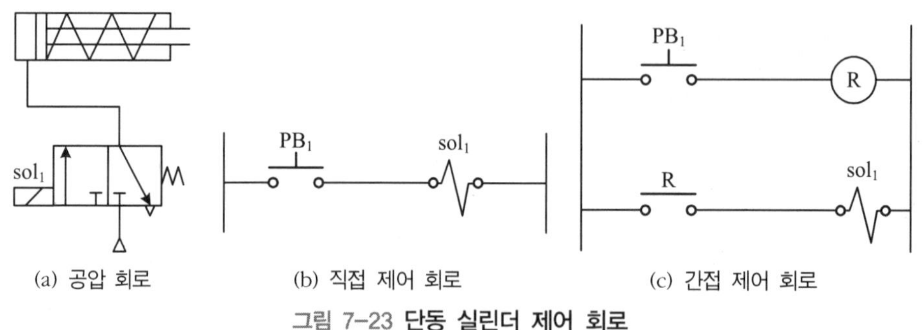

(a) 공압 회로 (b) 직접 제어 회로 (c) 간접 제어 회로

그림 7-23 **단동 실린더 제어 회로**

(b)는 (a)를 제어하는 전기 회로이다. 이 회로에서 누름 버튼 스위치를 누르면 전자 밸브의 전자석이 여자되어 밸브의 위치 변환이 일어나고 실린더는 전진하게 된다. (c)는 누름 버튼 스위치를 누르면 릴레이가 여자되고 이로 인해 릴레이의 a접점이 ON되어 전자석을 여자 시킨다. 즉, 전자 밸브의 전자석이 여자되어 밸브의 위치 변환이 일어나고 실린더는 전진하게 된다.

2) 복동 실린더 제어 회로

그림 7-24에서는 복동 실린더를 제어하기 위해서 5포트 2위치 방향 전환 밸브를 사용하였다.

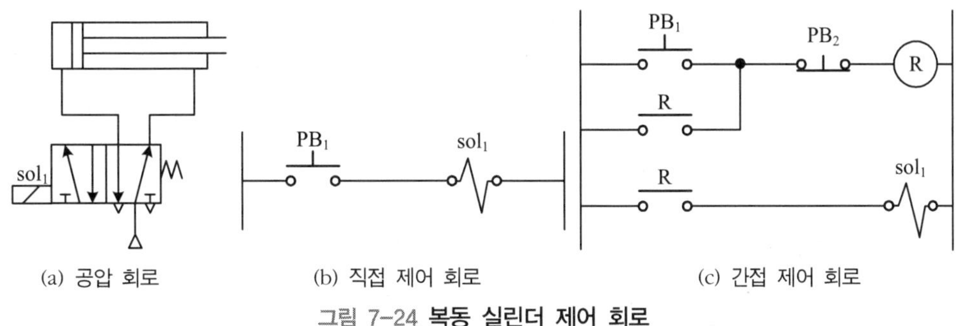

그림 7-24 **복동 실린더 제어 회로**

(b)는 (a)를 제어하는 전기 회로로서 누름 버튼 스위치 PB_1을 누르고 있으면 전자 밸브의 전자석이 여자되어 밸브의 위치 변환이 일어나고 피스톤은 전진한 상태를 유지하게 된다. 그런데 이 회로의 누름 버튼 스위치에서 손을 떼면 피스톤은 후진을 한다. 그런데 (c)는 자기 유지 회로로서 누름 버튼 스위치를 떼어도 릴레이가 계속 여자되고 이로 인해 릴레이의 a접점이 ON되고 전자석을 여자 시켜 밸브의 위치 변환이 일어나고 피스톤이 전진하게 된다. 여기서 피스톤을 후진시키려면 PB_2를 누르면 된다.

그림 7-24(c)에서는 후진을 시키기 위해 PB_2를 눌러 주어야 하지만 그림 7-25에서는 리밋 스위치를 달아서 자동 복귀시킬 수 있다. 그림 7-25(b)처럼 릴레이 R이 여자되어 있을 때 리밋 스위치 LS_1이 터치되면 b접점이 끊어지므로 피스톤은 자동으로 후진한다.

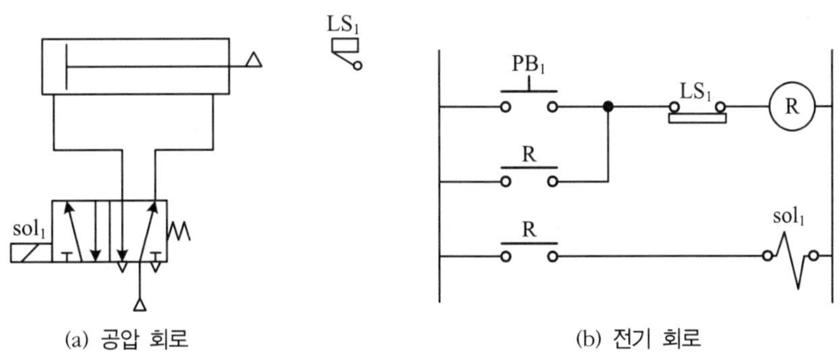

그림 7-25 **복동 실린더 자동 복귀 회로**

지금까지는 전자밸브가 편측(single)인 경우에 대해 설명하였으나 여기서는 양측인 경우의 회로에 대해 설명한다. 편측인 경우 전기 신호가 들어오면 피스톤이 전진하고 그렇지 않을 경우는 스프링에 의해 피스톤이 후진한다. 그림 7-26(a)와 같이 전자 밸브가 양측에 있는 경우는 전진측 솔레노이드를 ON시키면 피스톤이 전진하고 전진도중에 전기 신호가 차단되어도 그 상태가 유지된다. 피스톤을 후진시키기 위해서는 후진측 솔레노이드만 ON시키면 된다. (b)에서는 PB_1을 누르면 릴레이 R_1이 여자되므로 접점 R_1이 ON되고 솔레노이드1이 여자되어 피스톤이 전진한다. 여기서 만약 PB_1과 PB_2를 동시에 누르더라도 회로상에서 R_1, R_2이 서로 인터락되어 있기 때문에 동시에 두 릴레이가 ON되지는 않는다.

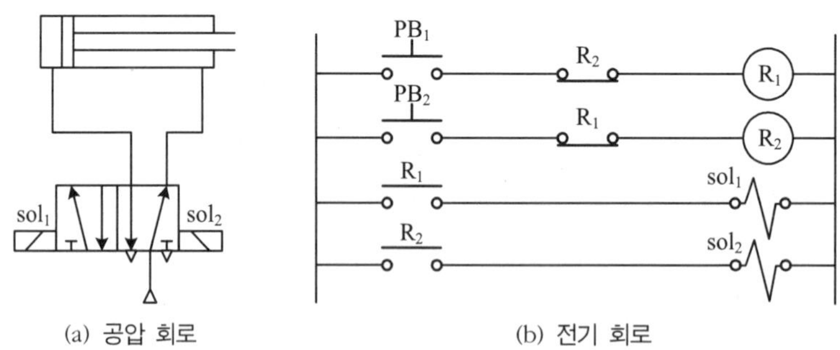

그림 7-26 **복동 실린더 수동 왕복 회로**

3) 전진하여 일정시간 정지 후 복귀하는 회로

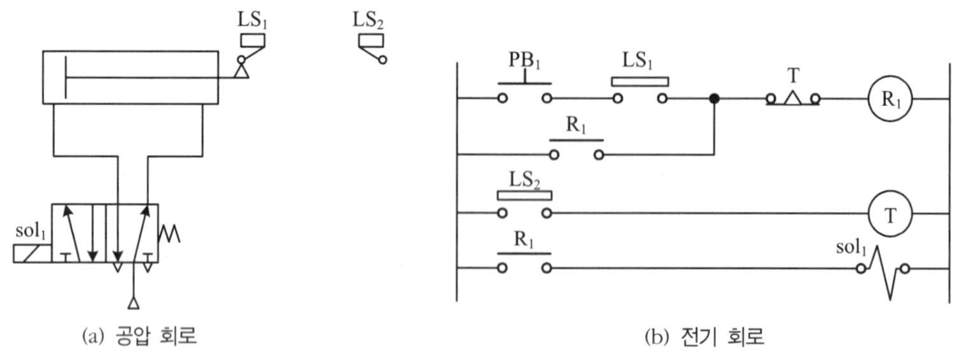

그림 7-27 **전진하여 일정시간 정지 후 복귀하는 회로**

그림 7-27(a)의 공압 회로는 리밋 스위치를 2개 사용되었다. 피스톤이 전진하여 LS_2를 ON시킨 후 일정 시간 지난 후 복귀하는 회로로서 타이머를 사용하였다. (b)를 보면 LS_1이

ON인 상태에서 PB_1이 ON되면 R_1이 여자된다. 자기 유지 회로가 형성되어 R_1이 ON상태를 유지할 때 접점 R_1이 ON이므로 솔레노이드가 ON되어 피스톤은 전진한다. LS_2가 ON 후 타이머에 의한 설정 시간이 지나면 b접점 T가 OFF되어 R_1이 OFF되고 공압 밸브가 전환되므로 피스톤은 원위치 된다.

4) 연속 왕복 작동 회로

연속으로 왕복 작동하는 회로가 그림 7-28에 나타나 있다. (b)에서 PB_1을 누르면 R_1이 여자되고 2열의 접점 R_1에 의해 자기 유지 된다. 이때 3열의 접점 R_1도 ON되어 R_2가 여자되고 자기 유지된다. 이로 인해 7열의 솔레노이드1(sol_1)이 ON되고 실린더가 전진한다. 전진이 완료되면 끝단에서 LS_2가 ON되고 이로 인해 5열의 R_3이 여자되고 자기 유지되므로 3열의 b접점 R_3을 OFF시키므로 R_2가 소자(消磁)된다. 결국 7열의 접점 R_2도 OFF되어 피스톤은 후진한다. 실린더가 끝까지 후진하여 리밋 스위치 LS_1을 ON시키면 R_3의 자기 유지가 소멸되고 이로 인해 3열의 접점 R_3도 ON되므로 R_2의 코일이 자기 유지되고 (∵ R_1은 계속 자기유지 중임) 7열의 접점 R_2도 ON되어 피스톤은 다시 전진한다. 이렇게 피스톤은 연속적으로 전진과 후진을 반복하게 되는데 이때 정지를 시키기 위해 PB_2를 누르면 R_1이 OFF되어 정지가 된다.

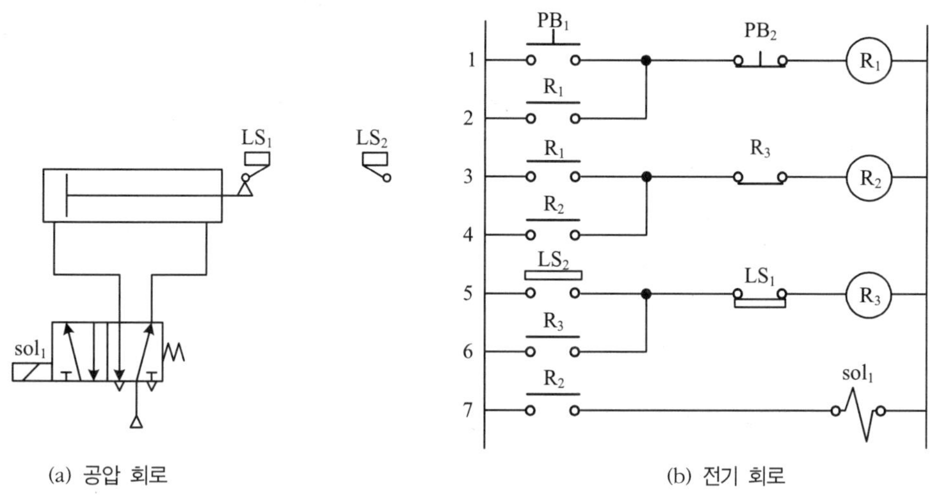

(a) 공압 회로 (b) 전기 회로

그림 7-28 **편측 전자 밸브를 사용한 연속 왕복 작동 회로**

그림 7-29는 양측 전자 밸브를 사용한 연속 왕복 작동 회로이다. 먼저 PB_1이 ON되면

R_1이 여자되고 자기 유지된다. 이때 접점 R_1이 ON이 되고 피스톤이 후진 상태이므로 LS_1은 ON이다. 따라서 R_2가 여자되고 자기 유지된다. 접점 R_2에 의해 솔레노이드1이 ON 되므로 피스톤은 전진을 한다. 전진이 완료되면 LS_2가 ON되고 이로 인해 R_3이 여자되고 자기 유지된다. 동시에 b접점 LS_2가 OFF되므로 릴레이 R_2가 소자된다. 따라서 솔레노이드2는 ON이고 솔레노이드1은 OFF이므로 공압 밸브는 전환되어 후진을 한다. 후진이 완료되면 LS_1이 ON되고 LS_2는 OFF상태이므로 전진을 시작한다. 이와 같이 전진과 후진을 반복할 때 동작을 정지하기 위해서는 b접점 PB_2를 누르면 모든 동작이 중지된다.

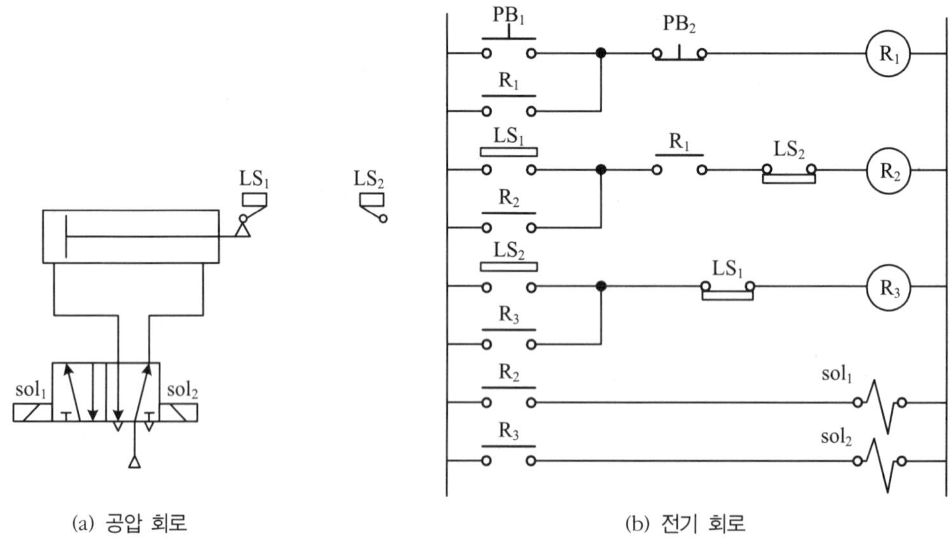

(a) 공압 회로 (b) 전기 회로

그림 7-29 양측 전자 밸브를 사용한 연속 왕복 작동 회로

7.2.3 시퀀스 회로

1) 주회로 차단법에 의한 회로 작성 예(I)

- 주회로 차단법은 솔레노이드를 구동시키는 주회로 구간에서 복귀신호를 주어 솔레노이드의 통전 신호를 차단하여 제어하는 방법이다.
- 편측 전자 밸브로 제어하는 회로에 적용된다.

그림 7-31은 편측 전자밸브를 사용하여 실린더를 제어하는 회로이다. 여기서 피스톤을 전진시키기 위해서는 솔레노이드에 신호를 주고 후진시키려면 신호를 끊어주면 되는 것이다. 이 공압 회로를 그림 7-30과 같은 순서로 제어하기 위한 시퀀스 회로를 작성해

보기로 한다.

◎ 먼저 동작 순서를 작성한다.

A피스톤이 전진 후 B피스톤이 전진하고 A피스톤이 후진 후 B피스톤이 후진한다.
즉, A+ B+ A- B-

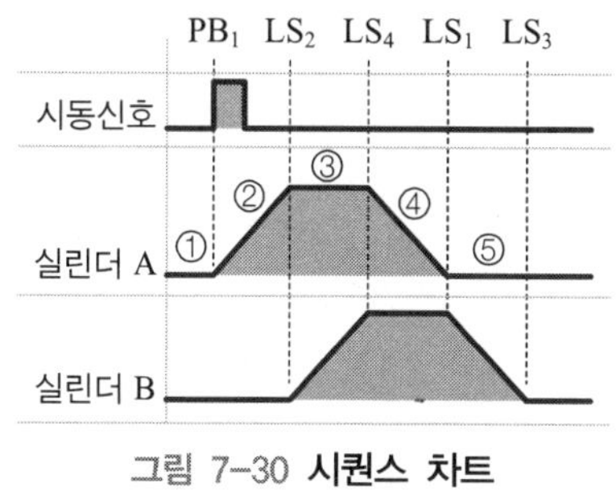

그림 7-30 **시퀀스 차트**

◎ 공압 회로를 작성한다.

실린더 2개, 편측 전자 밸브 2개 및 리밋 밸브 4개를 사용하여 공압 회로를 작성하였다.

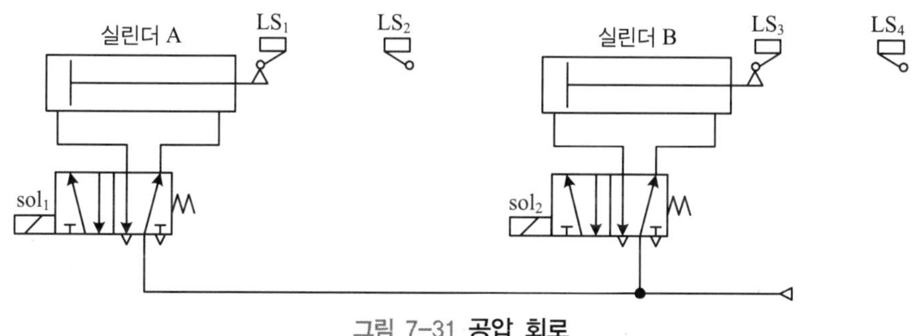

그림 7-31 **공압 회로**

◎ 제어 회로를 작성한다.

- 제어 모선을 수직 평행하게 긋고 그 사이에 스텝 수만큼 릴레이를 배치한다.
- 시퀀스 마지막 완료 신호 LS_3과 시동 신호, PB_1을 직렬로 연결하고 여기에 b접점, R_4를 직렬로 연결하고 자기유지 시킨다.
- R_1의 신호를 받아서 A+ 스텝을 진행시키기 위해 주회로 구간에서 a접점, R_1을 통해 솔레노이드 1에 연결한다.
- A실린더가 전진을 완료하면 LS_2리밋 스위치가 동작하므로 LS_2의 전단계 신호인 a접점, R_1을 직렬로 릴레이, R_2에 접속하고 자기유지 시킨다.
- 이 신호로써 두 번째 스텝인 B+를 진행시켜야 하므로 주회로 구간에서의 a접점, R_2을 통해

솔레노이드2에 접속한다.

- 두 번째 스텝의 완료를 나타내는 신호, LS_4와 전단계 신호, R_2를 직렬로 연결하고 릴레이, R_3에 접속하고 자기 유지시킨다. 이 신호로서 세 번째 스텝인 A-를 동작 시켜야 하므로 주회로 구간에서 A실린더 제어용 솔레노이드1 앞에 b접점, R_3을 넣는다.
- 세 번째 스텝이 완료되면 LS_1의 스위치가 ON이므로 LS_1과 전단계 신호 R_3을 직렬로 연결하여 R_4의 릴레이에 접속하고 자기 유지시킨다. 이 신호로서 네 번째 스텝인 B-를 동작시켜야 하므로 주회로 구간에서 솔레노이드2 앞에 b접점, R_4를 연결한다. 마지막 단계로 자기 유지를 해제하기 위해서 마지막 스텝의 릴레이인 b접점, R_4를 첫 스텝 신호인 릴레이, R_1과 자기 유지 라인의 중간에 배치한다.

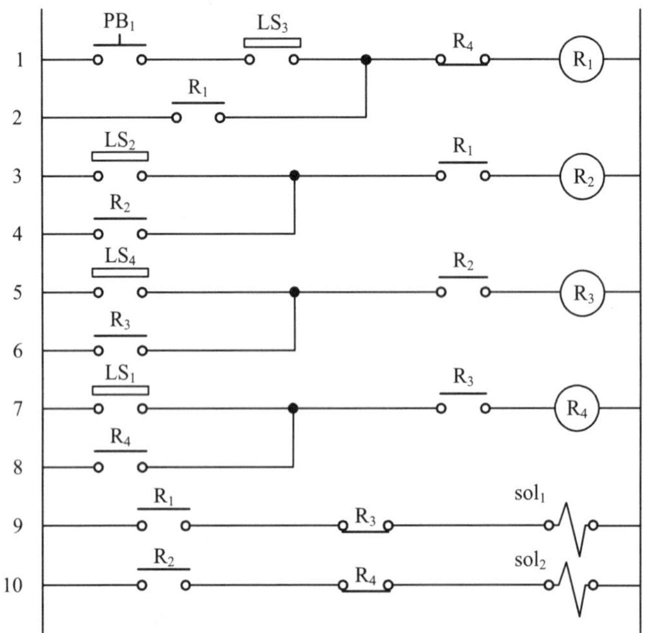

그림 7-32 **주회로 차단법에 의한 A+B+A-B-회로**

이상의 제어 회로 작성 방법을 정리하면 다음과 같다.

- 엑츄에이터의 동작 순서에 따라 리밋 스위치 신호와 전단계 신호를 동시에 만족할 경우 해당 릴레이를 여자시키고 자기 유지시킨다.
- 전진 시에는 a접점 릴레이와 솔레노이드를 직렬로 연결한다. 즉, 전진 시에는 a접점 릴레이가 ON되면 솔레노이드가 여자되게 하여 피스톤을 전진시킨다.
- 후진 시에는 b접점 릴레이와 솔레노이드를 직렬로 연결한다. 즉, 후진 시에는 b접점 릴레이가 OFF되면 솔레노이드가 소자되게 하여 피스톤을 후진시킨다.
- 마지막 스텝의 릴레이가 ON(b접점은 OFF)되면 첫 번째 릴레이에서 시작하여 마지막 릴레이까지 모든 릴레이가 순차적으로 OFF되도록 구성한다.

이러한 주회로 차단법은 아래의 공식을 적용해도 동일한 결과를 얻을 수 있으므로 몇 번만 연습해두면 아무리 복잡한 회로라도 쉽게 작성이 가능하다.

$(\text{조건})_i \cdot \overline{m_{i-1}} = m_i$ ($i = 1$일 때)
m_i ┘

$(\text{조건})_i \cdot m_{i-1} = m_i$ ($i > 1$일 때)
m_i ┘

이 식을 공압회로에 적용하면 다음과 같은 식을 얻을 수 있고, 그림 7-32 회로에 적용이 가능하다.

즉, $i = 1$, $(PB_1 \cdot LS_3) \cdot \overline{R_4} = R_1$
R_1 ┘

$i = 2$, $LS_2 \cdot R_1 = R_2$
R_2 ┘

$i = 3$, $LS_4 \cdot R_2 = R_3$
R_3 ┘

$i = 4$, $LS_1 \cdot R_3 = R_4$
R_4 ┘

2) 주회로 차단법에 의한 회로 작성 예(II)

이제는 3개의 공압 실린더를 편측 제어 밸브로써 제어하는 회로 작성에 대해서 설명한다. 그림 7-33은 편측 전자밸브를 사용하여 실린더를 제어하는 회로이다. 여기서 피스톤을 전진시키기 위해서는 솔레노이드에 신호를 주고 후진시키려면 신호를 끊어준다.

◎ 먼저 동작 순서를 작성한다.

A피스톤이 전진 후 B피스톤이 전진하고 C피스톤이 전진한다. 이어서 C피스톤이 후진 후 B피스톤이 후진하고 A피스톤이 후진한다.

즉, A+ B+ C+ C- B- A-

◎ 공압 회로를 작성한다.

실린더 3개, 편측 전자 밸브 3개 및 리밋 밸브 6개를 사용하여 공압 회로를 작성하였다.

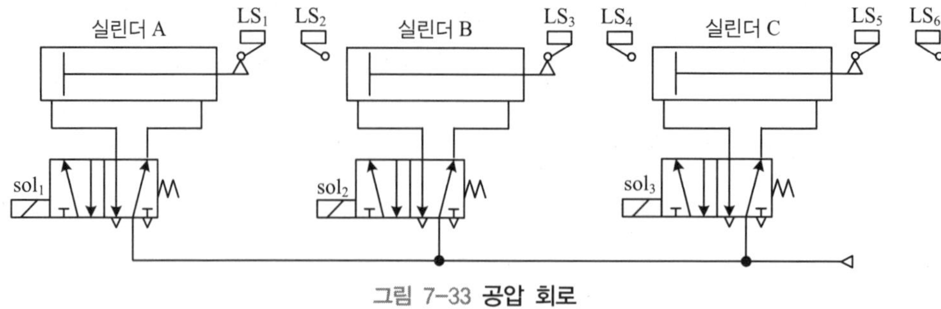

그림 7-33 공압 회로

◎ 제어 회로를 작성한다.

표 7-4는 각 스텝별로 릴레이를 1개씩 할당하고, 솔레노이드는 3개를 사용해서 해당 릴레이가 ON일 때 전진하고 OFF일 때 후진으로 하였다. 전 단계의 릴레이 신호를 리밋 스위치 신호와 AND연산하여 현 단계의 동작을 결정하게 하였고 최종 동작되는 릴레이의 b접점으로 전 동작이 차단되도록 하였다.

표 7-4에서 A+ 스텝을 보면 이 스텝은 피스톤 A를 전진시켜야 하므로, 푸쉬 버튼, LS_1 및 R_6이 모두 ON일 때 릴레이 R_1이 ON되고 sol_1이 ON되어서 피스톤을 전진시키면 된다. B+ 스텝은 피스톤 B를 전진시켜야 하므로, LS_2 및 R_1이 모두 ON일 때 릴레이 R_2가 ON되고 sol_2가 ON되어서 피스톤을 전진시킨다. C+스텝은 피스톤 C를 전진시켜야 하므로, LS_4 및 R_2가 모두 ON일 때 릴레이 R_3이 ON되고 sol_3이 ON되어서 피스톤을 전진시킨다. C- 스텝은 피스톤 C를 후진시켜야 하므로, LS_6 및 R_3이 모두 ON일 때 릴레이 R_4가 ON되고 sol_3이 OFF되어서 피스톤을 후진시킨다. B-스텝은 피스톤 B를 후진시켜야 하므로, LS_5 및 R_4가 모두 ON일 때 릴레이 R_5가 ON되고 sol_2가 OFF되어서 피스톤을 후진시킨다. A- 스텝은 피스톤 A를 후진시켜야 하므로, LS_3 및 R_5가 모두 ON일 때 릴레이 R_6이 ON되고 sol_1이 OFF되어서 피스톤을 후진시킨다. 동시에 릴레이 R_1을 OFF시키고 이 후 연쇄적으로 R_2, R_3, R_4, R_5도 OFF시켜 모든 동작이 종료된다.

표 7-4 각 스텝별 솔레노이드 동작

스 텝	릴레이 ON조건	릴레이 ON	접 점	솔레노이드
A+	PB_1 & LS_1 & / R_6 = 1	R_1	R_1 ON	sol_1 ON
B+	LS_2 & R_1 = 1	R_2	R_2 ON	sol_2 ON
C+	LS_4 & R_2 = 1	R_3	R_3 ON	sol_3 ON
C-	LS_6 & R_3 = 1	R_4	R_4 OFF	sol_3 OFF
B-	LS_5 & R_4 = 1	R_5	R_5 OFF	sol_2 OFF
A-	LS_3 & R_5 = 1	R_6	R_6 OFF	sol_1 OFF

제어 회로는 표 7-4의 내용대로 배치하면 된다.

❶ 수직으로 평행선을 긋고 맨 위에 PB_1, LS_1, b접점 R_6을 직렬로 릴레이 R_1과 연결한다. 그리고 자기 유지 회로를 그린다.

❷ 그 아래에 LS_2, a접점 R_1을 직렬로 릴레이 R_2와 연결한다. 그리고 자기 유지 회로를 그린다.

❸ 그 아래에 LS_4, a접점 R_2을 직렬로 릴레이 R_3와 연결한다. 그리고 자기 유지 회로를 그린다.

❹ 그 아래에 LS_6, a접점 R_3을 직렬로 릴레이 R_4와 연결한다. 그리고 자기 유지 회로를 그린다.

❺ 그 아래에 LS_5, a접점 R_4을 직렬로 릴레이 R_5와 연결한다. 그리고 자기 유지 회로를 그린다.

❻ 그 아래에 LS_3, a접점 R_5을 직렬로 릴레이 R_6와 연결한다. 그리고 자기 유지 회로를 그린다.

❼ 그 아래에 a접점 R_1, b접점 R_6, 솔레노이드 sol_1를 직렬로 연결한다.

❽ 그 아래에 a접점 R_2, b접점 R_5, 솔레노이드 sol_2를 직렬로 연결한다.

❾ 그 아래에 a접점 R_3, b접점 R_4, 솔레노이드 sol_3를 직렬로 연결한다.

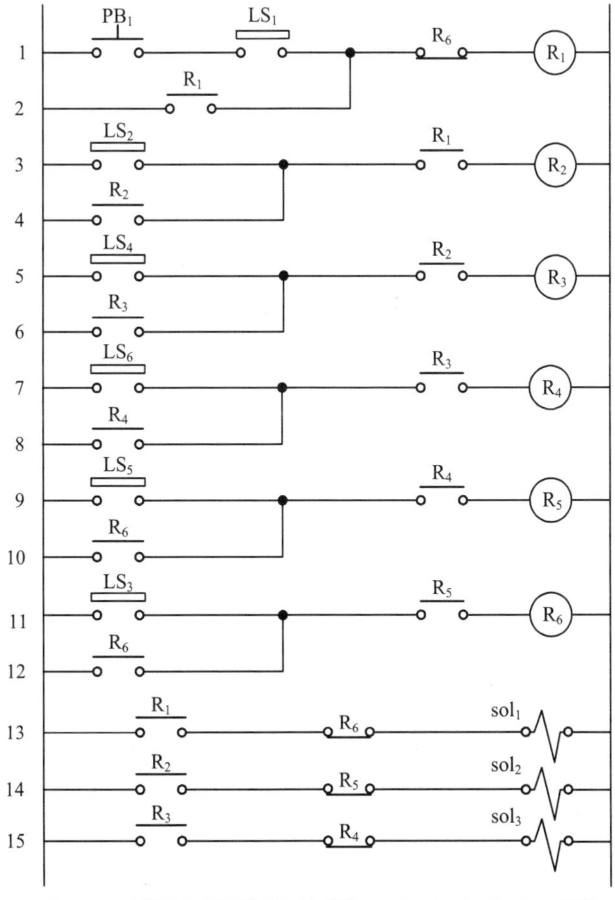

그림 7-34 주회로 차단법을 이용한 A+B+C+C−B−A− 회로

3) 최대 신호 차단법

최대 신호 차단법에 의한 제어 회로 작성법은 다음과 같이 요약된다.

- 양측 전자 밸브를 공압 실린더를 제어하는 회로에 적용한다.
- 각각의 운동 스텝에 릴레이를 할당한다.
- 리밋 스위치 신호와 전단계 a접점 릴레이를 AND하여 다음 스텝의 릴레이를 동작시킨다.
- 해당 스텝에서 b접점 릴레이로써 전 신호를 차단시킨다.

최대 신호 차단법에 의한 시퀀스 회로 작성 과정은 다음과 같다.

◎ 먼저 동작 순서를 작성한다.

A피스톤이 전진한 후 A피스톤이 후진하며, B피스톤이 전진하고 B피스톤이 후진한다.
즉, A+ A- B+ B-

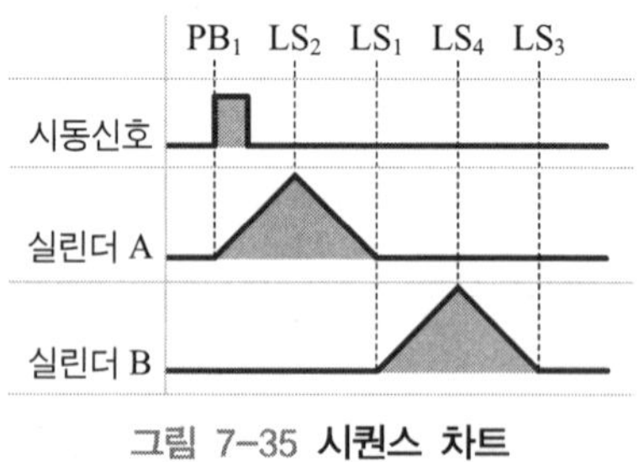

그림 7-35 **시퀀스 차트**

◎ 공압 회로를 작성한다.

실린더 2개, 양측 전자 밸브 2개 및 리밋 밸브 4개를 사용하여 공압 회로를 작성하였다.

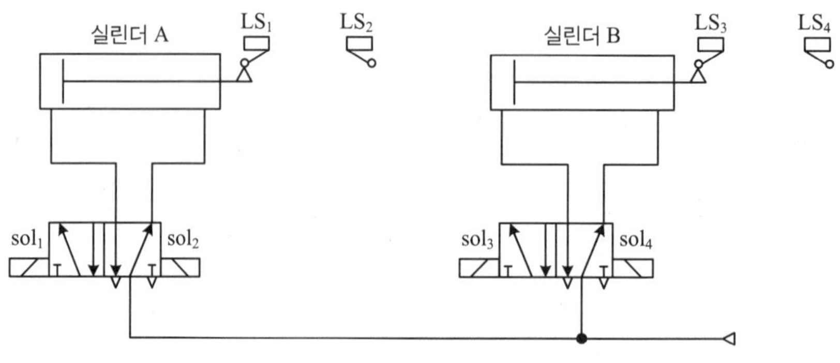

그림 7-36 **공압 회로**

◎ 제어 회로를 작성한다.

표 7-5는 각 스텝별로 릴레이를 1개씩 할당하고, 솔레노이드는 4개를 사용해서 해당 릴레이가 ON일 때 전진 또는 후진하게 하였다. 전 단계의 a접점 릴레이 신호, 리밋 스위치 신호와 다음 단계의 b접점 릴레이 신호를 AND연산하여 현 단계의 동작을 결정하게 하였고 릴레이 신호가 ON되면 해당 솔레노이드가 ON되어 피스톤을 전진 혹은 후진시킨다.

표 7-5 각 스텝별 솔레노이드 동작

스텝	릴레이 ON조건	릴레이 ON	접 점	솔레노이드
A+	PB_1 & LS_3 & R_4 & / R_2 = 1	R_1	R_1 ON	sol_1 ON
A-	LS_2 & R_1 & / R_3 = 1	R_2	R_2 ON	sol_2 ON
B+	LS_1 & R_2 & / R_4 = 1	R_3	R_3 ON	sol_3 ON
B-	LS_4 & R_3 & / R_1 = 1	R_4	R_4 ON	sol_4 ON

제어 회로는 표 7-5의 내용대로 배치하면 된다.

❶ 수직으로 평행선을 긋고 맨 위에 PB_1, LS_3, a접점 R_4, b접점 R_2을 직렬로 릴레이 R_1과 연결한다. 그리고 자기 유지 회로를 그린다.
❷ 그 아래에 LS_2, a접점 R_1, b접점 R_3을 직렬로 릴레이 R_2과 연결한다. 그리고 자기 유지 회로를 그린다.
❸ 그 아래에 LS_1, a접점 R_2, b접점 R_4을 직렬로 릴레이 R_3과 연결한다. 그리고 자기 유지 회로를 그린다.
❹ 그 아래에 LS_4, a접점 R_3, b접점 R_1을 직렬로 릴레이 R_4과 연결한다. 그리고 자기 유지 회로를 그린다.
❺ 그 아래에 자기 유지 회로와 병렬로 리셋 접점을 그린다.
❻ 그 아래에 a접점 R_1과 솔레노이드 sol_1를 직렬로 연결한다.
❼ 그 아래에 a접점 R_2과 솔레노이드 sol_2를 직렬로 연결한다.
❽ 그 아래에 a접점 R_3과 솔레노이드 sol_3를 직렬로 연결한다.
❾ 그 아래에 a접점 R_4과 솔레노이드 sol_4를 직렬로 연결한다.

이 최대 신호 차단법은 전단계 명령처리 신호와 작업 완료 검출 신호가 모두 만족 시 다음 단계로 동작이 넘어가기 때문에 동작상의 오류가 거의 발생하지 않는 장점이 있다. 하지만 이 회로는 편측 전자 밸브를 사용하는 공압 회로에서는 많이 사용되지 않는다.

그림 7-37 회로의 동작 순서는 다음과 같다. 먼저 최종단의 릴레이 R_4, 리밋 스위치 LS_3, b접점 R_2가 모두 ON이면 릴레이 R_1이 ON된다. 이로 인해 접점 R_1이 ON되므로 솔레노이드1이 ON되어 피스톤1은 전진한다. 이때 릴레이 R_4는 OFF된다. 피스톤1이 전진하면 LS_2가 ON되고 전단의 릴레이 R_1과 b접점 R_3이 모두 ON이면 릴레이 R_2가 ON된

다. 이로 인해 접점 R_2가 ON되므로 솔레노이드2가 ON되어 피스톤1이 후진하며 전단의 릴레이 R_1을 OFF시킨다. 같은 방법으로 피스톤2도 전진과 후진을 한다. 그리고 처음 동작을 위해서는 리셋 버튼을 눌러주어야 된다.

최대 신호 차단법에서도 아래의 공식을 적용하면 제어 회로 작성에 도움이 된다.

$$(\text{조건})_i \cdot m_{i-1} \cdot \overline{m_{i+1}} = m_i \quad (\text{단, Reset은 최종단에만 적용됨})$$

m_i ─┘
(Reset) ─┘

$$\text{즉,} \quad i = 1, \quad (PB_1 \cdot LS_3) \cdot R_4 \cdot \overline{R_2} = R_1$$

R_1 ─┘

$$i = 2, \quad LS_2 \cdot R_1 \cdot \overline{R_3} = R_2$$

R_2 ─┘

$$i = 3, \quad LS_1 \cdot R_2 \cdot \overline{R_4} = R_3$$

R_3 ─┘

$$i = 4, \quad LS_4 \cdot R_3 \cdot \overline{R_1} = R_4$$

R_4 ─┘
Reset ─┘

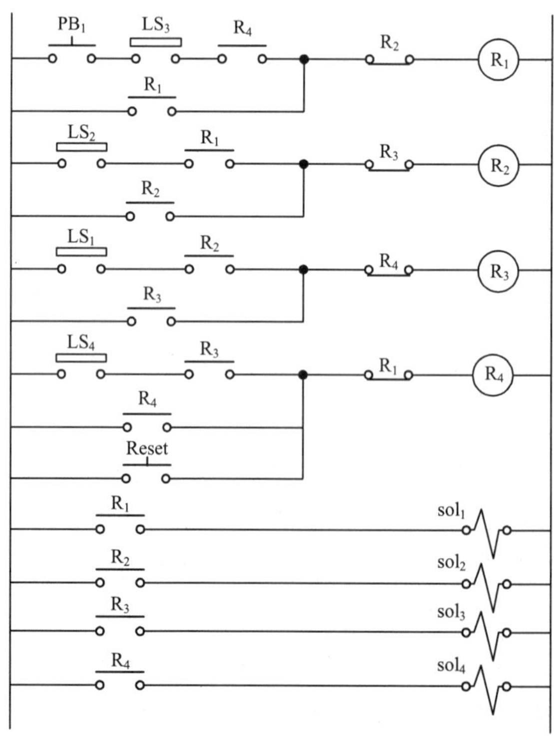

그림 7-37 최대 신호 차단법을 이용한 A+A-B+B- 회로

연습 문제

exercise

01. a접점과 b접점의 차이점을 서술하라.

02. 릴레이의 종류 및 구조와 원리에 대하여 설명하라.

03. 조작용 스위치의 종류를 써라.

04. 솔레노이드 밸브의 동작원리를 말하라.

05. 자기 유지 회로를 예를 하나 들어서 설명하라.

06. AND 회로를 그려서 설명하라.

07. 인터록 회로를 그려서 설명하라.

08. 온딜레이 회로를 그려서 설명하라.

09. 일정시간 동작 회로를 그려서 그 동작순서를 설명하라.

10. 단동 실린더 제어 회로를 그려서 동작순서를 설명하라.

11. 복동 실린더 제어 회로를 그려서 동작순서를 설명하라.

12. 복동 실린더 자동 복귀회로를 그려서 동작순서를 설명하라.

13. 연속 왕복 작동 회로를 그려서 동작순서를 설명하라.

14. 주회로 차단법에 대하여 설명하라.

02 Part 공압 실험

08 Chapter
공압 회로 실험

이번 장에서 학습할 내용입니다.

실험 8.1 단동 실린더의 방향 제어
실험 8.2 단동 실린더의 속도 제어
실험 8.3 단동 실린더의 급속 후진
실험 8.4 복동 실린더의 방향 제어
실험 8.5 복동 실린더의 속도 제어
실험 8.6 실린더의 중간 정지
실험 8.7 연속 왕복 동작
실험 8.8 공압 시퀀스

실험 8.1 :: 단동 실린더의 방향 제어

8.1.1 실험 목표

시작 버튼을 ON/OFF시키면 단동실린더의 피스톤을 전진/후진시킬 수 있다.

8.1.2 실험에서 얻을 수 있는 것

- 단동 실린더의 구조와 사용법을 이해한다.
- 단동 실린더의 제어 방법을 이해한다.
- 3포트 2위치 방향 제어 밸브의 구조와 사용법을 습득한다.

8.1.3 회로도 및 동작 이해

그림 8-1은 단동 실린더의 직접 제어 회로이다. 푸쉬 버튼 조작 3포트 2위치 전환 밸브는 초기상태로서 압축공기는 차단되어 있고 단동 실린더는 후진 상태에 있다. 이때 푸쉬 버튼 스위치를 누르면 압축 공기는 3포트 2위치 전환 밸브의 A포트를 통해 공급되므로 피스톤은 전진한다. 다시 누름 버튼에서 손을 떼면 그림 8-1과 같은 위치로 후진하는데 그것은 실린더 내의 압축공기는 R 포트를 통해 대기 중으로 배출되기 때문에 내장된 스프링력으로 후진한다. 이처럼 단동 실린더를 제어하기 위해서는 압축공기 공급과 배출을 하여야 하므로 3포트 2위치 방향 전환 밸브를 사용하였다.

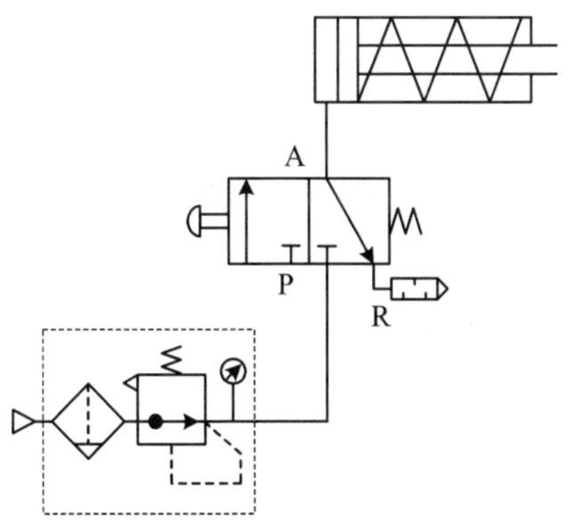

그림 8-1 단동 실린더 제어 회로

그림 8-2는 단동 실린더의 간접 제어 회로로서 실린더의 직경이 크고 행정 길이가 긴 실린더 또는 실린더와 조작 밸브와의 길이가 길어 배관에 의한 압력 손실이 일어나는 곳에서 사용하는 회로이다.

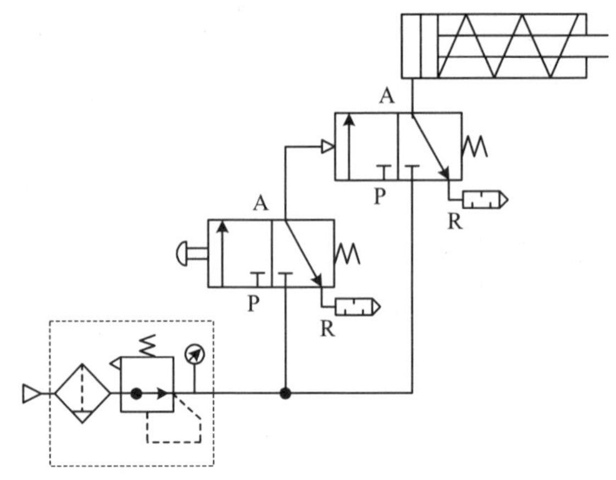

그림 8-2 **단동 실린더 간접 제어 회로**

8.1.4 필요 부품

품명	수량
단동 실린더	1개
공압 조정 유닛	1세트
3포트 2위치 푸쉬 버튼 조작 밸브	1개
3포트 2위치 공압 작동 밸브	1개
소음기	2개

8.1.5 실험 방법

❶ 각종 부품을 회로도와 같이 배치하고 고정을 한다.

❷ 회로도를 보며 플렉시블 튜브로 부품 간을 연결한다.

❸ 외부 공압원의 압력을 공압 조정 유닛을 통해 $4 \sim 5kgf/cm^2$정도로 조정하여 실험 장치에 연결한다.

❹ 그림 8-1에서 누름 버튼 스위치를 누를 경우 피스톤이 전진하는지 확인한다. 그리고 누름 버튼 스위치에서 손을 뗄 경우 피스톤이 어떻게 움직이는지를 확인한다.

❺ 그림 8-2에서 누름 버튼 스위치를 누를 경우 메인 밸브가 어떻게 움직이며 이후에 피스톤이

전진하는지 확인한다. 그리고 누름 버튼 스위치에서 손을 뗄 경우 메인 밸브와 피스톤이 어떻게 움직이는지를 확인한다.

8.1.6 주의 사항

❶ 공압 부품을 보드에 고정할 때 충분한 여유를 두고 단단히 고정한다.

❷ 피스톤이 움직여도 주변의 부품과 부딪히지 않도록 여유 공간을 둔다.

❸ 배관은 빠지지 않게 정확히 고정하며, 압축 공기를 공급 시에는 슬라이드 밸브를 천천히 돌려서 열어 준다.

❹ 각 모듈의 입력 포트, 출력 포트 및 배기 포트 등을 확인한 후 배관한다.

❺ 수동 조작 밸브는 밸브의 제어 위치 전환에 필요한 시간보다 길게 조작한다.

❻ 실험 회로도 변경은 압축 공기를 차단하고 실시하며 실험 종료 후에는 공압 공급 밸브를 차단하고 호스를 분리한다.

8.1.7 예비 및 결과 보고서

◎ 예비 보고서

다음 문항에 대해서 답안을 작성하여 제출하라.

- 단동 실린더의 구조에 대해서 설명하라.
- 공압 조정 유닛이란 무엇인가?
- 3포트 2위치 공압 밸브의 동작을 간단히 설명하라.
- 소음기란 무엇인가?
- 직접 제어와 간접 제어 방법의 차이를 서술하라.
- 그림 8-1, 8-2의 동작 방법을 서술하라.

◎ 결과 보고서

❶ 이번 실험을 통해서 실험 전에 예상했던 아래의 항목에 대비해서 어느 정도 달성되었는지 각 항목별로 그 달성도를 분석 기술하라.

- 실험 목표
- 실험에서 얻어낼 수 있는 것
- 회로도 동작 이해

❷ 이번 실험의 결과를 항목별로 자세하게 서술하라.

❸ 검토 사항

❹ 향후 보완 사항

실험 8.2 :: 단동 실린더의 속도 제어

8.2.1 실험 목표

단동 실린더에서 속도 제어 밸브를 사용하면 피스톤의 이동 속도를 조절할 수 있다.

8.2.2 실험에서 얻을 수 있는 것

- 피스톤의 이동 속도 제어 방법을 습득한다.
- 단동 실린더의 제어 방법을 이해한다.
- 속도 제어 밸브의 구조와 동작을 이해한다.

8.2.3 회로도 및 동작 이해

그림 8-3은 단동 실린더의 속도 제어 회로이다. 푸쉬 버튼 조작 3포트 2위치 전환 밸브는 초기상태로서 압축공기는 차단되어 있고 단동 실린더는 후진 상태에 있다. 이때 푸쉬 버튼 스위치를 누르면 압축 공기는 3포트 2위치 전환 밸브의 A포트와 연결된 속도제어밸브를 통해서 실린더에 공급되므로 피스톤의 속도는 조절된다. 즉, 속도 제어밸브는 공기가 흘러나가는 단면을 조절할 수 있으므로 유량이 조절되고 피스톤의 전진 속도가 조절된다. 다시 누름 버튼에서 손을 떼면 그림 8-3과 같은 위치로 후진하는데 그것은 실린더 내의 압축공기는 체크 밸브를 거쳐 R 포트를 통해 대기 중으로 배출되기 때문에 실린더 헤드쪽의 압력저하로 인해 내장된 스프링력에 의해 밸브는 복귀한다.

그림 8-4는 단동 실린더의 후진 속도 제어 회로로서 그림 8-3과 비교 시 체크 밸브의 방향이 반대로 되어 있다. 즉, 실린더로 들어가는 공기는 제한을 받지 않고 나오는 공기만 제어된다. 실린더가 후진 시는 반드시 교축 밸브를 통해서만 공기가 빠져나오므로 후진시의 속도가 조절된다.

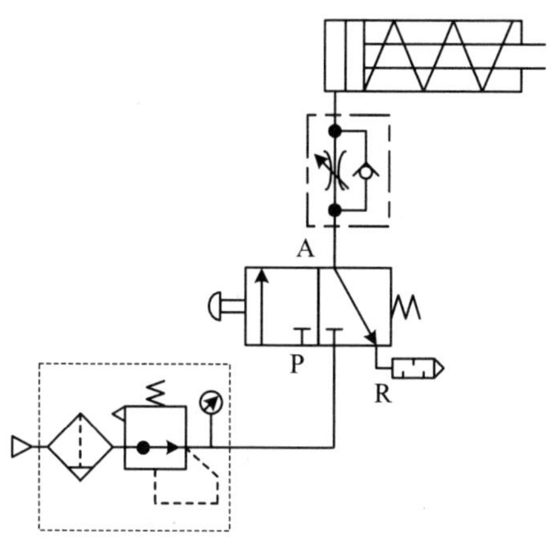

그림 8-3 단동 실린더 전진 속도 제어 회로

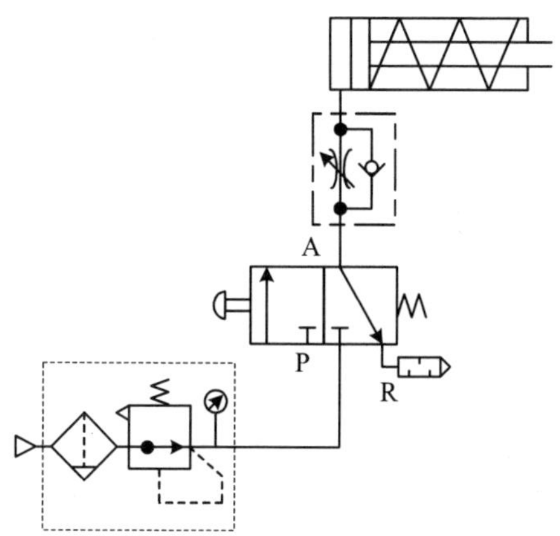

그림 8-4 단동 실린더 후진 속도 제어 회로

8.2.4 필요 부품

품명	수량
단동 실린더	1개
공압 조정 유닛	1세트
3포트 2위치 푸쉬 버튼 조작 밸브	1개
속도 제어 밸브	1개
소음기	2개

8.2.5 실험 방법

❶ 각종 부품을 회로도와 같이 배치하고 고정을 한다.

❷ 회로도를 보며 플렉시블 튜브로 부품 간을 연결한다.

❸ 외부 공압원의 압력을 공압 조정 유닛을 통해 $4{\sim}5kgf/cm^2$정도로 조정하여 실험 장치에 연결한다.

❹ 먼저 그림 8-3의 속도 조절 밸브를 조절하여 공압이 최소로 흐르게 조절한다. 그리고 누름 버튼 스위치를 누르고 피스톤이 완전히 전진할 때까지의 시간을 측정한다. 이번에는 속도 조절 밸브를 조절하여 공압이 최대로 흐르게 한다. 다시 누름 버튼 스위치를 누르고 피스톤이 완전히 전진할 때까지의 시간을 측정하며, 두 가지 실험에서 시간차이를 계산한다. 그리고 누름 버튼 스위치에서 손을 뗄 경우 피스톤이 어떻게 움직이는지를 확인한다.

❺ 같은 방법으로 그림 8-4의 속도 조절 밸브를 조절하여 피스톤의 후진 시간의 최대, 최소값이 각각 얼마인지를 기록하라.

8.2.6 예습 및 결과 검토하기

◎ 예비 보고서

다음 문항에 대해서 답안을 작성하여 제출하라.

- 속도 조절 밸브의 원리에 대해서 설명하라.
- 속도, 가속도, 힘, 압력의 단위를 써라.
- 교축 밸브의 구조와 동작을 설명하라.
- 속도 조절 밸브의 구조와 동작을 설명하라.
- 그림 8-3, 8-4의 동작 방법을 간략히 서술하라.

◎ 결과 보고서

❶ 이번 실험을 통해서 실험 전에 예상했던 아래의 항목에 대비해서 어느 정도 달성되었는지 각 항목별로 그 달성도를 분석 기술하라.

- 실험 목표
- 실험에서 얻어낼 수 있은 것
- 속도 제어 밸브 및 회로도 동작 이해

❷ 이번 실험 결과를 항목별로 자세하게 서술하라.

❸ 검토 사항

❹ 향후 보완 사항

실험 8.3 :: 단동 실린더의 급속 후진

8.3.1 실험 목표

단동 실린더에서 급속 배기 밸브를 사용하면 피스톤의 후진 속도를 증가시킬 수 있다.

8.3.2 실험에서 얻을 수 있는 것

- 피스톤의 속도 증가 방법을 습득한다.
- 급속 배기 밸브의 구조와 동작을 이해한다.
- 급속 배기 밸브의 사용법을 습득한다.

8.3.3 회로도 및 동작 이해

그림 8-5는 단동 실린더의 급속 후진 회로이다. 푸쉬 버튼 조작 스위치를 누르면 압축공기는 3포트 2위치 전환 밸브와 급속 배기 밸브를 통해서 실린더에 공급되므로 피스톤은 전진한다. 그리고 푸쉬 버튼 스위치에서 손을 떼면 실린더 내의 압축공기는 급속 배기 밸브의 R 포트를 통해 대기 중으로 배출된다. 이때 후진 속도가 빨라지는 이유는 실린더 속의 공기가 빠져나가는 배관의 길이가 짧고 급속 배기의 R 포트로 통하는 통로의 단면적이 크기 때문이다.

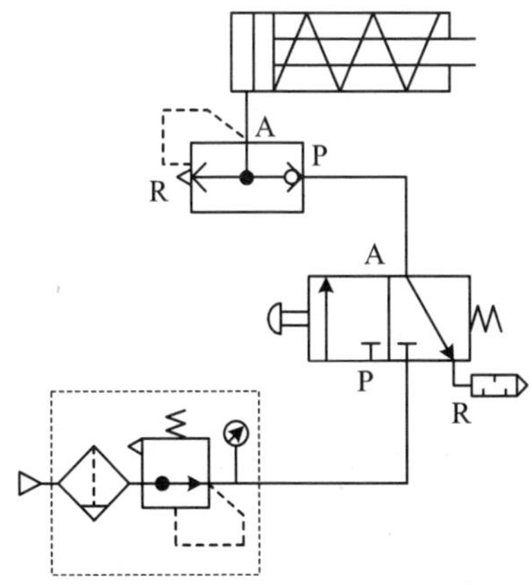

그림 8-5 단동 실린더 급속 후진 회로

8.3.4 필요 부품

품명	수량
단동 실린더	1개
공압 조정 유닛	1세트
3포트 2위치 푸쉬 버튼 조작 밸브	1개
급속 배기 밸브	1개
소음기	1개

8.3.5 실험 방법

❶ 각종 부품을 회로도와 같이 배치하고 고정을 한다.

❷ 회로도를 보며 플렉시블 튜브로 부품 간을 연결한다.

❸ 외부 공압원의 압력을 공압 조정 유닛을 통해 $4 \sim 5kgf/cm^2$정도로 조정하여 실험 장치에 연결한다.

❹ 먼저 누름 버튼 스위치를 누르고 피스톤이 전진을 시작하여 완전히 전진할 때까지의 시간을 측정한다. 그리고 누름 버튼 스위치에서 손을 뗄 경우 피스톤이 어떻게 움직이는지를 관찰한다. 피스톤의 후진 시작 시점부터 완료 시점까지의 시간을 측정하고 이 결과를 전진시의 결과와 비교한다. 이상의 실험을 3회 반복하고 전진과 후진 시 소요시간이 차이가 나는 이유를 설명하라.

8.3.6 예습 및 결과 검토하기

○ 예비 보고서

다음 문항에 대해서 답안을 작성하여 제출하라.

- 급속 배기 밸브의 원리에 대해서 설명하라.
- 그림 8-5의 동작 방법을 간략히 서술하여라.

○ 결과 보고서

❶ 이번 실험을 통해서 실험 전에 예상했던 아래의 항목에 대비해서 어느 정도 달성되었는지 각 항목별로 그 달성도를 분석 기술하라.

- 실험 목표

- 실험에서 얻어낼 수 있은 것
- 급속 배기 밸브 및 회로도 동작 이해

❷ 이번 실험 결과를 항목별로 자세하게 서술하라.

❸ 검토 사항

❹ 향후 보완 사항

실험 8.4 :: 복동 실린더의 방향 제어

8.4.1 실험 목표

복동 실린더에서 푸쉬 버튼 스위치를 ON/OFF시켜서 피스톤을 전진/후진시킬 수 있다.

8.4.2 실험에서 얻을 수 있는 것

- 복동 실린더의 구조를 이해한다.
- 복동 실린더의 사용법을 습득한다.
- 5포트 2위치 방향 제어 밸브의 사용법을 습득한다.

8.4.3 회로도 및 동작 이해

그림 8-6은 복동 실린더의 직접 제어 회로이다. 푸쉬 버튼 조작 스위치를 누르면 5포트 2위치 방향 전환 밸브에서 P포트와 A포트, B포트와 R_2포트가 각각 연결된다. 이때 압축 공기는 실린더 헤드에 공급되므로 피스톤은 전진한다. 그리고 푸쉬 버튼 스위치에서 손을 떼면 스프링에 의해 밸브가 복귀되므로 P포트와 B포트, A포트와 R_1포트가 각각 연결되고 피스톤은 후진한다. 이처럼 복동 실린더는 전진과 후진 운동이 모두 공압에 의해 이루어지므로 공급과 배기를 동시에 할 수 있는 2개의 포트씩 모두 4개 이상의 포트가 필요하다. 그림 8-7에서 푸쉬 버튼 조작 스위치를 누르면 3포트 2위치 방향 전환 밸브를 통해 공압이 5포트 2위치 밸브의 위치를 전환시켜서 피스톤은 전진한다. 그리고 푸쉬 버튼 스위치에서 손을 떼면 스프링에 의해 밸브가 복귀되므로 피스톤은 후진한다.

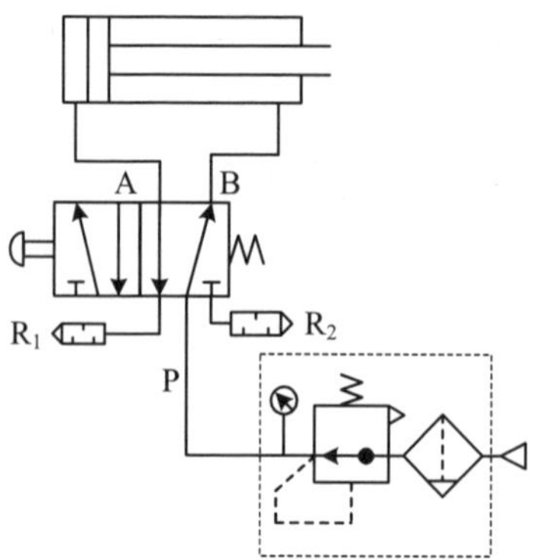

그림 8-6 **복동 실린더의 직접 제어**

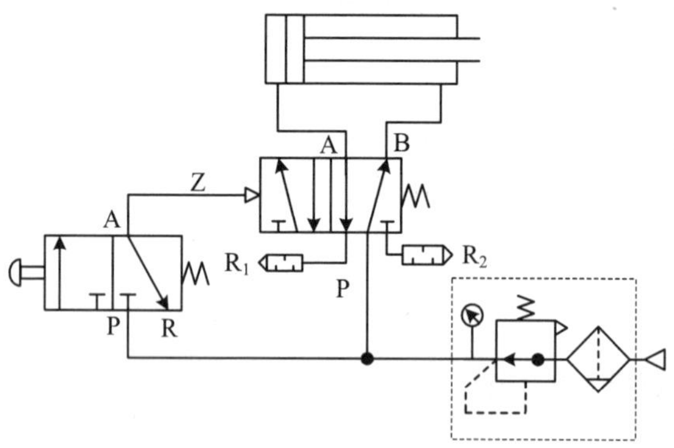

그림 8-7 **복동 실린더의 간접 제어**

8.4.4 필요 부품

품명	수량
복동 실린더	1개
공압 조정 유닛	1세트
5포트 2위치 공압 작동 밸브	1개
3포트 2위치 푸쉬 버튼 조작 밸브	1개
소음기	2개

8.4.5 실험 방법

❶ 각종 부품을 회로도와 같이 배치하고 고정을 한다.

❷ 회로도를 보며 플렉시블 튜브로 부품 간을 연결한다.

❸ 외부 공압원의 압력을 공압 조정 유닛을 통해 $4 \sim 5kgf/cm^2$정도로 조정하여 실험 장치에 연결한다.

❹ 그림 8-6에서 먼저 누름 버튼 스위치를 눌렀을 때 피스톤이 전진을 시작하여 완전히 전진하는 것을 확인한다. 그리고 누름 버튼 스위치에서 손을 뗄 경우 피스톤이 후진하는지를 관찰한다. 그림 8-7에서 먼저 누름 버튼 스위치를 눌렀을 때 공압이 공압 작동 5포트 2위치 밸브의 위치를 전환시키고 피스톤이 전진을 시작하여 완전히 전진하는 것을 확인한다. 그리고 누름 버튼 스위치에서 손을 뗄 경우 3포트 2위치 밸브와 5포트 2위치 밸브가 모두 방향 전환되고 피스톤이 후진하는지를 관찰한다.

8.4.6 예습 및 결과 검토하기

○ 예비 보고서

다음 문항에 대해서 답안을 작성하여 제출하라.

- 5포트 2위치 방향 전환 밸브의 구조와 사용법에 대해서 설명하라.
- 그림 8-6, 8-7의 동작 방법을 간략히 서술하여라.

○ 결과 보고서

❶ 이번 실험을 통해서 실험 전에 예상했던 아래의 항목에 대비해서 어느 정도 달성되었는지 각 항목별로 그 달성도를 분석 기술하라.

- 실험 목표
- 실험에서 얻어낼 수 있은 것
- 5포트 2위치 방향 전환 밸브 사용법 이해
- 회로도 동작 이해

❷ 이번 실험 결과를 항목별로 자세하게 서술하라.

❸ 검토 사항

❹ 향후 보완 사항

실험 8.5 :: 복동 실린더의 속도 제어

8.5.1 실험 목표

복동 실린더에서 속도 제어 밸브를 사용하면 피스톤을 전진/후진 속도를 조절할 수 있다.

8.5.2 실험에서 얻을 수 있는 것

- 속도 제어밸브의 구조 및 사용법을 이해한다.
- 미터인 제어법을 이해한다.
- 미터아웃 제어법을 이해한다.

8.5.3 회로도 및 동작 이해

속도 제어 밸브는 교축 밸브와 체크 밸브를 병렬로 연결한 것으로 제어를 할 경우는 교축 밸브만을 통해서 공압이 들어가게 하고 그렇지 않을 경우에는 체크 밸브 쪽을 통해 쉽게 통과시키는 밸브이다.

그림 8-8은 미터인 회로로서 실린더 헤드 쪽에는 교축 밸브를 통해 서서히 들어가고 실린더 로드 쪽에는 체크밸브 쪽으로 공압이 빠르게 배기되는 구조이다. 따라서 이 구조는 피스톤의 전진실과 후진실의 압력차가 커지므로 피스톤의 움직임이 불안정하여 속도 제어 방법으로서 좋은 방법이 못된다. 이 방법은 체적이 작은 소형 실린더의 속도 제어에는 사용되나 인장하중이 작용하거나 실린더를 수직으로 고정하여야 할 경우에는 사용이 곤란하다. 그림 8-9는 미터아웃 회로로서 실린더 헤드 쪽에는 체크밸브 쪽으로 공압이 빠르게 들어가고 로드 쪽에는 교축 밸브를 통해 서서히 배기되는 구조이다. 따라서 이 구조는 동작의 시작 시부터 힘의 균형을 잡을 때까지 약간의 요동이 발생하지만 그 이후에는 하중에 관계없이 안정된 속도를 얻을 수 있으므로 속도 제어 회로에 활용된다.

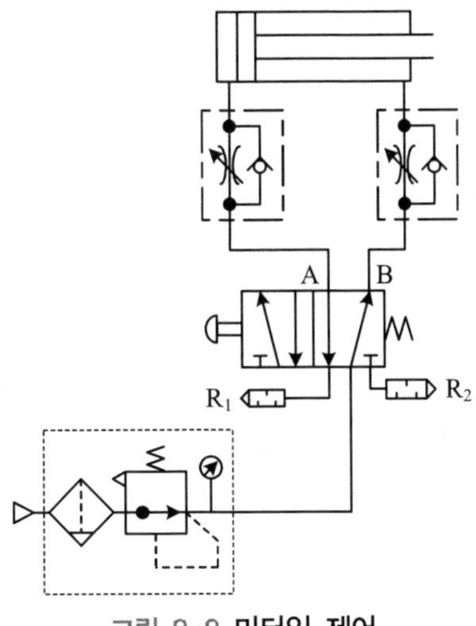

그림 8-8 미터인 제어

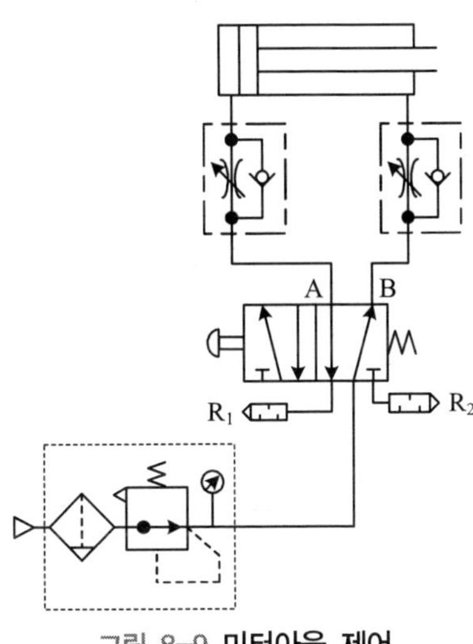

그림 8-9 미터아웃 제어

8.5.4 필요 부품

품명	수량
복동 실린더	1개
공압 조정 유닛	1세트
5포트 2위치 수동 조작 밸브	1개
속도 제어 밸브	2개
소음기	2개

8.5.5 실험 방법

❶ 각종 부품을 회로도와 같이 배치하고 고정을 한다.

❷ 회로도를 보며 플렉시블 튜브로 부품 간을 연결한다.

❸ 외부 공압원의 압력을 공압 조정 유닛을 통해 $4 \sim 5kgf/cm^2$정도로 조정하여 실험 장치에 연결한다.

❹ 그림 8-8은 미터인 회로이다. 여기서 먼저 누름 버튼 스위치를 눌렀을 때 피스톤이 전진을 시작하는 초기부터 완료시까지 피스톤의 동작이 불안정한지 유무를 잘 관찰하여 기록한다. 그리고 누름 버튼 스위치에서 손을 떼고 나서 피스톤이 후진을 시작하는 초기부터 완료시까지 피스톤의 동작이 불안정한지 유무를 잘 관찰하여 기록한다. 그림 8-9는 미터아웃 회로이다. 여기서 먼저 누름 버튼 스위치를 눌렀을 때 피스톤이 전진을 시작하는 초기에 피스톤의 동작이 불안정한지 유무를 잘 관찰한다. 그리고 누름 버튼 스위치에서 손을 떼고 나서 잠시 동안 피스톤의 동작이 불안정한지 유무를 잘 관찰한다.

8.5.6 예습 및 결과 검토하기

○ 예비 보고서

다음 문항에 대해서 답안을 작성하여 제출하라.

- 그림 8-8, 8-9의 동작 방법을 간략히 서술하여라. 그리고 두 회로간의 특성상의 차이점을 서술하라.

○ 결과 보고서

❶ 이번 실험을 통해서 실험 전에 예상했던 아래의 항목에 대비해서 어느 정도 달성되었는지 각 항목별로 그 달성도를 분석 기술하라.

- 실험 목표
- 실험에서 얻어낼 수 있은 것
- 속도 제어 밸브 및 회로도 동작 이해

❷ 이번 실험 결과를 항목별로 자세하게 서술하라.

❸ 검토 사항

❹ 향후 보완 사항

실험 8.6 :: 실린더의 중간 정지

8.6.1 실험 목표

복동 실린더에서 피스톤의 동작 중 임의의 위치에서 정지할 수 있다.

8.6.2 실험에서 얻을 수 있는 것

- 중간정지 회로를 이해하고 응용할 수 있다.
- 4포트 3위치 레버 작동 밸브의 구조와 사용법을 이해한다.

8.6.3 회로도 및 동작 이해

그림 8-10은 4포트 3위치 밸브를 이용한 중간 정지 회로이다. 이 회로는 피스톤이 전진 혹은 후진 중 임의의 위치에서 정지시킬 수 있는 회로이다. 하지만 이것은 공압을 사용하여 제어이므로 정확한 위치에 정지시키지는 못하고 비상시나 장치 수리를 위해서 사용한다. 이회로는 올포트 블록형 4포트 3위치 밸브를 사용하여 중간정지 시킨다. 위치 전환 밸브의 핸드 레버를 밀면 전진하고, 당기면 후진하며 중립 위치로 하면 실린더 내부의 공기가 차단되어 중간 정지가 일어난다. 이 방법은 피스톤의 속도가 저속일 때는 사용 가능하나 고속이면 정밀도가 떨어져 사용이 곤란하다. 그림 8-11은 중간 정지 회로로서 그림 8-10과 유사하게 동작한다. 여기서는 2포트 밸브를 2개 사용하여 이 두 밸브에 공압 신호 a를 주면 밸브가 전환되어 실린더 내부의 공기가 차단되어 중간 정지가 일어난다.

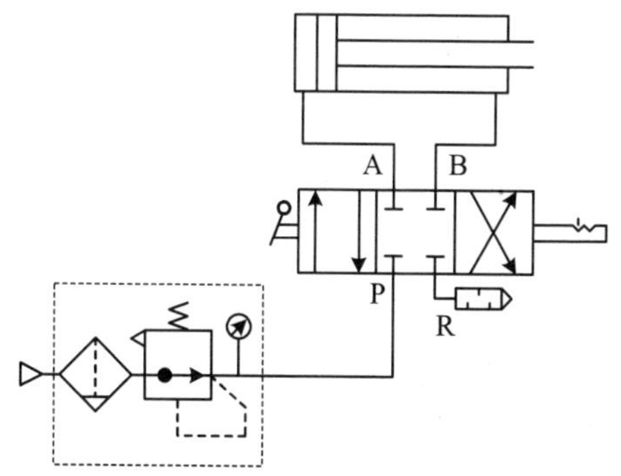

그림 8-10 4포트 3위치 밸브를 이용한 중간 정지 회로

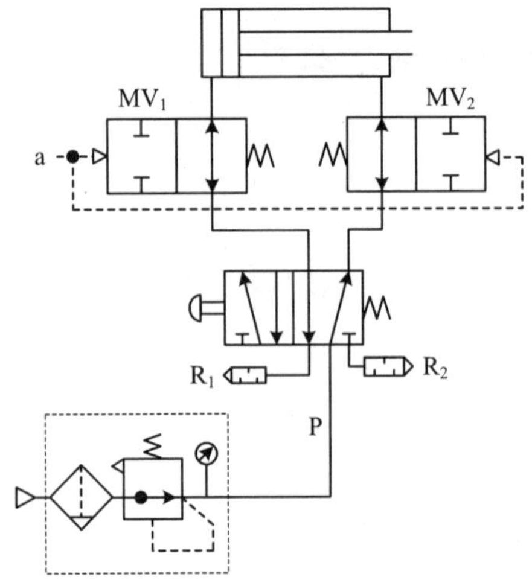

그림 8-11 **2포트 2위치 밸브를 이용한 중간 정지 회로**

8.6.4 필요 부품

품명	수량
복동 실린더	1개
공압 조정 유닛	1세트
4포트 3위치 레버 작동 밸브	1개
2포트 2위치 밸브	2개
3포트 2위치 푸쉬 버튼 조작 밸브	1개
소음기	2개

8.6.5 실험 방법

❶ 각종 부품을 회로도와 같이 배치하고 고정을 한다.

❷ 회로도를 보며 플렉시블 튜브로 부품 간을 연결한다.

❸ 외부 공압원의 압력을 공압 조정 유닛을 통해 $4 \sim 5kgf/cm^2$ 정도로 조정하여 실험 장치에 연결한다.

❹ 그림 8-10은 중간 정지 회로이다. 위치 전환 밸브의 핸드 레버를 밀면 P와 A가 연결되어 피스톤은 전진하는데 피스톤이 중간정도 왔을 때 레버를 중립위치로 하면 피스톤이 어떻게 되는지 관찰한다. 같은 방법으로 이것을 당기면 피스톤이 후진하는데 후진 도중 레버를 중립 위치로 했을 때 피스톤이 어떻게 되는지 관찰하여 기록한다.

❺ 그림 8-11도 중간 정지 회로이다. 3포트 2위치 푸쉬 버튼 조작 밸브를 누르면 밸브가 전환되어 피스톤은 전진하는데 피스톤이 중간정도 왔을 때 2포트 2위치 밸브 제어 신호를 ON시키면 피스톤이 어떻게 되는지 관찰하라. 잠시 후 2포트 2위치 밸브 제어 신호를 OFF시키면 실린더 내에 공기가 공급될 것이고 피스톤이 어떻게 되는지 관찰하여 기록한다. 같은 방법으로 후진 시에도 2포트 2위치 밸브의 위치를 전환시켜서 피스톤의 동작을 관찰하라.

8.6.6 예습 및 결과 검토하기

◎ 예비 보고서

다음 문항에 대해서 답안을 작성하여 제출하세요.

- 4포트 3위치 레버 작동 밸브의 구조와 사용법에 대해서 설명하라.
- 그림 8-10, 8-11의 동작 방법을 간략히 서술하여라. 그리고 두 회로 간 차이점을 서술하라.

◎ 결과 보고서

❶ 이번 실험을 통해서 실험 전에 예상했던 아래의 항목에 대비해서 어느 정도 달성되었는지 각 항목별로 그 달성도를 분석 기술하라.

- 실험 목표
- 실험에서 얻어낼 수 있은 것
- 4포트 3위치 레버 작동 밸브 사용법 이해
- 회로도 동작 이해

❷ 이번 실험 결과를 항목별로 자세하게 서술하라.

❸ 검토 사항

❹ 향후 보완 사항

실험 8.7 :: 연속 왕복 동작

8.7.1 실험 목표

조작 밸브를 ON하면 피스톤이 연속으로 왕복 운동을 할 수 있다.

8.7.2 실험에서 얻을 수 있는 것

- 리밋 밸브를 사용한 연속 왕복 동작 회로를 설계할 수 있다.
- 필요한 부품을 사용하여 연속 왕복 동작 장치를 조립할 수 있다.

8.7.3 회로도 및 동작 이해

그림 8-12는 연속 왕복 동작 회로이다. 수동 전환 밸브를 ON시키면 공압은 LV_1을 경유해 메인밸브 MV를 위치 전환시켜 실린더 헤드 쪽으로 공압이 공급되어 피스톤이 전진한다. 피스톤이 전진하여 LV_2을 누르면 이것이 ON되고 MV가 위치 전환되어 피스톤은 후진을 하게 된다. 후진이 완료되면 다시 LV_1이 ON되므로 피스톤은 전진을 한다. 이렇게 피스톤은 수동 전환 밸브를 OFF시킬 때까지 연속 왕복 동작을 계속한다.

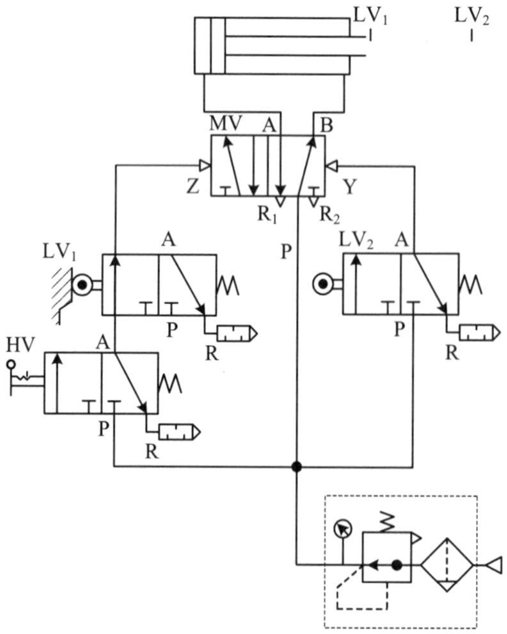

그림 8-12 **연속 왕복 동작 회로**

8.7.4 필요 부품

품명	수량
복동 실린더	1개
공압 조정 유닛	1세트
5포트 2위치 공압 작동 밸브	1개
3포트 2위치 수동 전환 밸브	1개
3포트 2위치 리밋 밸브	2개
소음기	3개

8.7.5 실험 방법

❶ 각종 부품을 회로도와 같이 배치하고 고정을 한다.

❷ 회로도를 보며 플렉시블 튜브로 부품 간을 연결한다.

❸ 외부 공압원의 압력을 공압 조정 유닛을 통해 $4 \sim 5kgf/cm^2$정도로 조정하여 실험 장치에 연결한다.

❹ 그림 8-12는 연속 왕복 동작 회로이다. 수동 전환 밸브를 전환 시 실험 장치에서 어떤 동작이 외부적으로 일어나는지를 모두 관찰하고, 내부적으로 공압이 어떤 일을 했는지를 추정하여 기록하라.

8.7.6 예습 및 결과 검토하기

◎ 예비 보고서

다음 문항에 대해서 답안을 작성하여 제출하라.

- 3포트 2위치 리밋 밸브의 사용법에 대해서 설명하라.
- 그림 8-12의 동작 방법을 간략히 서술하여라.

◎ 결과 보고서

❶ 이번 실험을 통해서 실험 전에 예상했던 아래의 항목에 대비해서 어느 정도 달성되었는지 각 항목별로 그 달성도를 분석 기술하라.

- 실험 목표
- 실험에서 얻어낼 수 있는 것
- 3포트 2위치 리밋 밸브 사용법 이해

- 회로도 동작 이해

❷ 이번 실험 결과를 항목별로 자세하게 서술하라.

❸ 검토 사항

❹ 향후 보완 사항

실험 8.8 :: 공압 시퀀스

8.8.1 실험 목표

시작 밸브를 ON하면 2개의 실린더를 A+B+A-B- 순서로 동작시킬 수 있다.

8.8.2 실험에서 얻을 수 있는 것

- 공압 시퀀스 회로의 동작을 설명할 수 있다.
- 공압 시퀀스 회로를 설계할 수 있다.
- A+B+A−B− 동작 장치를 조립할 수 있다.

8.8.3 회로도 및 동작 이해

그림 8-13은 A+B+A-B- 회로이다. 수동 전환 밸브를 ON시키면 공압은 LV_3을 경유해 메인밸브 MV_1을 위치 전환시켜 실린더 헤드 쪽으로 공압이 공급되어 피스톤A가 전진한다. 피스톤이 전진하여 LV_2를 누르면 이것이 ON되고 MV_2가 위치 전환되어 피스톤B가 전진을 하게 된다. 피스톤B가 전진을 완료하면 다시 LV_4가 ON되므로 피스톤A는 후진을 한다. 피스톤A가 후진을 완료하면 LV_2이 ON되므로 MV_2가 전환되어 피스톤B가 후진한다. 피스톤B가 후진을 완료하면 다시 LV_3이 ON되므로 피스톤A가 전진을 시작하게 된다. 이렇게 2개의 피스톤이 A+B+A-B- 순서로 연속 동작을 계속한다.

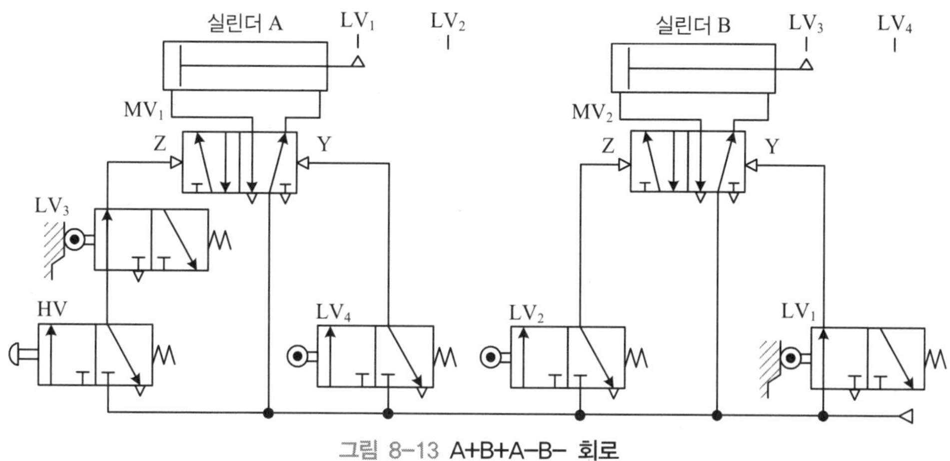

그림 8-13 A+B+A-B- 회로

8.8.4 필요 부품

품명	수량
복동 실린더	1개
공압 조정 유닛	1세트
5포트 2위치 공압 작동 밸브	2개
3포트 2위치 푸쉬 버튼 조작 밸브	1개
3포트 2위치 리밋 밸브	4개

8.8.5 실험 방법

❶ 각종 부품을 회로도와 같이 배치하고 고정을 한다.

❷ 회로도를 보며 플렉시블 튜브로 부품 간을 연결한다.

❸ 외부 공압원의 압력을 공압 조정 유닛을 통해 $4 \sim 5kgf/cm^2$정도로 조정하여 실험 장치에 연결한다.

❹ 그림 8-13은 A+B+A-B- 회로이다. 수동 전환 밸브를 전환 시 실험 장치에서 어떤 동작이 외부적으로 일어나는지를 모두 관찰하고, 내부적으로 공압이 어떤 일을 했는지를 추정하여 기록하라.

8.8.6 예습 및 결과 검토하기

○ **예비 보고서**

다음 문항에 대해서 답안을 작성하여 제출하라.

- A+B+A-B-가 무엇을 의미하는지 설명하라.
- 그림 8-13의 동작 방법을 간략히 서술하여라.

○ **결과 보고서**

❶ 이번 실험을 통해서 실험 전에 예상했던 아래의 항목에 대비해서 어느 정도 달성되었는지 각 항목별로 그 달성도를 분석 기술하라.

- 실험 목표
- 실험에서 얻어낼 수 있은 것
- A+B+A-B-회로의 이해
- 회로도 동작 이해

❷ 이번 실험 결과를 항목별로 자세하게 서술하라.

❸ 검토 사항

❹ 향후 보완 사항

09 전기 시퀀스 기초 실험

Chapter

이번 장에서 학습할 내용입니다.

실험 9.1 AND 회로

실험 9.2 OR 회로

실험 9.3 자기 유지 회로

실험 9.4 인터록 회로

실험 9.5 ON 딜레이 회로

실험 9.6 OFF 딜레이 회로

실험 9.7 일정 시간 동작 회로

실험 9.1 :: AND 회로

9.1.1 실험 목표

AND 회로의 동작을 정확히 이해할 수 있다.

9.1.2 실험에서 얻을 수 있는 것

- AND 논리를 설명할 수 있다.
- 간단한 전기회로를 작성할 수 있다.
- 접점을 이해하고 회로도에 응용할 수 있다.

9.1.3 회로도 및 동작 이해

그림 9-1은 AND 회로이다. (a)는 PB_1과 PB_2를 동시에 ON시킬 때 램프가 ON되는 회로이고, (b)는 PB_1과 PB_2를 동시에 ON시킬 때 릴레이 R_1, R_2가 ON되고 램프가 ON되는 회로이다.

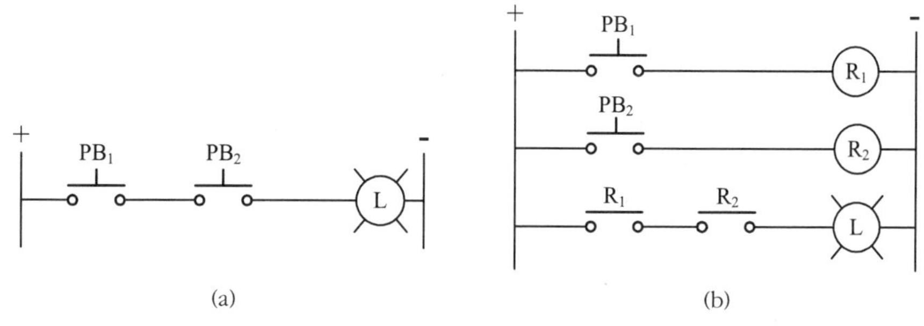

그림 9-1 AND 회로

9.1.4 필요 부품

품명	수량
푸시 버튼 스위치(a접점)	2개
릴레이(a접점, 24 V)	2개
직류 전원공급기	1대
램프(24 V)	1개

9.1.5 실험 방법

❶ 먼저 입력 라인과 출력 라인을 수직으로 연결한다.

❷ 회로도를 보면서 각종 부품을 입력 라인과 출력 라인사이에 배치한다.

❸ 회로도를 보며 전선으로 부품 간을 연결한다.

❹ 입 · 출력 라인 사이에 DC 24 V 전원을 연결한다.

❺ 그림 9-1은 AND 회로이다. 2개 푸쉬 버튼을 어떻게 눌렀을 경우에 출력 램프가 ON되는지 확인하라.

9.1.6 주의 사항

❶ 배선은 좌측에 수직으로 입력 라인을 우측에 수직으로 출력 라인을 배치한다.

❷ 부품의 배치는 가능한 회로도와 유사하게 배치한다.

❸ 배선은 다소 여유 있고 정확하게 연결하여야 한다.

❹ 배선이 완료되고 전원을 연결하기 전에는 반드시 멀티미터로서 입 · 출력 단자 사이의 단락유무를 확인한다.

❺ 전원을 공급하기 전에 사용전압 값을 확인한다.

❻ 실험이 종료되면 전원 공급을 차단하고 케이블을 분리한다.

9.1.7 예습 및 결과 검토하기

◎ 예비 보고서

다음 문항에 대해서 답안을 작성하여 제출하라.

- AND회로의 진리표를 작성하라.
- 그림 9-1에 사용된 부품 기호에 대하여 설명하여라.
- 그림 9-1의 동작 방법을 간략히 서술하여라.

◎ 결과 보고서

❶ 이번 실험을 통해서 실험 전에 예상했던 아래의 항목에 대비해서 어느 정도 달성되었는지 각 항목별로 그 달성도를 분석 기술하라.

- 실험 목표
- 실험에서 얻어낼 수 있은 것
- AND 회로의 진리표 이해
- 회로도의 동작 이해

❷ 이번 실험 결과를 항목별로 자세하게 서술하라.

❸ 검토 사항

❹ 향후 보완 사항

실험 9.2 :: OR 회로

9.2.1 실험 목표

OR 회로의 동작을 정확히 이해할 수 있다.

9.2.2 실험에서 얻을 수 있는 것

- OR 논리를 설명할 수 있다.
- OR 회로도를 이해하고 응용할 수 있다.

9.2.3 회로도 및 동작 이해

그림 9-2는 OR 회로이다. (a)는 PB_1과 PB_2중에서 어느 하나만 ON되면 램프가 ON되는

회로이다. (b)는 PB_1과 PB_2중에서 어느 하나만 ON되면 그에 해당하는 릴레이 R_1 또는 R_2가 ON되고 램프도 ON되는 회로이다.

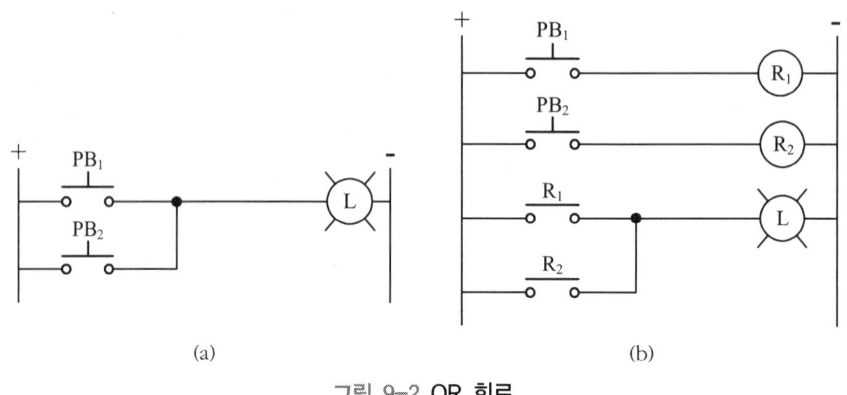

그림 9-2 OR 회로

9.2.4 필요 부품

품명	수량
푸시 버튼 스위치(a접점)	2개
릴레이(a접점, 24 *V*)	2개
직류 전원공급기	1대
램프(24 *V*)	1개

9.2.5 실험 방법

❶ 먼저 입력 라인과 출력 라인을 수직으로 연결한다.

❷ 회로도를 보면서 각종 부품을 입력 라인과 출력 라인사이에 배치한다.

❸ 회로도를 보며 전선으로 부품 간을 연결한다.

❹ 입 · 출력 라인 사이에 DC 24 *V* 전원을 연결한다.

❺ 그림 9-2는 OR 회로이다. 2개 푸쉬 버튼을 어떻게 눌렀을 경우에 출력 램프가 ON되는지 확인하라.

9.2.6 예습 및 결과 검토하기

◎ 예비 보고서

다음 문항에 대해서 답안을 작성하여 제출하라.

- OR회로의 진리표를 작성하라.
- 그림 9-2의 동작 방법을 간략히 서술하여라.

◎ 결과 보고서

❶ 이번 실험을 통해서 실험 전에 예상했던 아래의 항목에 대비해서 어느 정도 달성되었는지 각 항목별로 그 달성도를 분석 기술하라.

- 실험 목표
- 실험에서 얻어낼 수 있은 것
- OR 회로의 진리표 이해
- 회로도의 동작 이해

❷ 이번 실험 결과를 항목별로 자세하게 서술하라.

❸ 검토 사항

❹ 향후 보완 사항

실험 9.3 :: 자기 유지 회로

9.3.1 실험 목표

입력 버튼을 한번만 눌렀다 떼면 출력이 ON상태를 유지할 수 있게 할 수 있다.

9.3.2 실험에서 얻을 수 있는 것

- 자기 유지 회로의 개념을 이해한다.
- 자기 유지 회로의 설계 및 제작을 할 수 있다.

9.3.3 회로도 및 동작 이해

그림 9-3은 자기 유지 회로이다. PB_1을 눌렀다 떼면 릴레이 R이 ON되고 동시에 접점 R도 ON되어 출력은 계속 ON을 유지할 수 있다. 이때 입력과 출력 사이를 접점 R과 b접점 PB_2가 연결해 준다. 접점 R이 ON이므로 램프가 ON된다. 만약 자기유지 상태를 중지하려면 PB_2를 누르면 되고 이때 릴레이와 램프가 OFF된다.

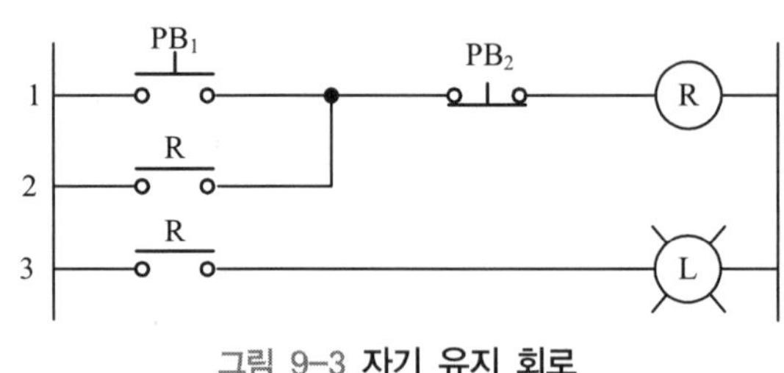

그림 9-3 **자기 유지 회로**

9.3.4 필요 부품

품명	수량
푸시 버튼 스위치(a, b접점)	각 1개
릴레이(a접점, 24 *V*)	1개
직류 전원공급기	1대
램프(24 *V*)	1개

9.3.5 실험 방법

❶ 먼저 입력 라인과 출력 라인을 수직으로 연결한다.

❷ 회로도를 보면서 각종 부품을 입력 라인과 출력 라인사이에 배치한다.

❸ 회로도를 보며 전선으로 부품 간을 연결한다.

❹ 입 · 출력 라인 사이에 DC 24 *V* 전원을 연결한다.

❺ 그림 9–3은 자기 유지 회로이다. PB_1을 눌렀다 떼고 나서 출력 램프가 어떤 상태인지 확인하라. 램프가 ON되었으면 왜 그런지 이유를 설명하라.

9.3.6 예습 및 결과 검토하기

◎ 예비 보고서

다음 문항에 대해서 답안을 작성하여 제출하라.

- a접점과 b접점의 차이점을 설명하라.
- 그림 9-3의 동작 방법을 간략히 서술하여라.

◎ 결과 보고서

❶ 이번 실험을 통해서 실험 전에 예상했던 아래의 항목에 대비해서 어느 정도 달성되었는지 각 항목별로 그 달성도를 분석 기술하라.

- 실험 목표
- 실험에서 얻어낼 수 있은 것
- 회로도의 동작 이해

❷ 이번 실험 결과를 항목별로 자세하게 서술하라.

❸ 검토 사항

❹ 향후 보완 사항

실험 9.4 :: 인터록 회로

9.4.1 실험 목표

두 개의 입력 신호가 들어올 경우 먼저 입력된 신호만 출력이 ON되고 나중에 입력된 신호의 출력은 OFF되게 할 수 있다.

9.4.2 실험에서 얻을 수 있는 것

- 인터록 회로의 개념을 이해한다.
- 인터록 회로의 설계 및 제작을 할 수 있다.
- 한 장치에 두 개의 신호가 들어가서는 안 될 경우에 이 회로를 사용할 수 있다.

9.4.3 회로도 및 동작 이해

그림 9-4는 인터록 회로이다. 만약 PB_1을 눌렀다 떼면 릴레이 R_1이 ON되고 동시에 접점 R_1도 ON되어 출력은 계속 ON을 유지할 수 있다. 이때 PB_2를 누르더라도 b접점 R_1에 의해 출력 라인이 끊어져 있으므로 출력은 OFF에서 바뀌지 않는다.

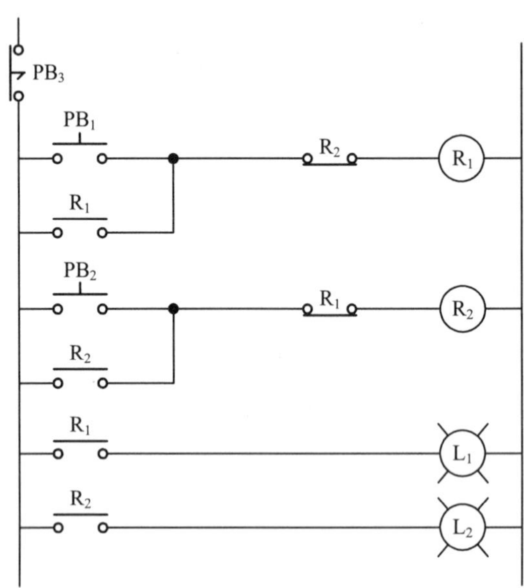

그림 9-4 **인터록 회로**

9.4.4 필요 부품

품명	수량
푸시 버튼 스위치(a, b접점)	3개
릴레이(a, b접점, 24 *V*)	2개
직류 전원공급기	1대
램프(24 *V*)	2개

9.4.5 실험 방법

❶ 먼저 입력 라인과 출력 라인을 수직으로 연결한다.

❷ 회로도를 보면서 각종 부품을 입력 라인과 출력 라인사이에 배치한다.

❸ 회로도를 보며 전선으로 부품 간을 연결한다.

❹ 입 · 출력 라인 사이에 DC 24 V 전원을 연결한다.

❺ 그림 9-4는 인터록회로이다. PB_1을 눌렀다 떼고 나서 출력 램프 L_1이 어떤 상태인지 확인하라. 이어서 PB_2를 누르면 출력 상태가 바뀌는지 확인하라. 그 반대의 경우도 실험 해 보고 왜 그런지 이유를 설명하라.

9.4.6 예습 및 결과 검토하기

◎ 예비 보고서

다음 문항에 대해서 답안을 작성하여 제출하라.

- 인터록(interlock)의 의미를 설명하라.
- 그림 9-4의 동작 방법을 간략히 서술하여라.
- 인터록 회로의 응용 분야를 말하라.

◎ 결과 보고서

❶ 이번 실험을 통해서 실험 전에 예상했던 아래의 항목에 대비해서 어느 정도 달성되었는지 각 항목별로 그 달성도를 분석 기술하라.

- 실험 목표
- 실험에서 얻어낼 수 있는 것
- 회로도의 동작 이해

❷ 이번 실험 결과를 항목별로 자세하게 서술하라.

❸ 검토 사항

❹ 향후 보완 사항

실험 9.5 :: ON 딜레이 회로

9.5.1 실험 목표

입력 푸시 버튼 스위치 PB_1을 눌렀다 떼고 나서 미리 설정된 시간 후에 출력을 ON시킬 수 있다.

9.5.2 실험에서 얻을 수 있는 것

- ON 딜레이 회로의 개념을 이해한다.
- ON 딜레이 회로의 동작을 이해한다.
- ON 딜레이 회로의 설계 및 제작을 할 수 있다.

9.5.3 회로도 및 동작 이해

그림 9-5는 ON 딜레이 회로이다. 만약 PB_1을 누르면 자기 유지 회로에 의해 릴레이 R과 타이머 T에 전기 신호가 계속 공급된다. 이 상태에서 설정된 시간이 지나면 출력이 ON되는 회로이다. 즉, PB_1이 ON되고 나서 설정된 지연 시간 후에 타이머 T가 ON되고 타이머 접점 T도 ON되어 출력 램프 L이 ON된다. PB_2를 누르면 자기 유지가 해제되고 릴레이 R이 OFF되고 타이머 T도 OFF되어 출력 램프 L이 OFF된다.

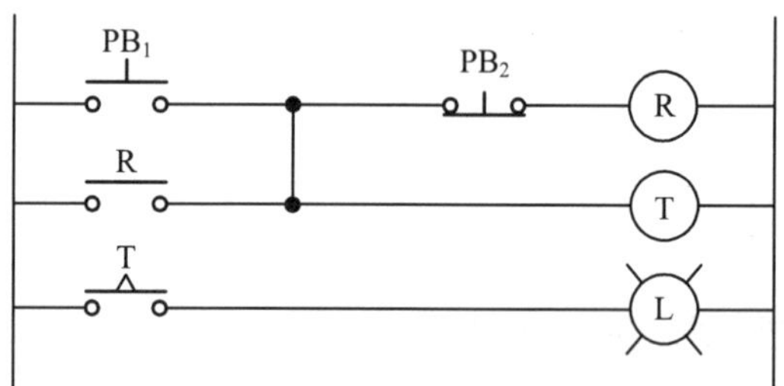

그림 9-5 ON 딜레이 회로

9.5.4 필요 부품

품명	수량
푸시 버튼 스위치(a, b접점)	각 1개
릴레이(a접점, 24 V)	1개
직류 전원공급기	1대
타임 릴레이(24 V)	1개
램프(24 V)	1개

2.5.5 실험 방법

❶ 먼저 입력 라인과 출력 라인을 수직으로 연결한다.

❷ 회로도를 보면서 각종 부품을 입력 라인과 출력 라인사이에 배치한다.

❸ 회로도를 보며 전선으로 부품 간을 연결한다.

❹ 입 · 출력 라인 사이에 DC 24 V 전원을 연결한다.

❺ 그림 9-5는 ON 딜레이 회로이다. PB_1을 눌렀을 때 출력 램프 L이 어떻게 켜지는지 확인하고 켜지면 그 이유를 설명하라.

❻ PB_2를 누르면 출력이 어떻게 바뀌는지 확인하고 왜 그런지 이유를 설명하라.

9.5.6 예습 및 결과 검토하기

◎ 예비 보고서

다음 문항에 대해서 답안을 작성하여 제출하라.

- ON 딜레이의 의미를 설명하라.
- 그림 9-5의 동작 방법을 간략히 서술하여라.
- ON 딜레이 회로의 응용 분야를 말하라.

◎ 결과 보고서

❶ 이번 실험을 통해서 실험 전에 예상했던 아래의 항목에 대비해서 어느 정도 달성되었는지 각 항목별로 그 달성도를 분석 기술하라.

- 실험 목표
- 실험에서 얻어낼 수 있은 것
- 회로도의 동작 이해

❷ 이번 실험 결과를 항목별로 자세하게 서술하라.

❸ 검토 사항

❹ 향후 보완 사항

실험 9.6 :: OFF 딜레이 회로

9.6.1 실험 목표

입력 푸시 버튼 스위치 PB_1을 눌렀다 떼고 나면 미리 설정된 시간 후에 출력을 OFF시킬 수 있다.

9.6.2 실험에서 얻을 수 있는 것

- OFF 딜레이 회로의 개념을 이해한다.
- OFF 딜레이 회로의 동작을 이해한다.
- OFF 딜레이 회로의 설계 및 제작을 할 수 있다.

9.6.3 회로도 및 동작 이해

그림 9-6은 OFF 딜레이 회로이다. 만약 PB_1을 누르면 릴레이 R이 ON되고 자기 유지되며 타이머 T와 램프 L도 ON된다. 여기서 PB_1이 OFF되면 설정시간만큼 기다리게 한 후 타이머 T가 OFF되면 T의 a접점이 OFF되고 램프 L이 꺼진다.

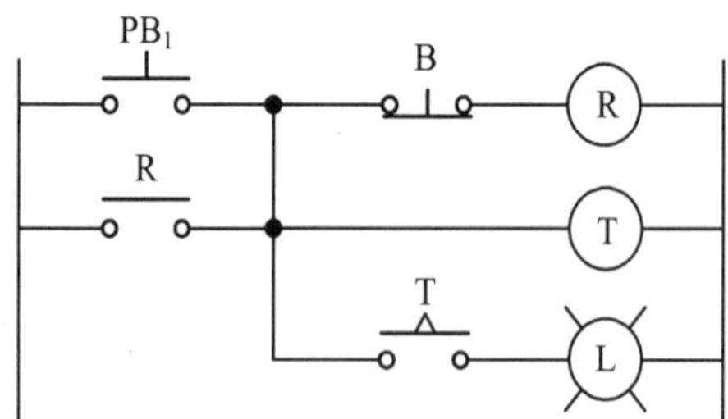

그림 9-6 OFF 딜레이 회로

9.6.4 필요 부품

품명	수량
푸시 버튼 스위치(a접점)	1개
릴레이(a접점, 24 V)	1개
직류 전원공급기	1대
타임 릴레이(24 V)	1개
램프(24 V)	1개

9.6.5 실험 방법

❶ 먼저 입력 라인과 출력 라인을 수직으로 연결한다.

❷ 회로도를 보면서 각종 부품을 입력 라인과 출력 라인사이에 배치한다.

❸ 회로도를 보며 전선으로 부품 간을 연결한다.

❹ 입 · 출력 라인 사이에 DC 24 V 전원을 연결한다.

❺ 그림 9-6은 OFF 딜레이 회로이다. PB_1을 눌렀을 때 출력 램프 L이 켜지는지 확인하고 켜지면 그 이유를 설명하라.

❻ PB_1을 떼었을 때 출력 상태가 어떻게 바뀌는지 확인하고 왜 그런지 이유를 설명하라.

9.6.6 예습 및 결과 검토하기

◎ 예비 보고서

다음 문항에 대해서 답안을 작성하여 제출하라.

- OFF 딜레이의 의미를 설명하라.
- 그림 9-6의 동작 방법을 간략히 서술하여라.
- OFF 딜레이 회로의 응용 분야를 말하라.

◎ 결과 보고서

❶ 이번 실험을 통해서 실험 전에 예상했던 아래의 항목에 대비해서 어느 정도 달성되었는지 각 항목별로 그 달성도를 분석 기술하라.

- 실험 목표
- 실험에서 얻어낼 수 있은 것

- 회로도의 동작 이해

❷ 이번 실험 결과를 항목별로 자세하게 서술하라.

❸ 검토 사항

❹ 향후 보완 사항

실험 9.7 :: 일정 시간 동작 회로

9.7.1 실험 목표

입력 푸시 버튼 스위치 PB_1을 눌렀다 떼고 나면 미리 설정된 시간 후에 출력을 OFF시킬 수 있다.

9.7.2 실험에서 얻을 수 있는 것

- 일정 시간 동작 회로의 개념을 이해한다.
- 일정 시간 동작 회로의 동작을 이해한다.
- 일정 시간 동작 회로의 설계 및 제작을 할 수 있다.

9.7.3 회로도 및 동작 이해

그림 9-7은 일정 시간 동작 회로이다. PB_1을 눌렀다 떼면 타이머 T가 ON되고 릴레이 R에 의해 자기유지회로가 형성되고 램프 L이 ON된다. 타이머 T의 설정시간 경과 후에는 a접점 T가 OFF되므로 릴레이 R과 램프 L이 모두 OFF된다.

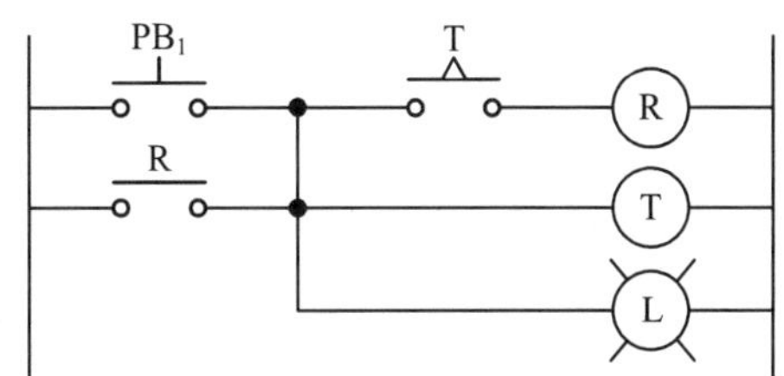

그림 9-7 일정 시간 동작 회로

9.7.4 필요 부품

품명	수량
푸시 버튼 스위치(a접점)	1개
릴레이(a접점, 24 V)	1개
직류 전원공급기	1대
타임 릴레이(24 V)	1개
램프(24 V)	1개

9.7.5 실험 방법

❶ 먼저 입력 라인과 출력 라인을 수직으로 연결한다.

❷ 회로도를 보면서 각종 부품을 입력 라인과 출력 라인사이에 배치한다.

❸ 회로도를 보며 전선으로 부품 간을 연결한다.

❹ 입 · 출력 라인 사이에 DC 24 V 전원을 연결한다.

❺ 그림 9-7은 일정 시간 동작 회로이다. PB_1을 눌렀을 때 출력 램프 L이 시간 경과에 따라 어떻게 켜지는지 확인하고 그 이유를 설명하라.

9.7.6 예습 및 결과 검토하기

예비 보고서

다음 문항에 대해서 답안을 작성하여 제출하라.

- 일정 시간 동작의 의미를 설명하라.
- 그림 9-7의 동작 방법을 간략히 서술하여라.
- 일정 시간 동작 회로의 응용 분야를 말하라.

◎ 결과 보고서

❶ 이번 실험을 통해서 실험 전에 예상했던 아래의 항목에 대비해서 어느 정도 달성되었는지 각 항목별로 그 달성도를 분석 기술하라.

- 실험 목표
- 실험에서 얻어낼 수 있은 것
- 회로도의 동작 이해

❷ 이번 실험 결과를 항목별로 자세하게 서술하라.

❸ 검토 사항

❹ 향후 보완 사항

10 전기 시퀀스 응용 실험 Chapter

이번 장에서 학습할 내용입니다.

실험 10.1 단동 실린더 제어 회로
실험 10.2 복동 실린더 제어 회로
실험 10.3 연속 왕복 동작 회로
실험 10.4 단동 · 연동 사이클 선택 회로
실험 10.5 A+B+B−A− 회로
실험 10.6 A+A−B+B− 회로
실험 10.7 A+B+A−B− 회로
실험 10.8 A+A−B+B− 회로
실험 10.9 A+B+B−A− 회로
실험 10.10 3개 실린더의 순차 동작 회로

실험 10.1 :: 단동 실린더 제어 회로

10.1.1 실험 목표

전자 밸브로써 단동 실린더를 제어할 수 있다.

10.1.2 실험에서 얻을 수 있는 것

- 전자 밸브를 사용하여 단동 실린더를 제어할 수 있다.
- 전자 밸브의 사용법을 습득한다.

10.1.3 회로도 및 동작 이해

그림 10-1(a)는 제어하려는 대상이며 하나의 공압 회로이다. 이러한 공압이나 유압 시스템을 제어하는 전기 회로를 작성 시에는 제어 대상 회로도와 제어 회로를 동시에 나타내야 한다. 그 이유는 전자 밸브가 편측 또는 양측이냐에 또는 검출 센서의 유무 등에 따라서 제어하는 전기 회로가 달라지기 때문이다. 그림 (b)에서 푸시 버튼 스위치 PB_1을 누르면 솔레노이드 sol_1이 여자되어 밸브의 위치가 전환되고 실린더는 전진한다. 버튼 스위치에서 손을 떼면 솔레노이드 sol_1이 소자되어 밸브가 복귀되고 실린더는 후진한다.

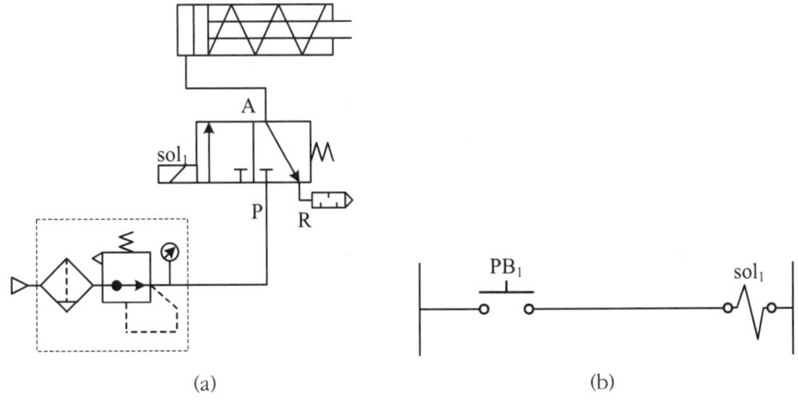

그림 10-1 단동 실린더 회로 및 편측 전자 밸브를 사용한 제어 회로

10.1.4 필요 부품

품명	수량
단동 실린더	1개
공압 조정 유닛	1세트
3포트 2위치 편측 전자 밸브	1개
소음기	1개
푸시 버튼 스위치(a접점)	1개
직류 전원공급기	1대

10.1.5 실험 방법

◎ 공압 회로 설치

❶ 각종 부품을 그림 10-1(a)와 같이 배치하고 고정을 한다.

❷ 회로도를 보며 플렉시블 튜브로 부품 간을 연결한다.

❸ 외부 공압원의 압력을 공압 조정 유닛을 통해 $4 \sim 5kgf/cm^2$정도로 조정하여 실험 장치에 연결한다.

◎ 전기 회로 설치

❶ 먼저 입력 라인과 출력 라인을 수직으로 연결한다.

❷ 그림 10-1(b)를 보면서 각종 부품을 입력 라인과 출력 라인사이에 배치한다.

❸ 회로도를 보며 전선으로 부품 간을 연결한다.

❹ 입 · 출력 라인 사이에 DC 24V 전원을 연결한다.

❺ 그림 10-1(b)는 단동 실린더 제어 회로이다. 여기서 푸시 버튼 스위치 PB_1을 눌렀을 경우에 실린더가 어떻게 움직이는지 관찰하라. 그리고 손을 떼었을 때는 어떤가를 관찰하여 기록하라.

10.1.6 주의 사항

◎ 공압 회로

❶ 공압 부품을 보드에 고정할 때 충분한 여유를 두고 단단히 고정한다.

❷ 피스톤이 움직여도 주변의 부품과 부딪히지 않도록 여유 공간을 둔다.

❸ 배관은 빠지지 않게 정확히 고정하며, 압축 공기를 공급 시에는 슬라이드 밸브를 천천히 돌려서

열어 준다.

❹ 각 모듈의 입력 포트, 출력 포트 및 배기 포트 등을 확인한 후 배관한다.

❺ 수동 조작 밸브는 밸브의 제어 위치 전환에 필요한 시간 보다 길게 조작한다.

❻ 실험 회로도 변경은 압축 공기를 차단하고 실시하며 실험 종료 후에는 공압 공급 밸브를 차단하고 호스를 분리한다.

◯ 전기 회로

❶ 배선은 좌측에 수직으로 입력 라인을 우측에 수직으로 출력 라인을 배치한다.

❷ 부품의 배치는 가능한 회로도와 유사하게 배치한다.

❸ 배선은 다소 여유 있고 정확하게 연결하여야한다.

❹ 배선이 완료되고 전원을 연결하기 전에는 반드시 멀티미터로서 입 · 출력 단자 사이의 단락유무를 확인한다.

❺ 전원을 공급하기 전에 사용전압 값을 확인한다.

❻ 실험이 종료되면 전원 공급을 차단하고 케이블을 분리한다.

10.1.7 예습 및 결과 검토하기

◯ 예비 보고서

다음 문항에 대해서 답안을 작성하여 제출하라.

- 솔레노이드란 무엇인가?
- 그림 10-1(b)에서 PB_1을 눌렀을 때 두 회로는 어떻게 동작하는지를 간략히 서술하라.

◯ 결과 보고서

❶ 이번 실험을 통해서 실험 전에 예상했던 아래의 항목에 대비해서 어느 정도 달성되었는지 각 항목별로 그 달성도를 분석 기술하라.

- 실험 목표
- 실험에서 얻어낼 수 있은 것
- 회로도의 동작 이해

❷ 이번 실험 결과를 항목별로 자세하게 서술하라.

❸ 검토 사항

❹ 향후 보완 사항

실험 10.2 :: 복동 실린더 제어 회로

10.2.1 실험 목표

전자 밸브로써 복동 실린더를 제어할 수 있다.

10.2.2 실험에서 얻을 수 있는 것

- 전자 밸브를 사용하여 복동 실린더를 제어할 수 있다.
- 양측 전자 밸브의 사용법을 습득한다.

10.2.3 회로도 및 동작 이해

그림 10-2는 그림 10-3이 제어하려는 대상이며 편측 전자 밸브를 사용한 공압 회로이다. 그림 10-3에서는 푸시 버튼 스위치 PB_1을 누르면 릴레이가 ON되어 자기 유지 회로가 형성되고 릴레이 접점 R이 ON되어 솔레노이드 sol_1가 여자되어 솔레노이드 밸브가 전환된다. 이때 실린더는 전진한다. 후진시키려면 PB_2를 누르면 되는데 이때 자기 유지 회로가 차단되고 릴레이와 솔레노이드가 모두 OFF되므로 솔레노이드 밸브가 복귀되고 실린더는 후진한다.

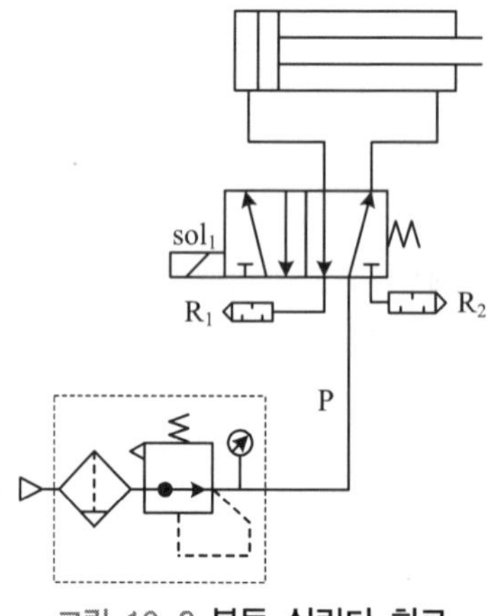

그림 10-2 복동 실린더 회로

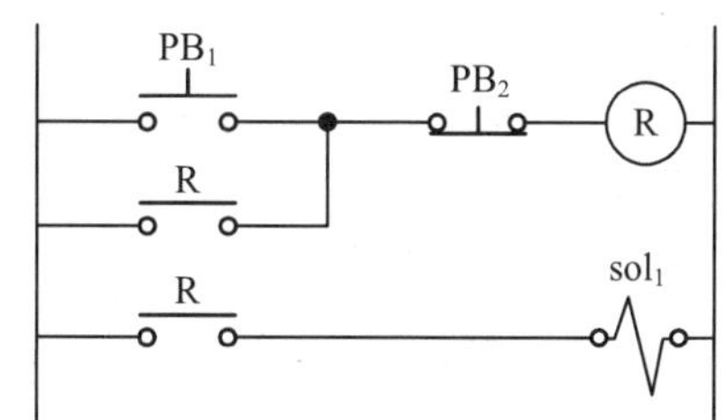

그림 10-3 **편측 전자 밸브를 사용한 제어 회로**

그림 10-4는 그림 10-5가 제어하려는 대상이며 양측 전자 밸브를 사용한 공압 회로이다. 그림 10-5에서 푸시 버튼 스위치 PB_1을 누르면 릴레이 R_1이 ON되고 자기 유지 회로가 형성된다. 동시에 릴레이 접점 R_1이 ON되어 솔레노이드 sol_1이 여자되어 솔레노이드 밸브가 전환된다. 이때 피스톤이 전진한다. 후진시키려면 PB_2를 누르면 되는데 이때 R_1의 자기유지회로가 차단되고 릴레이 R_1과 솔레노이드 sol_1이 모두 OFF되고 대신 R_2가 ON되면서 자기 유지 회로가 형성되고 접점 R_2가 ON되고 솔레노이드 sol_2가 여자되어 솔레노이드 밸브가 복귀된다. 그러면 피스톤이 후진한다. 여기서 어느 한 버튼을 누르면 다른 쪽 회로의 b접점에 의해 반드시 회로가 차단되도록 하였는데 이러한 회로를 인터록 회로라고 한다.

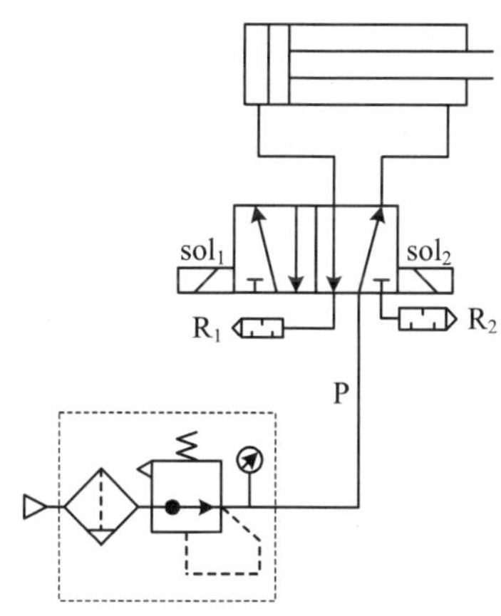

그림 10-4 **복동 실린더 회로**

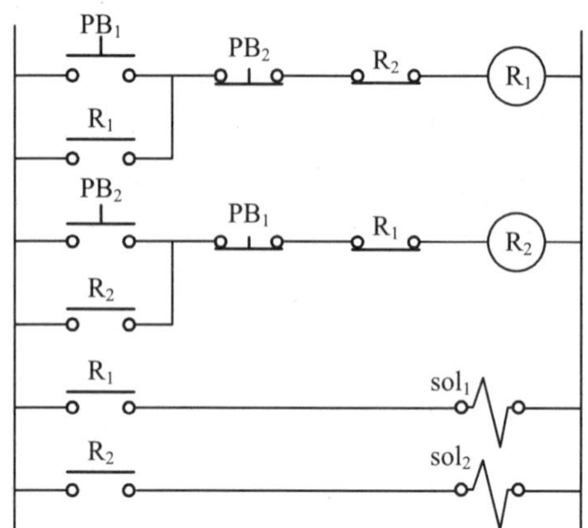

그림 10-5 양측 전자 밸브를 사용한 제어 회로

10.2.4 필요 부품

품명	수량
복동 실린더	1개
공압 조정 유닛	1세트
5포트 2위치 편측 전자 밸브	1개
5포트 2위치 양측 전자 밸브	1개
소음기	2개
푸시 버튼 스위치(a, b접점)	각 2개
직류 전원공급기	1대
릴레이(a, b접점, 24 V)	2개

10.2.5 실험 방법

○ 공압 회로 설치

❶ 각종 부품을 그림 10-2와 같이 배치하고 고정을 한다.

❷ 회로도를 보며 플렉시블 튜브로 부품간을 연결한다.

❸ 외부 공압원의 압력을 공압 조정 유닛을 통해 $4 \sim 5kgf/cm^2$정도로 조정하여 실험 장치에 연결한다.

○ 전기 회로 설치

❶ 먼저 입력 라인과 출력 라인을 수직으로 연결한다.

❷ 그림 10-3을 보면서 각종 부품을 입력 라인과 출력 라인사이에 배치한다.

❸ 회로도를 보며 전선으로 부품 간을 연결한다.

❹ 입 · 출력 라인 사이에 DC 24 V 전원을 연결한다.

❺ 그림 10-3은 복동 실린더 제어 회로이다. 여기서 푸시 버튼 스위치 PB_1을 눌렀을 경우에 실린더가 어떻게 움직이는지 관찰하고 기록하라. 그리고 푸시 버튼 스위치 PB_1에서 손을 떼었을 때 피스톤의 움직임을 관찰하고 기록하라.

❻ 그림 10-2, 3과 같은 방법으로 그림 10-4, 그림 10-5의 공압 및 전기회로를 설치하고 실험을 한다. 그림 10-5의 푸시 버튼 스위치 PB_1을 눌렀을 경우에 실린더가 어떻게 움직이는지 관찰하고 기록하라. 그리고 푸시 버튼 스위치 PB_2를 눌렀을 경우에 어떻게 움직이는지 관찰하고 기록하라.

10.2.6 예습 및 결과 검토하기

○ 예비 보고서

다음 문항에 대해서 답안을 작성하여 제출하라.

- 편측/양측 전자 밸브의 구조와 동작을 서술하라.
- 그림 10-2, 그림 10-3에서 PB_1을 눌렀을 때 두 회로는 어떻게 동작하는지를 간략히 서술하라.

○ 결과 보고서

❶ 이번 실험을 통해서 실험 전에 예상했던 아래의 항목에 대비해서 어느 정도 달성되었는지 각 항목별로 그 달성도를 분석 기술하라.

- 실험 목표
- 실험에서 얻어낼 수 있은 것
- 회로도의 동작 이해

❷ 이번 실험 결과를 항목별로 자세하게 서술하라.

❸ 검토 사항

❹ 향후 보완 사항

실험 10.3 :: 연속 왕복 동작 회로

10.3.1 실험 목표

왕복 동작 회로와 공압 회로를 사용하여 피스톤의 연속 왕복 운동이 가능하게 할 수 있다.

10.3.2 실험에서 얻을 수 있는 것

- 연속 왕복 동작 회로를 해석할 수 있다.
- 실린더의 위치 검출 방법을 익힌다.

10.3.3 회로도 및 동작 이해

그림 10-7은 왕복 회로로서 푸시 버튼 스위치 PB_1을 누르면 릴레이 R_1이 여자되고 자기 유지 된다. 이때 LS_1이 ON상태이므로 릴레이 R_2가 여자되고 자기 유지되며 접점 R_2가 ON이므로 sol_1이 ON되어 밸브 위치가 전환되고 피스톤이 전진한다. 전진이 완료되면 b접점 LS_2가 끊어지고 릴레이 R_2가 OFF가 된다. 동시에 접점 R_2가 OFF되므로 sol_1이 OFF되며 밸브는 스프링에 의해 원위치 되고 피스톤은 후진한다. 실린더가 후진하면 LS_2가 OFF되고 b접점 LS_2는 다시 연결되고, 실린더가 후진을 완료하면 LS_1이 ON되어 릴레이 R_2가 다시 여자되어 자기 유지되고 실린더가 전진한다. 이처럼 릴레이 R_1이 ON되어 있는 동안은 실린더가 전진과 후진 동작을 반복하고 정지시키기 위해서는 PB_2를 누르면 된다.

그림 10-8은 양측 전자 밸브를 사용한 공압 회로이고 그림 10-9는 이 회로를 제어하는 회로이다. 이 회로도 그림 10-6의 편측 전자 밸브를 사용한 회로와 유사하나 양측 전자 밸브를 사용한 것이 다르다. 제어 회로에서는 자기 유지 회로를 사용하지 않고 있다. 푸시 버튼 PB_1을 누르면 R_1이 여자되고 자기 유지된다. LS_1이 ON상태이므로 R_2가 여자되고 접점 R_2에 의해서 sol_1이 동작하고 실린더는 전진한다. 피스톤이 전진을 하면 LS_1이 OFF되지만 전자 밸브의 위치 전환은 되지 않고 그대로 유지하므로 피스톤은 전진을 완료한다. LS_2가 ON되면 릴레이 R_3이 여자되고 sol_2가 ON되므로 전자 배브의 위치가 전환되고 피스톤은 후진한다. 후진 완료후 다시 LS_1이 ON상태로 되므로 실린더는 전진을 시작한다.

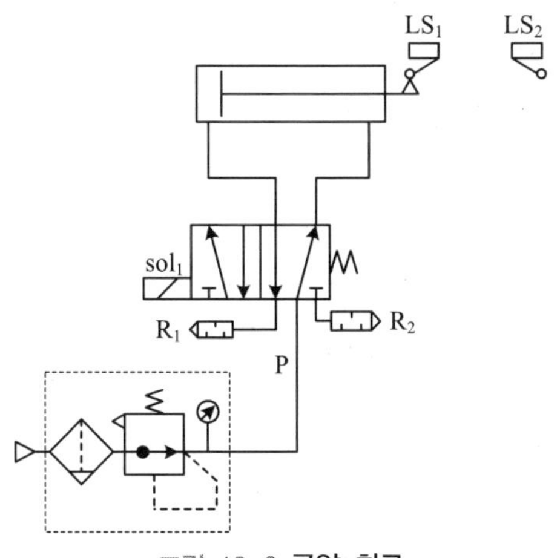

그림 10-6 공압 회로

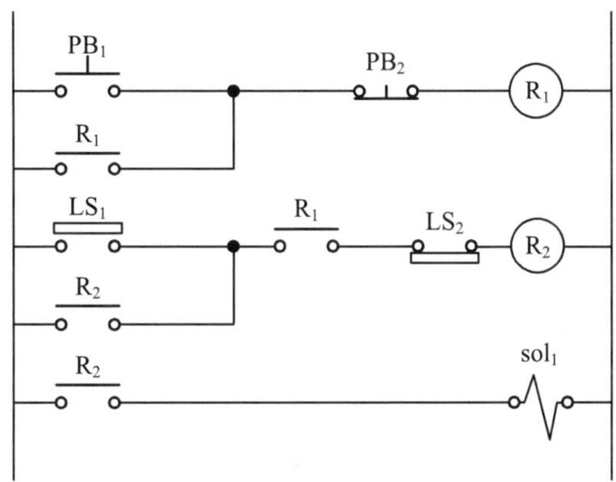

그림 10-7 왕복 동작 회로

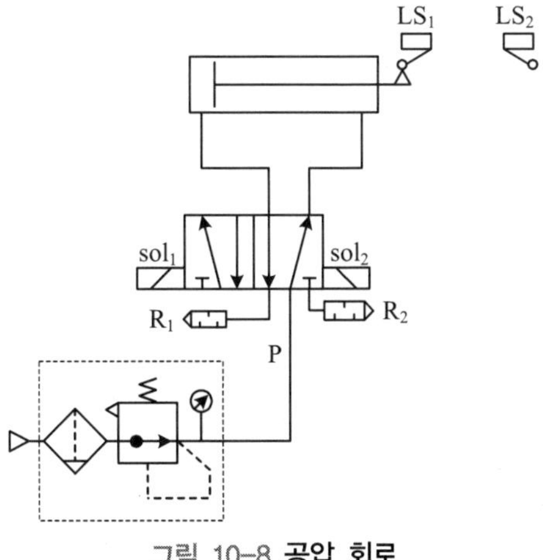

그림 10-8 공압 회로

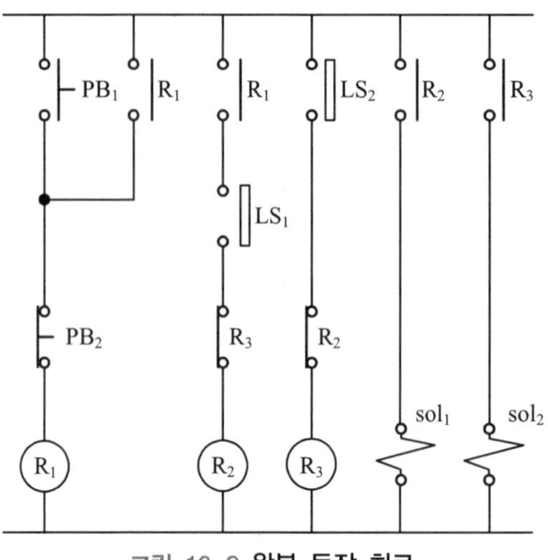

그림 10-9 왕복 동작 회로

10.3.4 필요 부품

품명	수량
복동 실린더	1개
공압 조정 유닛	1세트
5포트 2위치 편측 전자 밸브	1개
5포트 2위치 양측 전자 밸브	1개
소음기	2개
푸시 버튼 스위치(a, b접점)	각 1개
직류 전원공급기	1대
릴레이(a, b접점, 24 *V*)	3개
리밋 스위치	2개

10.3.5 실험 방법

○ 공압 회로 설치

❶ 각종 부품을 그림 10-6과 같이 배치하고 고정을 한다.

❷ 회로도를 보며 플렉시블 튜브로 부품 간을 연결한다.

❸ 외부 공압원의 압력을 공압 조정 유닛을 통해 $4 \sim 5kgf/cm^2$정도로 조정하여 실험 장치에 연결한다.

◎ **전기 회로 설치**

❶ 먼저 입력 라인과 출력 라인을 수직(그림 10-9는 수평)으로 연결한다.

❷ 그림 10-7을 보면서 각종 부품을 입력 라인과 출력 라인사이에 배치한다.

❸ 회로도를 보며 전선으로 부품 간을 연결한다.

❹ 입 · 출력 라인 사이에 DC 24 *V* 전원을 연결한다.

❺ 그림 10-7은 복동 실린더 제어 회로로서 편측 전자밸브를 이용하여 실린더를 제어한다. 여기서 푸시 버튼 스위치 PB_1을 눌렀을 경우에 피스톤이 어떻게 동작하는지 관찰하고 기록하라. 그리고 푸시 버튼 스위치 PB_2를 눌렀을 때 피스톤의 움직임을 관찰하고 기록하라.

❻ 같은 방법으로 그림 10-8, 9에 대해서도 공압/전기 회로를 설치한다. 그림 10-9는 복동 실린더 제어 회로로서 양측 전자밸브를 이용하여 실린더를 제어한다. 여기서 푸시 버튼 스위치 PB_1을 눌렀을 경우에 피스톤이 어떻게 동작하는지 관찰하고 기록하라. 그리고 푸시 버튼 스위치 PB_2를 눌렀을 때 피스톤의 움직임을 관찰하고 기록하라.

10.3.6 예습 및 결과 검토하기

◎ **예비 보고서**

다음 문항에 대해서 답안을 작성하여 제출하라.

- 그림 10-7, 그림 10-9에서 PB_1을 눌렀을 때 두 회로는 어떻게 동작하는지를 간략히 서술하라.

◎ **결과 보고서**

❶ 이번 실험을 통해서 실험 전에 예상했던 아래의 항목에 대비해서 어느 정도 달성되었는지 각 항목별로 그 달성도를 분석 기술하라.

- 실험 목표
- 실험에서 얻어낼 수 있는 것
- 회로도의 동작 이해

❷ 이번 실험 결과를 항목별로 자세하게 서술하라.

❸ 검토 사항

❹ 향후 보완 사항

실험 10.4 :: 단동 · 연동 사이클 선택 회로

10.4.1 실험 목표

복동 실린더를 단동 사이클 신호 또는 연동 사이클 신호로써 선택 운전을 할 수 있다.

10.4.2 실험에서 얻을 수 있는 것

- 단동 사이클 및 연동 사이클 회로를 해석할 수 있다.
- 푸시 버튼 스위치와 선택 스위치의 차이점을 이해한다.

10.4.3 회로도 및 동작 이해

그림 10-11에서 푸시 버튼 스위치 PB_1을 눌렀다 떼면 R_1이 여자되고 자기 유지되어 밸브의 전환으로 피스톤이 전진한다. 전진이 완료되면 b접점 리밋 스위치 LS_2가 ON되고 릴레이 R_1이 OFF되므로 솔레노이드 sol_1이 OFF되므로 피스톤은 후진한 후 더 이상 움직이지 않는다. 이러한 사이클을 단동 사이클이라고 한다. 한편 유지형 스위치인 PB_2를 ON시키면 실린더가 전진과 후진을 계속하며 유지형 스위치를 OFF시킬 때까지 반복한다. 이러한 사이클은 연동 사이클이라 불린다. 즉 선택 스위치 PB_2를 ON시키면 R_1이 여자되고 자기 유지된다. sol_1이 ON되므로 밸브가 전환되어 피스톤은 전진한다. 전진이 완료되면 LS_2가 ON되므로 R_1이 소자되고 밸브는 원위치되어 피스톤은 후진한다. 후진이 완료되면 LS_1이 ON되므로 R_1이 다시 여자되고 자기유지 되므로 이후 전진과 후진을 반복하게 된다.

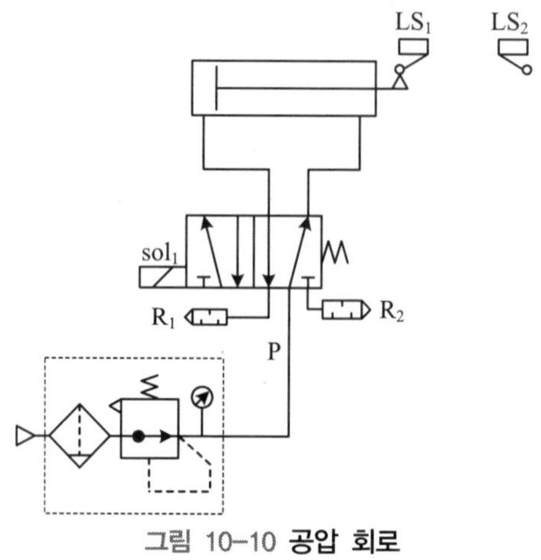

그림 10-10 공압 회로

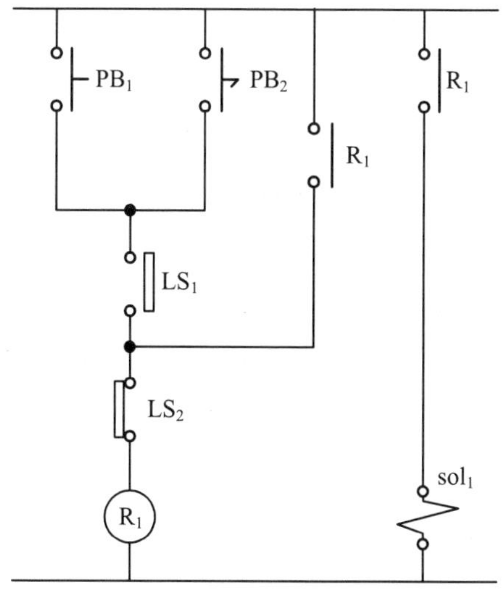

그림 10-11 연동 · 단동 선택 회로

10.4.4 필요 부품

품명	수량
복동 실린더	1개
공압 조정 유닛	1개
5포트 2위치 편측 전자 밸브	1개
소음기	2개
푸시 버튼 스위치(a접점)	1개
선택 버튼 스위치(a접점)	1개
직류 전원공급기	1대
릴레이(a접점, 24 *V*)	1개
리밋 스위치	2개

10.4.5 실험 방법

◎ 공압 회로 설치

❶ 각종 부품을 그림 10-10과 같이 배치하고 고정을 한다.

❷ 회로도를 보며 플렉시블 튜브로 부품 간을 연결한다.

❸ 외부 공압원의 압력을 공압 조정 유닛을 통해 $4 \sim 5kgf/cm^2$정도로 조정하여 실험 장치에 연결한다.

◎ 전기 회로 설치

❶ 먼저 입력 라인과 출력 라인을 수평으로 연결한다.

❷ 그림 10-11을 보면서 각종 부품을 입력 라인과 출력 라인사이에 배치한다.

❸ 회로도를 보며 전선으로 부품 간을 연결한다.

❹ 입 · 출력 라인 사이에 DC 24*V* 전원을 연결한다.

❺ 그림 10-11은 복동 실린더 제어 회로로서 편측 전자밸브를 이용하여 실린더를 제어한다. 여기서 푸시 버튼 스위치 PB_1을 눌렀을 경우에 피스톤이 어떻게 동작하는지 관찰하고 기록하라. 그리고 선택 버튼 스위치 PB_2를 ON시켰을 때 피스톤의 움직임을 관찰하여 기록하고 두 버튼 간의 차이점을 서술하라.

10.4.6 예습 및 결과 검토하기

◎ 예비 보고서

다음 문항에 대해서 답안을 작성하여 제출하라.

- 그림 10-11에서 PB_1과 PB_2를 각각 눌렀을 때의 동작의 차이점을 말하고 그 이유를 설명하라.

◎ 결과 보고서

❶ 이번 실험을 통해서 실험 전에 예상했던 아래의 항목에 대비해서 어느 정도 달성되었는지 각 항목별로 그 달성도를 분석 기술하라.

- 실험 목표
- 실험에서 얻어낼 수 있은 것
- 회로도의 동작 이해

❷ 이번 실험 결과를 항목별로 자세하게 서술하라.

❸ 검토 사항

❹ 향후 보완 사항

실험 10.5 :: A+B+B−A− 회로

10.5.1 실험 목표

편측 전자 밸브를 사용하여 두 개의 복동 실린더가 A+B+B-A-의 순서로 동작할 수 있게 설계를 할 수 있다.

10.5.2 실험에서 얻을 수 있는 것

- A+B+B−A− 제어 회로를 해석할 수 있다.
- 릴레이 시퀀스 회로의 설계 방법을 익힌다.

10.5.3 회로도 및 동작 이해

그림 10-12는 주회로 차단법에 의해 설계된 시퀀스 회로이다. 먼저 푸시버튼 PB_1이 ON되면 R_1이 여자되고 자기 유지되며 동시에 접점 R_1도 ON이 되므로 솔레노이드 sol_1이 ON된다. 그러면 실린더 A의 피스톤이 전진하여 전진을 완료하면 리미트 스위치 LS_2가 ON되고 R_2가 여자되며 솔레노이드 sol_2가 On된다. 그러면 실린더 B의 피스톤이 전진하고 리미트 스위치 LS_4가 ON되고 이로 인해 R_3가 여자되며 b접점 R_3가 OFF되어 sol_2가 OFF된다. 그러면 전자밸브의 위치가 전환되고 실린더 B의 피스톤이 후진하고 리미트 스위치 LS_3이 ON되면 R_4가 여자되고 b접점 R_4가 OFF되어 sol_1이 OFF된다. 그러면 전자밸브의 위치가 전환되고 실린더 A의 피스톤이 후진하고 리미트 스위치 LS_1이 다시 ON된다.

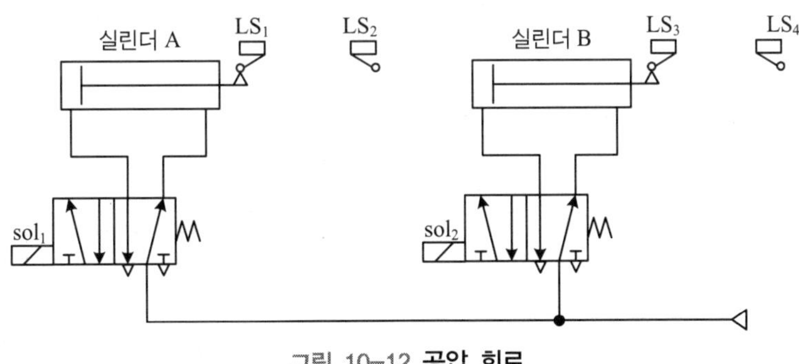

그림 10−12 공압 회로

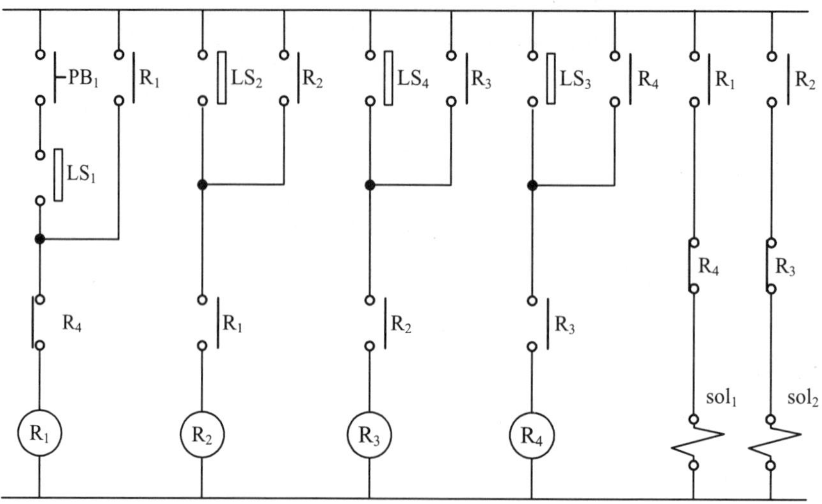

그림 10-13 A+B+B-A- 제어 회로

10.5.4 필요 부품

품명	수량
복동 실린더	2개
공압 조정 유닛	1세트
5포트 2위치 편측 전자 밸브	2개
푸시 버튼 스위치(a접점)	1개
직류 전원공급기	1대
릴레이(a, b접점, 24 V)	4개
리밋 스위치	4개

10.5.5 실험 방법

○ 공압 회로 설치

❶ 각종 부품을 그림 10-12와 같이 배치하고 고정을 한다.

❷ 회로도를 보며 플렉시블 튜브로 부품 간을 연결한다.

❸ 외부 공압원의 압력을 공압 조정 유닛을 통해 $4 \sim 5kgf/cm^2$정도로 조정하여 실험 장치에 연결한다.

○ 전기 회로 설치

❶ 먼저 입력 라인과 출력 라인을 수평으로 연결한다.

❷ 그림 10-13을 보면서 각종 부품을 입력 라인과 출력 라인사이에 배치한다.

❸ 회로도를 보며 전선으로 부품 간을 연결한다.

❹ 입 · 출력 라인 사이에 DC 24 V 전원을 연결한다.

❺ 그림 10-13은 복동 실린더 2개를 제어 하는 회로로서 편측 전자밸브 2개를 이용하고 있다. 여기서 푸시 버튼 스위치 PB_1을 눌렀을 경우에 피스톤이 어떻게 동작하는지 관찰하고 기록하라. A+B+B-A-의 순서대로 피스톤이 움직이는지 확인하라.

10.5.6 예습 및 결과 검토하기

○ 예비 보고서

다음 문항에 대해서 답안을 작성하여 제출하라.

- 그림 10-13에서 PB_1을 눌렀을 때의 동작 원리를 설명하라.
- 그림 10-13의 동작 순서를 작동 선도로 나타내라.

○ 결과 보고서

❶ 이번 실험을 통해서 실험 전에 예상했던 아래의 항목에 대비해서 어느 정도 달성되었는지 각 항목별로 그 달성도를 분석 기술하라.

- 실험 목표
- 실험에서 얻어낼 수 있은 것
- 회로도의 동작 이해

❷ 이번 실험 결과를 항목별로 자세하게 서술하라.

❸ 검토 사항

❹ 향후 보완 사항

실험 10.6 :: A+A−B+B− 회로

10.6.1 실험 목표

편측 전자 밸브를 사용하여 두 개의 복동 실린더가 A+A-B+B- 의 순서로 동작할 수 있게 설계를 할 수 있다.

10.6.2 실험에서 얻을 수 있는 것

- A+A+B+B− 제어 회로를 해석할 수 있다.
- 릴레이 시퀀스 회로의 설계 방법을 익힌다.

10.6.3 회로도 및 동작 이해

그림 10-15에서 푸시버튼 PB_1이 ON되면 LS_3이 ON되어 있으므로 R_1이 여자되고 자기 유지되고 동시에 접점 R_1도 ON이 되므로 솔레노이드 sol_1이 ON된다. 그러면 실린더 A의 피스톤이 전진하여 전진을 완료하면 리미트 스위치 LS_2가 ON되고 R_2가 여자되며 b접점 R_2는 OFF되므로 솔레노이드 sol_1이 OFF되어 실린더 A의 피스톤이 후진한다. 실린더 A의 피스톤이 후진하고 리미트 스위치 LS_1이 ON되면 같은 방법으로 R_3이 여자되고 a접점 R_3가 ON되어 sol_2이 ON된다. 그러면 전자밸브의 위치가 전환되고 실린더 B의 피스톤이 전진하고 리미트 스위치 LS_4가 ON되며 릴레이 R_4가 여자되어 sol_2의 신호가 차단되므로 실린더B의 피스톤이 복귀한다. 이때 R_4의 b접점이 릴레이 R_1을 OFF시키고 R_2, R_3, R_4도 연속적으로 OFF되므로 회로는 초기상태로 된다.

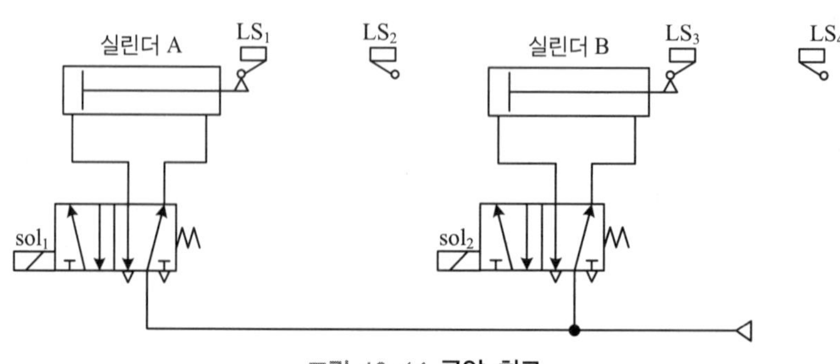

그림 10-14 **공압 회로**

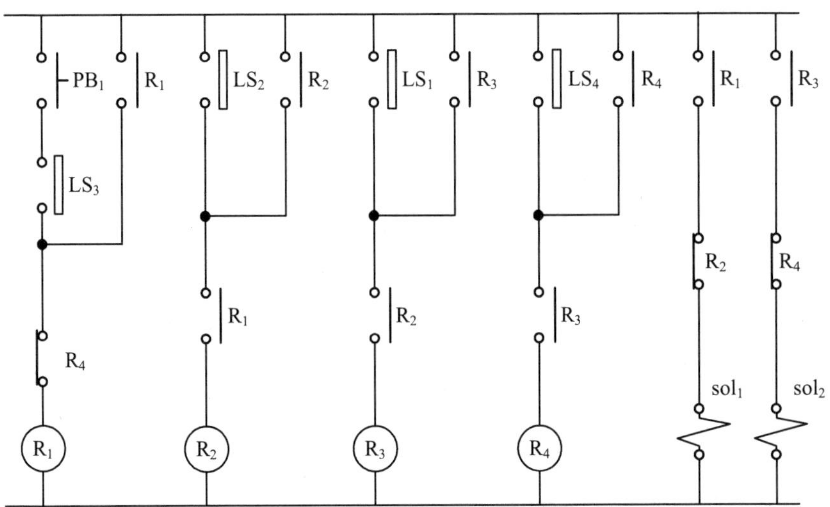

그림 10-15 A+A-B+B- 제어 회로

10.6.4 필요 부품

품명	수량
복동 실린더	2개
공압 조정 유닛	1세트
5포트 2위치 편측 전자 밸브	2개
푸시 버튼 스위치(a접점)	1개
직류 전원공급기	1대
릴레이(a, b접점, 24 *V*)	4개
리밋 스위치	4개

10.6.5 실험 방법

○ 공압 회로 설치

❶ 각종 부품을 그림 10-14와 같이 배치하고 고정을 한다.

❷ 회로도를 보며 플렉시블 튜브로 부품 간을 연결한다.

❸ 외부 공압원의 압력을 공압 조정 유닛을 통해 $4 \sim 5kgf/cm^2$정도로 조정하여 실험 장치에 연결한다.

○ **전기 회로 설치**

❶ 먼저 입력 라인과 출력 라인을 수평으로 연결한다.

❷ 그림 10-15를 보면서 각종 부품을 입력 라인과 출력 라인사이에 배치한다.

❸ 회로도를 보며 전선으로 부품 간을 연결한다.

❹ 입 · 출력 라인 사이에 DC 24 *V* 전원을 연결한다.

❺ 그림 10-15는 복동 실린더 2개를 제어 하는 회로로서 편측 전자밸브 2개를 이용하고 있다. 여기서 푸시 버튼 스위치 PB_1을 눌렀을 경우에 피스톤이 어떻게 동작하는지 관찰하고 기록하라. A+A-B+B-의 순서대로 피스톤이 움직이는지 확인하라.

10.6.6 예습 및 결과 검토하기

○ **예비 보고서**

다음 문항에 대해서 답안을 작성하여 제출하라.

- 그림 10-15에서 PB_1을 눌렀을 때의 동작 원리를 설명하라.
- 그림 10-15의 동작 순서를 작동 선도로 나타내라.

○ **결과 보고서**

❶ 이번 실험을 통해서 실험 전에 예상했던 아래의 항목에 대비해서 어느 정도 달성되었는지 각 항목별로 그 달성도를 분석 기술하라.

- 실험 목표
- 실험에서 얻어낼 수 있은 것
- 회로도의 동작 이해

❷ 이번 실험 결과를 항목별로 자세하게 서술하라.

❸ 검토 사항

❹ 향후 보완 사항

실험 10.7 :: A+B+A-B- 회로

10.7.1 실험 목표

양측 전자 밸브를 사용하여 두 개의 복동 실린더가 A+B+A-B-의 순서로 동작할 수 있게 설계를 할 수 있다.

10.7.2 실험에서 얻을 수 있는 것

- A+B+A-B- 제어 회로를 해석할 수 있다.
- 릴레이 시퀀스 회로의 설계 방법을 익힌다.

10.7.3 회로도 및 동작 이해

그림 10-17에서 푸시버튼 PB_1이 ON되면 LS_3이 ON되어 있으므로 R_1이 여자되고 자기 유지되며 b접점 R_1는 릴레이 R_4를 OFF시키고 동시에 a접점 R_1도 ON이 되므로 솔레노이드 sol_1이 ON된다. 그러면 실린더 A의 피스톤이 전진하여 전진을 완료하면 리미트 스위치 LS_2가 ON되고 R_2가 여자되며 b접점 R_2는 릴레이 R_1을 OFF시키고 솔레노이드 sol_3이 ON되어 실린더 B의 피스톤이 전진한다. 실린더 B의 피스톤이 전진하고 리미트 스위치 LS_4이 ON되면 같은 방법으로 R_3가 여자되고 b접점 R_3는 릴레이 R_2를 OFF시키고 a접점 R_3가 ON되어 sol_2이 ON된다. 그러면 전자밸브의 위치가 전환되고 실린더 A의 피스톤이 후진하고 리미트 스위치 LS_1가 ON되며 릴레이 R_4가 여자되어 b접점 R_4는 릴레이 R_3를 OFF시키고 sol_4가 ON되므로 실린더의 피스톤 B가 복귀한다.

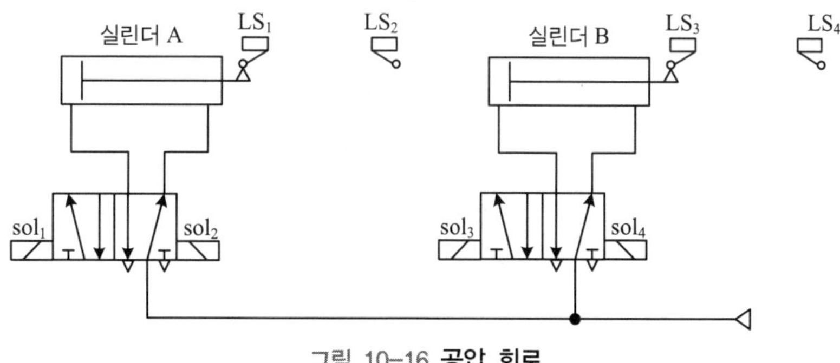

그림 10-16 **공압 회로**

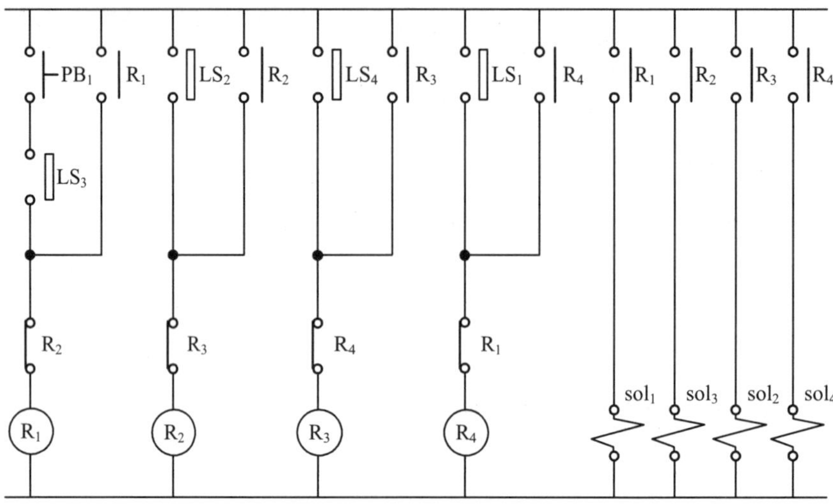

그림 10-17 A+B+A-B- 제어 회로

10.7.4 필요 부품

품명	수량
복동 실린더	2개
공압 조정 유닛	1세트
5포트 2위치 양측 전자 밸브	2개
푸시 버튼 스위치(a접점)	1개
직류 전원공급기	1대
릴레이(a, b접점, 24 V)	4개
리밋 스위치	4개

10.7.5 실험 방법

◯ 공압 회로 설치

❶ 각종 부품을 그림 10-16과 같이 배치하고 고정을 한다.

❷ 회로도를 보며 플렉시블 튜브로 부품 간을 연결한다.

❸ 외부 공압원의 압력을 공압 조정 유닛을 통해 $4 \sim 5kgf/cm^2$정도로 조정하여 실험 장치에 연결한다.

◎ 전기 회로 설치

❶ 먼저 입력 라인과 출력 라인을 수평으로 연결한다.

❷ 그림 10-17을 보면서 각종 부품을 입력 라인과 출력 라인사이에 배치한다.

❸ 회로도를 보며 전선으로 부품 간을 연결한다.

❹ 입 · 출력 라인 사이에 DC 24 V 전원을 연결한다.

❺ 그림 10-17은 복동 실린더 2개를 제어 하는 회로로서 양측 전자밸브 2개를 이용하고 있다. 여기서 푸시 버튼 스위치 PB_1을 눌렀을 경우에 피스톤이 어떻게 동작하는지 관찰하고 기록하라. A+B+A−B−의 순서대로 피스톤이 움직이는지 확인하고 제어 회로와 비교하라.

10.7.6 예습 및 결과 검토하기

◎ 예비 보고서

다음 문항에 대해서 답안을 작성하여 제출하라.

- 그림 10-17에서 PB_1을 눌렀을 때의 동작 원리를 설명하라.

◎ 결과 보고서

❶ 이번 실험을 통해서 실험 전에 예상했던 아래의 항목에 대비해서 어느 정도 달성되었는지 각 항목별로 그 달성도를 분석 기술하라.

- 실험 목표
- 실험에서 얻어낼 수 있은 것
- 회로도의 동작 이해

❷ 이번 실험 결과를 항목별로 자세하게 서술하라.

❸ 검토 사항

❹ 향후 보완 사항

실험 10.8 :: A+A−B+B− 회로

10.8.1 실험 목표

양측 전자 밸브를 사용하여 두 개의 복동 실린더가 A+A-B+B-의 순서로 동작할 수 있게 설계를 할 수 있다.

10.8.2 실험에서 얻을 수 있는 것

- A+A−B+B− 제어 회로를 해석할 수 있다.
- 릴레이 시퀀스 회로의 설계 방법을 익힌다.

10.8.3 회로도 및 동작 이해

그림 10-19에서 푸시버튼 PB_1이 ON되면 LS_3이 ON되어 있으므로 R_1이 여자되고 자기 유지되며 b접점 R_1는 릴레이 R_4를 OFF시키고 동시에 a접점 R_1도 ON이 되므로 솔레노이드 sol_1이 ON된다. 그러면 실린더 A의 피스톤이 전진하여 전진을 완료하면 리미트 스위치 LS_2가 ON되고 R_2가 여자되며 b접점 R_2는 릴레이 R_1을 OFF시키고 솔레노이드 sol_2가 ON되어 실린더 A의 피스톤이 후진한다. 실린더 A의 피스톤이 후진하고 리미트 스위치 LS_1이 ON되면 같은 방법으로 R_3가 여자되고 b접점 R_3는 릴레이 R_2를 OFF시키고 a접점 R_3가 ON되어 sol_3가 ON된다. 그러면 전자밸브의 위치가 전환되고 실린더 B의 피스톤이 전진하고 리미트 스위치 LS_4가 ON되며 릴레이 R_4가 여자되어 b접점 R_4는 릴레이 R_3를 OFF시키고 sol_4가 ON되므로 실린더의 피스톤 B가 복귀한다.

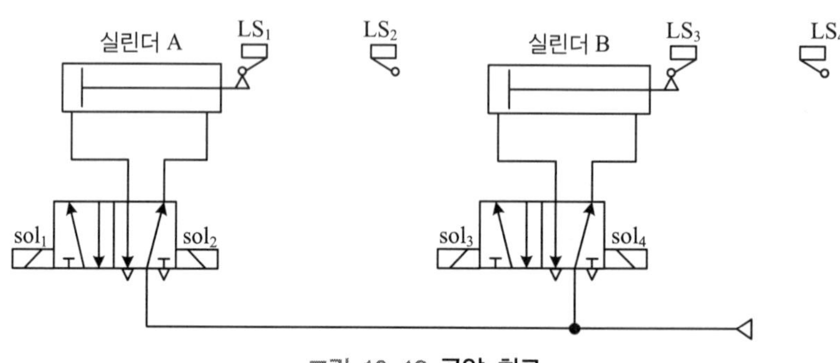

그림 10-18 **공압 회로**

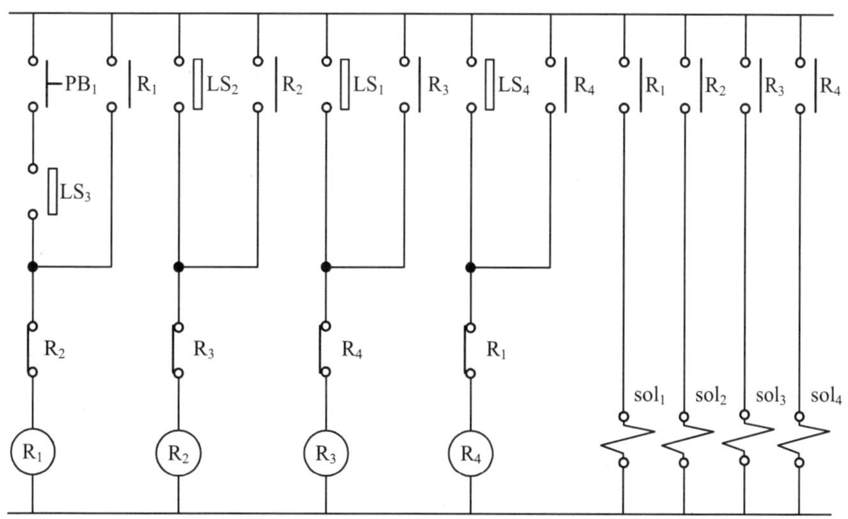

그림 10-19 A+A-B+B- 제어 회로

10.8.4 필요 부품

품명	수량
복동 실린더	2개
공압 조정 유닛	1세트
5포트 2위치 양측 전자 밸브	2개
푸시 버튼 스위치(a접점)	1개
직류 전원공급기	1대
릴레이(a, b접점, 24 V)	4개
리밋 스위치	4개

10.8.5 실험 방법

○ 공압 회로 설치

❶ 각종 부품을 그림 10-18과 같이 배치하고 고정을 한다.

❷ 회로도를 보며 플렉시블 튜브로 부품간을 연결한다.

❸ 외부 공압원의 압력을 공압 조정 유닛을 통해 $4 \sim 5kgf/cm^2$ 정도로 조정하여 실험 장치에 연결한다.

◎ 전기 회로 설치

❶ 먼저 입력 라인과 출력 라인을 수평으로 연결한다.

❷ 그림 10-19를 보면서 각종 부품을 입력 라인과 출력 라인사이에 배치한다.

❸ 회로도를 보며 전선으로 부품 간을 연결한다.

❹ 입 · 출력 라인 사이에 DC 24V 전원을 연결한다.

❺ 그림 10-19는 복동 실린더 2개를 제어 하는 회로로서 양측 전자밸브 2개를 이용하고 있다. 여기서 푸시 버튼 스위치 PB_1을 눌렀을 경우에 피스톤이 어떻게 동작하는지 관찰하고 기록하라. A+A-B+B-의 순서대로 피스톤이 움직이는지 확인하고 제어 회로와 비교하라.

10.8.6 예습 및 결과 검토하기

◎ 예비 보고서

다음 문항에 대해서 답안을 작성하여 제출하라.

- 그림 10-19에서 PB_1을 눌렀을 때의 동작 원리를 설명하라.

◎ 결과 보고서

❶ 이번 실험을 통해서 실험 전에 예상했던 아래의 항목에 대비해서 어느 정도 달성되었는지 각 항목별로 그 달성도를 분석 기술하라.

- 실험 목표
- 실험에서 얻어낼 수 있은 것
- 회로도의 동작 이해

❷ 이번 실험 결과를 항목별로 자세하게 서술하라.

❸ 검토 사항

❹ 향후 보완 사항

실험 10.9 :: A+B+B−A− 회로

10.9.1 실험 목표

양측 전자 밸브를 사용하여 두 개의 복동 실린더가 A+B+B-A-의 순서로 동작할 수 있게 설계를 할 수 있다.

10.9.2 실험에서 얻을 수 있는 것

- A+B+B−A− 제어 회로를 해석할 수 있다.
- 릴레이 시퀀스 회로의 설계 방법을 익힌다.

10.9.3 회로도 및 동작 이해

그림 10-21에서 푸시버튼 PB_1이 ON되면 LS_1과 R_4가 ON되어 있으므로 R_1이 여자되고 자기 유지되며 b접점 R_1는 릴레이 R_4를 OFF시키고 동시에 a접점 R_1도 ON이 되므로 솔레노이드 sol_1이 ON된다. 그러면 실린더 A의 피스톤이 전진하여 전진을 완료하면 리미트 스위치 LS_2가 ON되고 R_2가 여자되며 b접점 R_2는 릴레이 R_1을 OFF시키고 솔레노이드 sol_3이 ON되어 실린더 B의 피스톤이 전진한다. 실린더 B의 피스톤이 전진하고 리미트 스위치 LS_4가 ON되면 같은 방법으로 R_3가 여자되고 b접점 R_3는 릴레이 R_2를 OFF시키고 a접점 R_3가 ON되어 sol_4가 ON된다. 그러면 전자밸브의 위치가 전환되고 실린더 B의 피스톤이 후진하고 리미트 스위치 LS_3이 ON되며 릴레이 R_4가 여자되어 b접점 R_4는 릴레이 R_3을 OFF시키고 sol_2가 ON되므로 실린더A의 피스톤이 복귀한다.

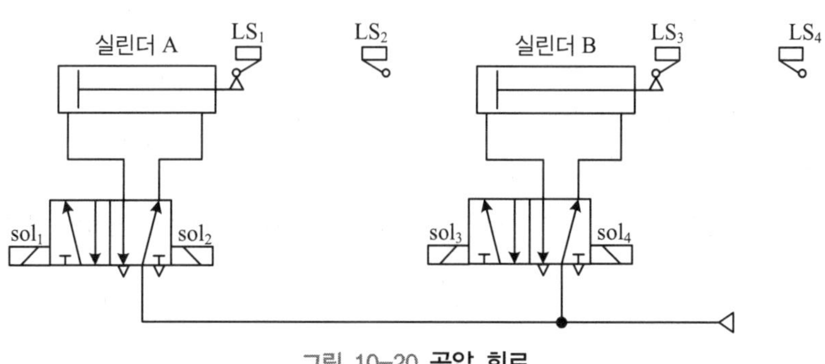

그림 10-20 **공압 회로**

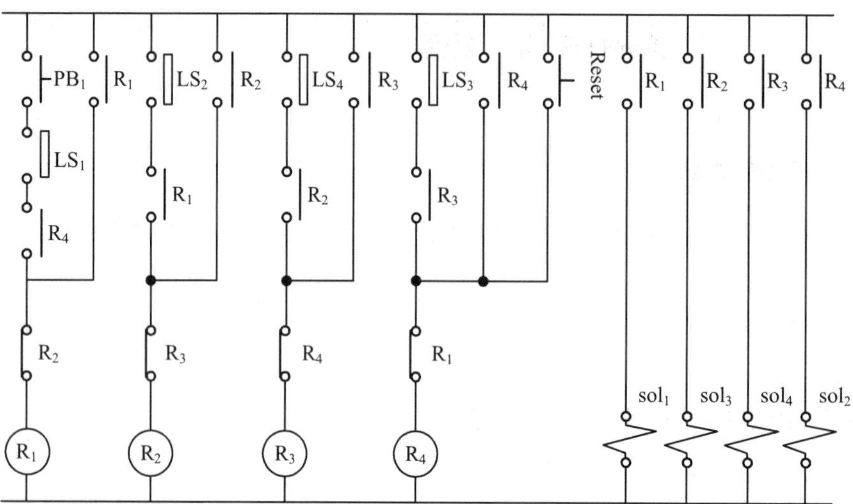

그림 10-21 A+B+B-A- 제어 회로

10.9.4 필요 부품

품명	수량
복동 실린더	2개
공압 조정 유닛	1세트
5포트 2위치 양측 전자 밸브	2개
푸시 버튼 스위치(a접점)	1개
직류 전원공급기	1대
릴레이(a, b접점, 24 *V*)	4개
리밋 스위치	4개

10.9.5 실험 방법

○ 공압 회로 설치

❶ 각종 부품을 그림 10-20과 같이 배치하고 고정을 한다.

❷ 회로도를 보며 플렉시블 튜브로 부품 간을 연결한다.

❸ 외부 공압원의 압력을 공압 조정 유닛을 통해 $4 \sim 5kgf/cm^2$ 정도로 조정하여 실험 장치에 연결한다.

◎ **전기 회로 설치**

❶ 먼저 입력 라인과 출력 라인을 수평으로 연결한다.

❷ 그림 10-21을 보면서 각종 부품을 입력 라인과 출력 라인사이에 배치한다.

❸ 회로도를 보며 전선으로 부품 간을 연결한다.

❹ 입 · 출력 라인 사이에 DC 24*V* 전원을 연결한다.

❺ 그림 10-21은 복동 실린더 2개를 제어 하는 회로로서 양측 전자밸브 2개를 이용하고 있다. 여기서 푸시 버튼 스위치 PB_1을 눌렀을 경우에 피스톤이 어떻게 동작하는지 관찰하고 기록하라. A+B+B-A-의 순서대로 피스톤이 움직이는지 확인하고 제어 회로와 비교하라.

10.9.6 예습 및 결과 검토하기

◎ **예비 보고서**

다음 문항에 대해서 답안을 작성하여 제출하라.

- 그림 10-21에서 PB_1을 눌렀을 때의 동작 원리를 설명하라.

◎ **결과 보고서**

❶ 이번 실험을 통해서 실험 전에 예상했던 아래의 항목에 대비해서 어느 정도 달성되었는지 각 항목별로 그 달성도를 분석 기술하라.

- 실험 목표
- 실험에서 얻어낼 수 있은 것
- 회로도의 동작 이해

❷ 이번 실험 결과를 항목별로 자세하게 서술하라.

❸ 검토 사항

❹ 향후 보완 사항

실험 10.10 :: 3개 실린더의 순차 동작 회로

10.10.1 실험 목표

편측, 양측 전자 밸브를 사용하여 세 개의 복동 실린더가 A+B+B-C+C-A-의 순서로 동작할 수 있게 설계를 할 수 있다.

10.10.2 실험에서 얻을 수 있는 것

- A+B+B−C+C−A− 제어 회로를 해석할 수 있다.
- 릴레이 시퀀스 회로의 설계 방법을 익힌다.

10.10.3 회로도 및 동작 이해

그림 10-22는 편, 양측 전자 밸브 혼용 시스템으로서 일반적으로 사용되는 시스템의 하나이다. 그림 10-23은 A+B+B-C+C-A-의 순서로 작동시키는 시퀀스 회로이다. 그림에서 푸시버튼 PB_1이 ON되면 LS_1이 ON되어 있으므로 R_1이 여자되고 자기 유지되며 동시에 a접점 R_1도 ON이 되므로 솔레노이드 sol_1이 ON된다. 그러면 실린더 A의 피스톤이 전진하여 전진을 완료하면 리미트 스위치 LS_2가 ON되고 R_2가 여자되며 주회로 구간에서 솔레노이드 sol_3을 ON시키므로 실린더 B의 피스톤이 전진한다. 실린더 B의 피스톤이 전진하고 리미트 스위치 LS_4가 ON되면 같은 방법으로 R_3가 여자되고 b접점 R_3는 릴레이 R_2를 OFF시키므로 실린더 B의 피스톤이 후진한다. 이로 인해 리미트 스위치 LS_3이 ON되면 LS_3과 a접점 R_3에 의해 릴레이 R_4가 여자되어 주회로에서 sol_4가 ON되므로 실린더 C의 피스톤이 전진한다. 실린더 C의 피스톤이 전진을 완료하면 LS_6이 ON되어 릴레이 R_5가 여자되고 릴레이 R_4를 OFF시키므로 실린더 C의 피스톤이 후진한다. 실린더 C의 피스톤이 후진을 완료하여 LS_5가 ON되면 LS_5와 R_5에 의해 R_6이 여자되고 주회로에서 sol_2를 ON시켜 실린더 A의 피스톤을 복귀시킨다. 동시에 R_3의 자기유지회로를 해제 시키므로 R_3의 a접점에 의해 R_5도 OFF되고 이어서 R_6도 OFF된다.

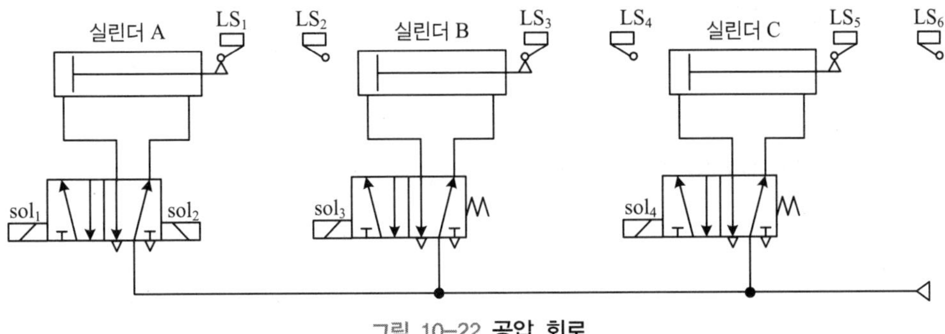

그림 10-22 공압 회로

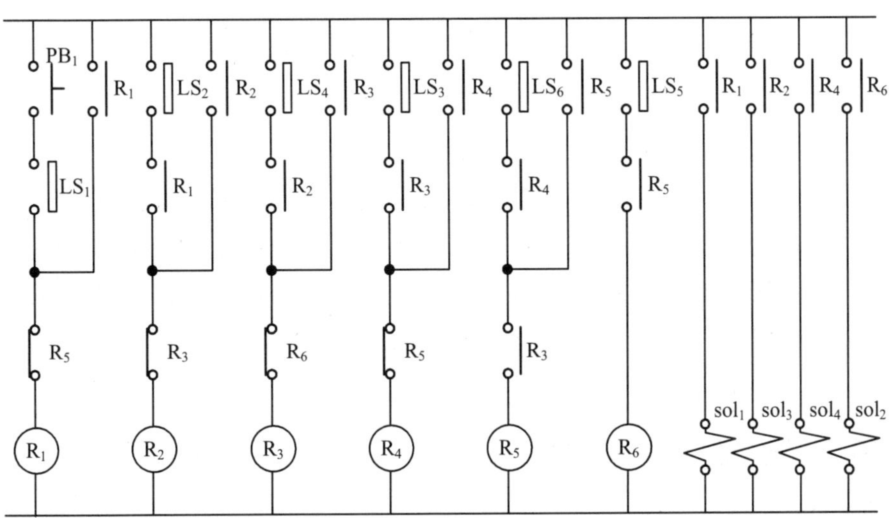

그림 10-23 A+B+B-C+C-A- 제어 회로

10.10.4 필요 부품

품명	수량
복동 실린더	3개
공압 조정 유닛	1세트
5포트 2위치 양측 전자 밸브	1개
5포트 2위치 편측 전자 밸브	2개
푸시 버튼 스위치(a접점)	1개
직류 전원공급기	1대
릴레이(a, b접점, 24 *V*)	6개
리밋 스위치	6개

10.10.5 실험 방법

◎ 공압 회로 설치

❶ 각종 부품을 그림 10-22와 같이 배치하고 고정을 한다.

❷ 회로도를 보며 플렉시블 튜브로 부품 간을 연결한다.

❸ 외부 공압원의 압력을 공압 조정 유닛을 통해 $4 \sim 5kgf/cm^2$정도로 조정하여 실험 장치에 연결한다.

◎ 전기 회로 설치

❶ 먼저 입력 라인과 출력 라인을 수평으로 연결한다.

❷ 그림 10-23을 보면서 각종 부품을 입력 라인과 출력 라인사이에 배치한다.

❸ 회로도를 보며 전선으로 부품 간을 연결한다.

❹ 입 · 출력 라인 사이에 DC 24 V 전원을 연결한다.

❺ 그림 10-23은 복동 실린더 3개를 제어 하는 회로로서 양측 전자밸브 1개와 편측 전자밸브 2개를 이용하고 있다. 여기서 푸시 버튼 스위치 PB_1을 눌렀을 경우에 피스톤이 어떻게 동작하는지 관찰하고 기록하라. A+B+B−C+C−A−의 순서대로 피스톤이 움직이는지 확인하고 제어 회로와 비교하라.

10.10.6 예습 및 결과 검토하기

◎ 예비 보고서

다음 문항에 대해서 답안을 작성하여 제출하라.

- 그림 10-23에서 PB_1을 눌렀을 때의 동작 원리를 설명하라.

◎ 결과 보고서

❶ 이번 실험을 통해서 실험 전에 예상했던 아래의 항목에 대비해서 어느 정도 달성되었는지 각 항목별로 그 달성도를 분석 기술하라.

- 실험 목표
- 실험에서 얻어낼 수 있는 것
- 회로도의 동작 이해

❷ 이번 실험 결과를 항목별로 자세하게 서술하라.

❸ 검토 사항

❹ 향후 보완 사항

:: 찾아보기 ::

[저자소개]

윤상현 _두원공과대학교 디스플레이공학계열 교수
김광태 _두원공과대학교 디스플레이공학계열 교수
김외조 _두원공과대학교 디스플레이공학계열 교수
김성회 _두원공과대학교 디스플레이공학계열 교수
정인홍 _한국 SMC 공압(주) 정인홍 과장

기초 공압 기술

초판 1쇄 발행 | 2013년 03월 04일

저 자 | 윤상현·김광태·김외조·김성회·정인홍
발행인 | 모흥숙
편 집 | 유아름·정경화

발행처 | 내하출판사
등 록 | 제6-330호
주 소 | 서울 용산구 후암동 123-1
전 화 | TEL : (02)775-3241~5
팩 스 | FAX : (02)775-3246

E-mail | naeha@naeha.co.kr
Homepage | www.naeha.co.kr

ISBN | 978-89-5717-384-8
정 가 | 20,000원